数学基础教程系列

数 学 建 模

章绍辉　编著

科学出版社

北 京

内 容 简 介

  本书是为高等师范院校的数学建模课程编写的教材,体现了高等师范院校的培养目标和办学特点.内容包括用 MATLAB 求解数学问题、数学建模概述、差分方程模型、常微分方程模型、数值逼近模型、统计回归模型和最优化模型.本书注重数学建模的基础知识和基本技能,并通过实例进行案例教学,既包括一些能够与中学数学相衔接的经典的建模问题,又包括一些由近年来大学生数学建模竞赛题简化改编的案例;既重视建模方法和技巧的训练,又重视使用 MATLAB 软件求解模型的能力培养.习题与教学内容紧密配合,并在书后附有部分习题的答案或提示.书后二维码中包含课堂教学演示电子文档.

  本书可作为普通高等院校数学与应用数学(师范)专业、数学与统计类(非师范)专业数学建模课程的教材,也可作为公共选修课教材、中学教师培训教材以及大学生数学建模竞赛的参考书.

图书在版编目(CIP)数据

数学建模/章绍辉编著. —北京:科学出版社,2010
数学基础教程系列
ISBN 978-7-03-028355-9

Ⅰ.①数… Ⅱ.①章… Ⅲ.①数学模型-高等学校-教材 Ⅳ.①O141.4

中国版本图书馆 CIP 数据核字(2010)第 139144 号

责任编辑:姚莉丽 房 阳 / 责任校对:张 琪
责任印制:张 伟 / 封面设计:陈 敬

科 学 出 版 社 出版
北京东黄城根北街 16 号
邮政编码:100717
http://www.sciencep.com

北京凌奇印刷有限责任公司 印刷
科学出版社发行 各地新华书店经销

*

2010 年 8 月第 一 版 开本:B5(720×1000)
2023 年 8 月第十四次印刷 印张:20 1/4
字数:400 000

定价:**52.00 元**
(如有印装质量问题,我社负责调换)

前　言

本书是为高等师范院校数学建模课程编写的教材.作者针对高等师范院校的培养目标和办学特点,吸取国内外同类型教材的优点,在教学试验的基础上,编写了本书.

数学建模课程的目的是培养运用数学理论方法解决实际问题的能力.在高等师范院校,数学建模课程有四类授课对象:数学与应用数学(师范)专业的本科生、数学与统计类(非师范)专业的本科生、选修公共选修课(相当于通识教育)的本科生以及中学数学教师(教育硕士或骨干教师培训).多年来,作者一直面向这四类不同的对象讲授数学建模课,所遇到的最主要的困难就是缺少一本适合高等师范院校的教材.2006年夏,作者产生了编写一本具有高等师范院校特色的数学建模教材的想法,并分析了已有教材(包括中学新课标教材)的内容和教法,提出如下设想:

(1) 内容体系突出数学建模的基础知识和基本技能,数学模型知识与数学建模案例相结合,经典性与新颖性相结合,联系中学数学教学内容,有利于学生(尤其是师范生)自主构建数学建模方面的知识体系;

(2) 针对数学建模过程的建立、求解、分析和检验这四个主要步骤,灵活地采取不同的教学方法;

(3) 由浅入深,难点分散,适当地反复,适当地采用一题多解;

(4) 对现有教材的数学建模案例要深入理解其教学内涵和功能,寻找更优的解法;尝试将数模竞赛题目及其解法改编为教学案例,在教学试验的基础上,选择适合教学内容体系的新案例编入教材.

本书历时三年编写而成,基本实现了上述设想.

全书共7章.

第1章介绍用MATLAB软件求解数学问题,包括画坐标图形、解方程、求最值、随机模拟和数据拟合等,为第2~7章大部分数学建模案例的求解做好准备.MATLAB软件功能极多,但是数组、数组运算和匿名函数最为基本.

第2章通过两个简单案例,介绍数学建模的过程和方法,两个案例有不同的针对性.2.2节包含机理分析、数据拟合、模型检验、模型应用等内容,而2.3节则特别为灵敏度分析和强健性分析而编写.

第3章介绍差分方程模型,即数列模型,强调平衡点的渐近稳定性,继续深入学习机理分析、数据拟合、强健性分析等内容.

　　第 4 章介绍常微分方程模型,即连续函数模型,强调常微分方程解的性质,初步认识临界点的渐近稳定性,并初步学习数值解方法和图形分析方法.选编的案例由浅入深,既有伪造名画案、人口预报、被捕食者-捕食者模型等经典案例,又有由竞赛题改编的污染物排放量和饮酒驾车等新案例(而且属于反问题).

　　第 5 章介绍插值、数值积分和数值微分等数值逼近模型,也就是学习用多项式或分段多项式来根据已知离散数据逼近未知连续函数,强调选择逼近方法的理由,强调对逼近误差的分析.

　　第 6 章由描述性统计和一元线性回归分析两节组成,首先提纲式地介绍理论方法,然后介绍 MATLAB 实现,最后给出若干简单的实践案例.

　　第 7 章由库存模型和线性规划两节组成.库存模型中的确定性静态库存模型是无约束优化的经典案例.线性规划是约束优化的经典模型,其中二维线性规划问题的图解法是中学数学的教学内容,作者根据师范生的特点和需要,用较长的篇幅讲解图解法和单纯形法,然后详细给出投资组合问题的启发式解法和实验法.

　　第 6,7 章的各节是相互独立的,可以根据学时数选讲.

　　每一章都配有与教学内容紧密联系的习题,其中带星号的是研究性习题,一般都附有参考文献,可供学生撰写小论文.书末附有全部不带星号的习题的解答或提示(但不包含 MATLAB 程序).

　　本书书后二维码内容包含课堂教学演示的电子文档,方便教师教学时使用.但是不包含 MATLAB 程序,因为上机实验时应该要求学生自己用键盘输入书中的程序并运行.

　　使用本书作为教材,最好连贯地讲授第 1～5 章,然后根据学时数选讲第 6,7 章.学时数的安排为每周讲授 3 学时,上机实验 2 学时.

　　本书的编写得到了华南师范大学教务处和数学科学学院的资助,作者在此对华南师范大学教务处、数学科学学院以及数学系的领导表示衷心的感谢.同时感谢2005～2007 级选修作者讲授的数学建模、数学实验课的同学们.感谢杨坦博士审阅了部分初稿并提出了许多修改意见.

　　限于作者的水平,书中难免存在不足与疏漏之处,恳请读者批评指正.希望本书能够为高等师范院校数学建模教材建设尽微薄之力!

章绍辉

目　　录

第 1 章   用 MATLAB 求解数学问题

1.1   MATLAB 简介

1.1.1   MATLAB 的特点和组成

MATLAB 是 matrix laboratory 的缩写. MATLAB 是由美国 MathWorks 公司开发的大型科学计算软件,1996 年 12 月发布 5.0 版,2004 年 6 月发布 7.0 版,2008 年 3 月发布 7.6 版(R2008a). 在当代,MATLAB 既是大学里面数学、科学和工程技术中许多入门课程或高级课程的标准教学工具,又是工业界用于先进生产力的研究、开发和分析的工具.

MATLAB 具有强大的数值计算和图形功能,兼具符号计算功能. MATLAB 的特点可以概括如下:

(1) 以矩阵计算为基础;

(2) 计算功能强,编程效率高;

(3) 方便的绘图功能;

(4) 集成环境,融计算、可视化和编程功能于一体;

(5) 众多工具箱,使用简便,易于扩充.

MATLAB 是交互式系统,把计算、可视化和编程集中在容易使用的环境,使用为人熟知的数学符号,拥有庞大而齐全的数学函数库. MATLAB 的基本数据结构是数组(array),而且不需要事先定义维数,使用 MATLAB 求解那些用矩阵和向量表示的科学计算问题,比用 C 或 FORTRAN 等语言来编程大大缩短了时间. MATLAB 还附带了许多工具箱(toolbox),包括生物信息(bioinformatics)、控制系统(control systems)、曲线拟合(curve fitting)、金融(financial)、模糊逻辑(fuzzy logic)、遗传算法和直接搜索(genetic algorithm and direct search)、图像处理(image processing)、神经网络(neural networks)、优化(optimization)、偏微分方程(partial differential equation)、信号处理(signal processing)、样条(spline)、统计(statistics)、符号数学(symbolic math)、小波(wavelets)、仿真(simulation)等. 工具箱是解决特定类型的问题的 MATLAB 函数的全面汇集,既可以用来解决各种科学和工程的计算问题,又可以用来学习和应用特殊的科技. 工具箱对 MATLAB 用户来说是非常重要的.

MATLAB 系统包括以下 5 个主要部分：

(1) 桌面工具和开发环境(Desktop Tools and Development Environment). 这里集成了处理 MATLAB 函数和文件的工具和功能,多数都有图形用户界面,包括 MATLAB 桌面(MATLAB Desktop)、命令窗口(Command Window)、编辑器(Editor)及内置的调试器(Debugger)、帮助文件浏览器(Help)、工作空间(Workspace)、命令历史(Command History)、当前目录(Current Directory)、文件和路径搜索、开始(Start)等.

(2) MATLAB 数学函数库(MATLAB Mathematical Function Library). 这里有数量巨大的计算算法,包括基本数学函数(如求和、三角、复数计算)、矩阵函数(如逆矩阵、特征值)、特殊数学函数(如 Bessel 函数、快速 Fourier 变换)等.

(3) MATLAB 语言(MATLAB Language). 这是高级的矩阵/数组语言,有控制流语句(control flow statements)、函数(functions)、数据结构(data structures)、输入/输出(input/output)、面向对象编程(object-oriented programming)等功能.

(4) 图形(Graphics). MATLAB 具有把矩阵和向量显示成图形以及注释和打印图形的丰富功能,包括用于二维和三维数据可视化、图像处理、动画和演示的高级函数,以及用于个性化图形外观和建立完善的图形用户界面(graphical user interfaces)的低级函数.

(5) MATLAB 外部界面和应用编程接口(略).

1.1.2   命令窗口

命令窗口用来输入和执行 MATLAB 命令,并显示计算结果. 命令窗口用>>作为命令输入提示符,可以在>>之后输入各种 MATLAB 命令,输入完命令之后按回车键,MATLAB 执行所输入的命令,并在紧接着的下一命令行显示该命令执行的结果. 注意:>>是由系统自动生成的提示符,不必用键盘输入. 为了避免混淆,本书的全部 MATLAB 命令都省略了提示符>>.

例 1.1.1   请计算边长为 2 的等边三角形的面积.

解答   边长为 2 的等边三角形的面积为

$$A = \frac{1}{2} 2^2 \sin\left(\frac{\pi}{3}\right)$$

在命令窗口输入赋值命令：

    A= 2 * 2 * sin(pi/3)/2

然后按回车键,命令窗口显示执行结果：

    A=

    1.7321

说明 （1）等号＝是赋值号,将它右边的表达式 2 * 2 * sin(pi/3)/2 的值赋给它左边的变量名 A.请注意运算符的优先级:(成对的)圆括号最优先,其次是乘幂,第三是乘除,第四是加减;同级别的四则运算符(加减、乘除),按从左往右的顺序运算;圆括号中嵌套圆括号的,按从里往外的顺序运算.

（2）pi 是 MATLAB 函数,是特殊值(special values)之一,表示圆周率 π.

（3）sin 是 MATLAB 函数,在圆括号内输入弧度制的数值,返回正弦值.

（4）MATLAB 变量名的命名规则如下:必须以字母开头,可以有字母、数字和下划线,区分大、小写字母;可以是任意长度,但是只有前 63 个字符是有效的;不能和任何 MATLAB 关键字同名(MATLAB 语言有 19 个关键字:break,case,catch,classdef,continue,else,elseif,end,for,function,global,if,otherwise,parfor,persistent,return,switch,try,while);命名变量的时候应该避免使用 MATLAB 系统已经安装的函数名,因为这样做会导致同名函数不能使用,直到以命令"clear 变量名"清除该变量名为止.

（5）如果在命令窗口输入表达式:

2 * 2 * sin(pi/3)/2

并按回车键,命令窗口就显示:

ans=

    1.7321

在计算结果中出现的 ans 是 MATLAB 函数,属于特殊值之一,用在未把表达式赋值给变量名的时候,表示最近的回答,此时 MATLAB 自动把结果储存在 ans 中.

例 1.1.2 绘制指数函数 $y=\mathrm{e}^x$ 的图形.

解答 在命令窗口输入如下一行语句并按回车键:

x=-2:.1:2;y=exp(x);plot(x,y,'k'),xlabel('自变量 x'),ylabel(...

命令窗口换行后,在闪烁的光标处继续输入第二行语句并按回车键:

'因变量 y'),title('指数函数 y=e^x 的图形')

MATLAB 就弹出标题为 Figure 1 的图形窗口,显示函数 $y=\mathrm{e}^x$ 的图形(见图 1.1).

说明 （1）-2:.1:2 是从-2 到 2,步长为 0.1 的等差数组,详见 1.2.3 小节.

（2）MATLAB 函数 exp 返回指数函数 $y=\mathrm{e}^x$ 的函数值,详见 1.3.1 小节.

（3）MATLAB 函数 plot 绘制二维图形,MATLAB 函数 xlabel,ylabel,title 分别给图形添加横、纵坐标标签和标题,详见 1.5 节.

（4）"'k'","'自变量 x'"等用单引号括住的是字符串,详见 1.4.3 小节.

（5）输入单个命令之后直接按回车键,或者加一个逗号","再按回车键,MATLAB 都执行所输入的命令,并且显示结果.输入单个命令之后加一个分号";"再按回车键,MATLAB 只执行所输入的命令,但不显示结果,这样可以屏蔽掉

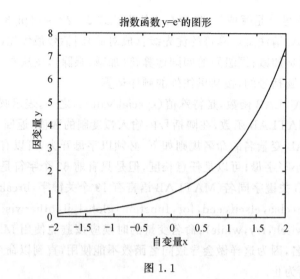

图 1.1

不需要的显示. 但是有一种情况例外, 即在绘图命令之后加分号, 执行的结果照样显示出来, 这是因为绘图命令的结果不是在命令窗口里显示的, 而是由系统创建图形窗口来显示, 所以分号对绘图命令不起作用.

（6）同一行如果输入多个命令, 命令之间必须要用逗号或分号隔开, 逗号和分号所起的作用如前所述.

（7）一行输入未完, 需要换行继续输入时, 用接续号"..."结束并按回车键换行.

（8）以上提到的冒号、逗号、分号、单引号、句点等标点符号都是英文输入法的标点符号, 如果误输入中文输入法的标点符号, 就会导致语法错误.

1.2　数值数组

1.2.1　创建数值数组的基本方式

数组是 MATLAB 的基本数据结构. MATLAB 的数组按照数据类型的不同来分类, 详见 1.4 节.

数组由若干个元素（element）依次序组成, 每个元素有唯一的下标（index）. 数组具有维数（dimension）, 常用的是二维数组, 也就是矩阵, $m×n$ 的矩阵即具有 m 行 n 列的矩形数表, 行向量（row vector）是只有一行的矩阵, 列向量（column vector）则是只有一列的矩阵, 而一个数可以看成是 $1×1$ 的矩阵.

创建数值数组的基本方式如下：用一对方括号"["与"]"括住, 从首行首列元素开始, 依次序逐行输入, 同一行的元素用逗号或空格分隔, 两行之间以分号或回车换行隔开,形成矩阵.

MATLAB 函数 size(变量名)返回该变量名保存的数组的规模.

MATLAB 函数 length(变量名)返回该变量名保存的数组的长度:如果数组为向量,返回值是向量的元素个数;如果数组为矩阵,返回值为该矩阵的行数和列数的最大值,即 length(A)等于 max(size(A))(MATLAB 函数 max 的语法详见1.3.1 小节).请读者注意:在线性代数中,向量的长度定义为向量的欧几里得范数(Euclidean norm).例如,行向量 $\boldsymbol{v} = (a_1, a_2, \cdots, a_n)$ 的欧几里得范数为

$$\| \boldsymbol{v} \| = \sqrt{a_1^2 + a_2^2 + \cdots + a_n^2}$$

而 MATLAB 的帮助文档使用"向量长度"(length of vector)一词表示向量的元素个数.

MATLAB 用"[]"表示空矩阵,规定它的规模是 0 行 0 列的.

例 1.2.1 输入 3 行 4 列的矩阵

$$\boldsymbol{A} = \begin{pmatrix} 1 & 2 & 3 & 4 \\ 4 & 1 & 2 & 3 \\ 3 & 4 & 1 & 2 \end{pmatrix}$$

并赋值给变量 A.

解答 在命令窗口输入以下命令,按回车键执行:

A=[1,2,3,4;4,1,2,3;3,4,1,2]

命令窗口显示:

A=

```
    1    2    3    4
    4    1    2    3
    3    4    1    2
```

用下面两种方式输入命令的执行结果同上:

(1) A=[1 2 3 4;4 1 2 3;3 4 1 2]

(2) A=[1 2 3 4
    4 1 2 3
    3 4 1 2]

说明 请注意方式(2)以回车换行隔开两行,在这种情况下,按下回车键后,命令窗口换行,并等待继续输入矩阵元素,直到输入右方括号"]"之后按回车键,系统才执行这些命令.

例 1.2.2 在例 1.2.1 已创建了数值数组 A,现在访问 A 的规模和长度.在命

令窗口依次输入并执行以下语句,观察结果:

　　(1) s=size(A)

命令窗口显示:

　　s=

　　　　3　　　4

　　(2) length(A)

命令窗口显示:

　　ans=

　　　　4

　　(3) size(s)

命令窗口显示:

　　ans=

　　　　1　　　2

可见变量 A 是 3 行 4 列的矩阵,而变量 s(由 size(A)返回的结果)则是 1 行 2 列的矩阵.

　　(4) size([])

命令窗口显示:

　　ans=

　　　　0　　　0

1.2.2　访问数组的元素

　　MATLAB 按照以下语法访问数组的元素或子矩阵:

　　(1) 用 A(i,j)表示数组 A 第 i 行、第 j 列的元素;

　　(2) 用 A($[i_1,i_2,\cdots,i_r]$,$[j_1,j_2,\cdots,j_s]$)表示由数组 A 的第 $i_1,i_2,\cdots,i_r$ 行与第 $j_1,j_2,\cdots,j_s$ 列交叉位置上的元素按照 $i_1,i_2,\cdots,i_r$ 和 $j_1,j_2,\cdots,j_s$ 的顺序构成的子矩阵;

　　(3) 用 A(k)表示数组 A 从首行首列元素开始,逐列数的第 k 个元素;

　　(4) 用 A($[i_1,i_2,\cdots,i_r]$)表示从数组 A 的首行首列元素开始逐列数到的第 $i_1,i_2,\cdots,i_r$ 个元素,按照 $i_1,i_2,\cdots,i_r$ 的顺序构成的行向量(这是由于$[i_1,i_2,\cdots,i_r]$是行向量);

　　(5) 用 A($[i_1;i_2;\cdots;i_r]$)表示从数组 A 的首行首列元素开始逐列数到的第 $i_1,i_2,\cdots,i_r$ 个元素,按照 $i_1,i_2,\cdots,i_r$ 的顺序构成的列向量(这是由于$[i_1;i_2;\cdots;i_r]$是列向量).

　　例 1.2.3　在例 1.2.1 中已创建了数值数组 A,现在访问或修改 A 的元素或子矩阵.在命令窗口依次输入并执行以下语句,观察结果:

（1）a=A(2,1)

命令窗口显示：

　　a=

　　　　4

因为变量名是区分大、小写英文字母的，所以 A 和 a 是两个不同的变量名，变量 A 是 3 行 4 列的矩阵，A 的第 2 行、第 1 列的元素 4 被赋值给变量 a.

（2）A(3,2)=5

命令窗口显示：

　　A=

　　　　1　　2　　3　　4

　　　　4　　1　　2　　3

　　　　3　　5　　1　　2

通过赋值命令，将 A 的第 3 行、第 2 列的元素改成 5.

（3）A(4,5)=6

命令窗口显示：

　　A=

　　　　1　　2　　3　　4　　0

　　　　4　　1　　2　　3　　0

　　　　3　　5　　1　　2　　0

　　　　0　　0　　0　　0　　6

通过赋值命令，将 A 的第 4 行、第 5 列的元素改成 6. 由于 A 原来只有 3 行 4 列，所以系统会自动增添第 4 行和第 5 列的元素，其中 A(4,5)为 6，而其他新添的元素为零.

（4）A([3,1],[4,5,1,2,3])

命令窗口显示：

　　ans=

　　　　2　　0　　3　　5　　1

　　　　4　　0　　1　　2　　3

结果是从数组 A 提取的子矩阵，结果的第一行来源于 A 的第 3 行，结果的第 1 列来源于 A 的第 4 列，其余的请读者自己分析.

（5）A(7)

命令窗口显示：

　　ans=

　　　　5

A(7)访问数组 A 的第 7 个元素，数组 A 从首行首列元素开始逐列数到第 7 个元素正好是 5. 事实上，在内存里，数组被逐列的储存为一维的列表. 因此，对于行

(列)向量,使用单个指标访问元素更为方便.

(6) A([7,1,4,9])

命令窗口显示:

```
ans=
    5    1    0    3
```

(7) A([20;7;2])

命令窗口显示:

```
ans=
    6
    5
    4
```

1.2.3　冒号运算符

冒号":"是 MATLAB 最有用的运算符之一,可以运用冒号运算符来创建数值数组,并且管理数组的行和列.

首先,冒号运算符可以生成等差数组.为了叙述简便起见,下面仅就表达式 i,j 和 k 的值都是整数,并且 k−j 能被 i 整除的情况加以说明.

(1) j:k 相当于行向量[j,j+1,…,k],步长(公差)为 1;但如果 j>k,那么 j:k 为 1 行 0 列的空矩阵;

(2) j:i:k 相当于行向量[j,j+i,j+2i,…,k],步长为 i;但如果步长 i=0,或者 i>0 且 j>k,又或者 i<0 且 j<k,那么 j:i:k 都为 1 行 0 列的空矩阵.

请注意冒号运算符的运算优先级比加减法更低,所以表达式 i,j 和 k 一般都不需要圆括号来括住.

例 1.2.4　在命令窗口依次输入并执行以下语句,观察结果:

(1) 2:6

命令窗口显示:

```
ans=
    2    3    4    5    6
```

(2) 6:2

命令窗口显示:

```
ans=
    Empty matrix:1-by-0
```

(3) 1:2:7

命令窗口显示:

```
ans=

    1    3    5    7
```

（4）7:-2:1

命令窗口显示：

```
ans=

    7    5    3    1
```

（5）1:0:7

命令窗口显示：

```
ans=

    Empty matrix:1-by-0
```

（6）7:2:1

命令窗口显示：

```
ans=

    Empty matrix:1-by-0
```

其次，冒号运算符可以管理数组的行、列、子矩阵：

（1）A(i,:)表示 A 的第 i 行；

（2）A(:,j)表示 A 的第 j 列；

（3）A([$i_1,i_2,\cdots,i_r$],:)表示由数组 A 的第 $i_1,i_2,\cdots,i_r$ 行按照 $i_1,i_2,\cdots,i_r$ 的顺序构成的子矩阵；

（4）A(:,[$j_1,j_2,\cdots,j_s$])表示由数组 A 的第 $j_1,j_2,\cdots,j_s$ 列按照 $j_1,j_2,\cdots,j_s$ 的顺序构成的子矩阵；

（5）A(:)是数组 A 的全部元素逐列依次排列而成的列向量.

例 1.2.5 在例 1.2.1 和例 1.2.3 的基础上，在命令窗口依次输入并执行以下语句，观察结果：

（1）A(3,:)

命令窗口显示：

```
ans=

    3    5    1    2    0
```

（2）A(:,2)

命令窗口显示：

```
ans=

    2

    1

    5
```

```
    0
```

（3） A([2,3],:)=A([3,2],:)

命令窗口显示：

```
    A=

        1     2     3     4     0
        3     5     1     2     0
        4     1     2     3     0
        0     0     0     0     6
```

实现了将第 2 行、第 3 行交换的初等行变换.

（4） A(2,:)=A(2,:)-3 * A(1,:)

命令窗口显示：

```
    A=

        1     2     3      4     0
        0    -1    -8    -10     0
        4     1     2      3     0
        0     0     0      0     6
```

实现了将第 2 行减去第 1 行的 3 倍的初等行变换.

（5） A(4,:)=[]

命令窗口显示：

```
    A=

        1     2     3      4     0
        0    -1    -8    -10     0
        4     1     2      3     0
```

将空矩阵赋值给第 4 行,相当于删除第 4 行.

（6） A(:,[3,5])=[]

命令窗口显示：

```
    A=

        1     2      4
        0    -1    -10
        4     1      3
```

将空矩阵赋值给第 3 列和第 5 列,相当于删除指定的列.

1.2.4 数组和矩阵函数

1. 基本矩阵函数

MATLAB 函数 eye 用于创建单位矩阵,语法如下：

（1）eye(n)

创建 n×n 单位矩阵；

（2）eye(m,n)或 eye([m,n])

创建 m×n 单位矩阵,使主对角线元素 $a_{11}, a_{22}, \cdots$ 全部为 1,其余元素全部为 0;

（3）eye(size(A))

创建与数组 A 规模相同的单位矩阵,即如果数组 A 的规模为 m×n,则 eye(size(A))等同于 eye(m,n).

语法类似 eye 的 MATLAB 基本矩阵函数还有 ones(全体元素都是 1 的矩阵),zeros(全体元素都是 0 的矩阵),rand(服从开区间(0,1)内连续均匀分布的伪随机数矩阵),randn(服从标准正态分布 $N(0,1)$ 的伪随机数矩阵)等.

例 1.2.6　在命令窗口输入并执行以下语句,观察结果:

（1）I=eye(3)

命令窗口显示:

```
I=
    1    0    0
    0    1    0
    0    0    1
```

（2）A=eye(3,5)

命令窗口显示:

```
A=
    1    0    0    0    0
    0    1    0    0    0
    0    0    1    0    0
```

（3）B=zeros(2,4)

命令窗口显示:

```
B=
    0    0    0    0
    0    0    0    0
```

（4）C=ones(size(B))

命令窗口显示:

```
C=
    1    1    1    1
    1    1    1    1
```

　　(5) D=rand(2,3)

命令窗口显示：

　　D=

　　　0.81472　　0.12699　　0.63236

　　　0.90579　　0.91338　　0.09754

重复执行一次,命令窗口显示：

　　D=

　　　0.2785　　0.95751　　0.15761

　　　0.54688　　0.96489　　0.97059

　　(6) x=rand

命令窗口显示：

　　x=

　　　0.95717

　　说明　命令 rand 返回一个服从(0,1)内连续均匀分布的伪随机数.

　　(7) F=randn(2,1)

命令窗口显示：

　　F=

　　　-0.43256

　　　-1.6656

重复执行一次,命令窗口显示：

　　F=

　　　0.12533

　　　0.28768

　　(8) y=randn

命令窗口显示：

　　y=

　　　-1.1465

　　说明　命令 randn 返回一个服从标准正态分布 $N(0,1)$ 的伪随机数.

　　2. 等差数组

MATLAB 函数 linspace 用于创建等差数组,语法如下：

　　(1) linspace(a,b)

　　创建从数 a 开始,到数 b 结束,总共 100 个元素的等差数组,等同于 a:(b-a)/99:b. 输入项 a 和 b 都是规模为 1×1 的数值数组类型的表达式,对 a 和 b 没有大小顺序的规定. linspace 的输出为行向量.

（2）linspace(a,b,n)

创建从数 a 开始，到数 b 结束，总共 n 个元素的等差数组，等同于 a:(b−a)/(n−1):b。第三输入项 n 也是规模为 1×1 的数值数组类型的表达式，并且是不小于 2 的正整数（如果 n 的值是不小于 2 的非整数值，则系统自动截取 n 的整数部分；如果 n<2，则 linspace 返回第二输入项 b 的数值）。

例 1.2.7 在命令窗口输入并执行以下语句：

```
x=linspace(2.3,5.7,5)
```
命令窗口显示：
```
x=
    2.3    3.15    4    4.85    5.7
```

3. 对角矩阵和对角线

MATLAB 函数 diag 用于创建对角方阵，或提取矩阵的对角线，语法如下：

（1）X=diag(v)

创建以向量 v 为主对角线的方阵 X（X 的其他元素全部为 0），输入 v 是数值向量（行、列皆可）。

（2）X=diag(v,k)

创建以向量 v 为第 k 条对角线的方阵 X（X 的其他元素全部为 0）。第二输入项 k 是规模为 1×1 的数值数组类型的表达式，并且是整数值（如果 k 的值不是整数，则系统自动截去 k 的小数部分）。主对角线相当于 k=0；第 k 条对角线从主对角线数起，如果 k>0，则位于主对角线上方，如果 k<0，则位于主对角线下方。

（3）v=diag(X)

提取矩阵 X 的主对角线，输入 X 为数值矩阵（不限于方阵），输出 v 为列向量。

（4）v=diag(X,k)

提取矩阵 X 的第 k 条对角线。

例 1.2.8 在命令窗口输入并执行以下语句，观察结果：

（1）A=diag([1,2,3]),v1=diag(A)

命令窗口显示：
```
A=
    1    0    0
    0    2    0
    0    0    3
v1=
```

```
    1
    2
    3
```

(2) B=diag([1,2,3],1),v2=diag(B,1)

命令窗口显示：

```
    B=
        0    1    0    0
        0    0    2    0
        0    0    0    3
        0    0    0    0
    v2=
        1
        2
        3
```

(3) C=diag([1,2,3],-2),v3=diag(C,-2)

命令窗口显示：

```
    C=
        0    0    0    0    0
        0    0    0    0    0
        1    0    0    0    0
        0    2    0    0    0
        0    0    3    0    0
    v3=
        1
        2
        3
```

(4) D=[1,2,3;4,5,6],v4=diag(D),v5=diag(D,1)

命令窗口显示：

```
    D=
        1    2    3
        4    5    6
    v4=
        1
        5
    v5=
```

    2

    6

4. 坐标网格

MATLAB 函数 meshgrid 用于根据给定的横、纵坐标向量创建坐标网格,语法如下:

(1) [X,Y]=meshgrid(x,y)

输入项 x 和 y 都是向量(行、列皆可,但 meshgrid 会自动将 x 转成行向量、将 y 转成列向量),分别指代横、纵坐标;输出项 X 和 Y 是矩阵,规模相同,列数等于 length(x),行数等于 length(y),X 的行向量都是 x,Y 的列向量都是 y.这样使得分别以 x 和 y 作为横、纵坐标的坐标网格点阵的横、纵坐标矩阵,恰好分别是矩阵 X 和 Y.

(2) [X,Y]=meshgrid(x)

相当于[X,Y]=meshgrid(x,x),在这种情况下,矩阵 X 和 Y 互为转置.

注 1.2.1 在以上语法格式中,方括号"["和"]"起到括住函数的输出变量名列表的作用,圆括号"("和")"起到括住函数的输入变量名列表的作用,而列表中的变量名用逗号分隔,参见 1.6.1 小节.

例 1.2.9 在命令窗口输入并执行以下命令:

x=[1,2,3],y=[1;2],[X,Y]=meshgrid(x,y)

命令窗口显示:

x=

    1   2   3

y=

    1

    2

X=

    1   2   3

    1   2   3

Y=

    1   1   1

    2   2   2

说明 矩阵 X 和 Y 分别是图 1.2 中坐标网格点阵的横、纵坐标矩阵.

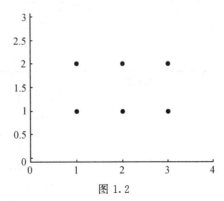

图 1.2

5. 矩阵合成

MATLAB 将两个矩阵合成一个大矩阵的语法格式如下：

(1) C=[A,B]

将矩阵 A 和 B 水平地合成为矩阵 C；

(2) C=[A;B]

将矩阵 A 和 B 垂直地合成为矩阵 C.

在此语法格式基础上，用方括号、逗号和分号可以组合成更复杂的矩阵分块合成命令，但是被合成的矩阵必须维数相容，否则，MATLAB 会给出错误信息.

6. 数据统计分析函数

MATLAB 以数组的形式保存统计数据并加以处理. 这里简略介绍 max 等数据统计分析函数的语法格式，数据统计分析的有关知识见 6.1 节.

MATLAB 函数 max 返回输入数组的最大值，语法格式如下：

C=max(A)

输入 A 为数值数组. 如果 A 为向量，则输出 C 为 A 的全体元素的最大值；如果 A 为 $m \times n$ 矩阵 $(m>1)$，则输出 C 为 $1 \times n$ 行向量，其第 i 个元素为 A 的第 i 列元素的最大值.

语法类似 max 的 MATLAB 函数还有 min（最小值），sum（和），prod（乘积），mean（平均值），median（中位数），range（极差，等于最大值减去最小值），var（方差），std（标准差）等.

1.2.5   数组运算

MATLAB 为数组（矩阵）提供的算术运算包括有数组运算和矩阵运算两类. 数组运算（见表 1.1）是 MATLAB 专门为数组而设计的，适用于所有数组，数组运算为解决科学计算问题带来了许多方便.

表 1.1   数组运算

运算符	说　明
＋	对应元素之间的加法
－	对应元素之间的减法
.*	对应元素之间的乘法
./	对应元素之间的除法（左边除以右边，如 5./10＝0.5）
.\	对应元素之间的左除法（左边除右边，如 5.\10＝2）
.^	对应元素之间的乘幂
.'	转置，遇复数不取共轭

　　数组运算可以在规模相同的两个数组之间进行,在相同位置的元素之间作运算,得到的结果也是数组,而且结果的规模与参与运算的数组相同.

　　数组运算也可以在数值数组和数值之间进行,如数组 A 和数 k 之间,这时系统会在数组 A 的每个元素和数 k 之间作运算,结果是规模和数组 A 相同的数组.

例 1.2.10　在命令窗口依次输入并执行以下语句,观察结果:

(1) A=[1,2,3;4,5,6],B=[-1,-1,-1;2,2,2],A+B

命令窗口显示:

```
A=
    1    2    3
    4    5    6
B=
   -1   -1   -1
    2    2    2
ans=
    0    1    2
    6    7    8
```

(2) A-B

命令窗口显示:

```
ans=
    2    3    4
    2    3    4
```

(3) A.*B

命令窗口显示:

```
ans=
   -1   -2   -3
    8   10   12
```

(4) A./B

命令窗口显示:

```
ans=
   -1   -2   -3
    2   2.5    3
```

（5）A.\B

命令窗口显示：

```
ans=
    -1     -0.5     -0.33333
    0.5     0.4      0.33333
```

（6）A.^B

命令窗口显示：

```
ans=
    1      0.5      0.33333
   16      25            36
```

（7）A.'

命令窗口显示：

```
ans=
    1     4
    2     5
    3     6
```

（8）2.\A

命令窗口显示：

```
ans=
    0.5     1     1.5
    2      2.5    3
```

（9）A.^2

命令窗口显示：

```
ans=
    1      4      9
   16     25     36
```

（10）2.^A

命令窗口显示：

```
ans=
    2      4      8
   16     32     64
```

1.2.6　矩阵运算

MATLAB 的矩阵运算（见表 1.2）是根据线性代数理论定义的.

表 1.2 矩阵运算

运算符	说　明
$+$	对应元素之间的加法,与数组运算相同
$-$	对应元素之间的减法,与数组运算相同
$*$	矩阵乘法, $C_{m\times n} = A_{m\times s} * B_{s\times n}, c_{ij} = \sum_{k=1}^{s} a_{ik}b_{kj}$
$/$	矩阵右除,如 B/A 即 B $*$ (A^{-1})
$\backslash$	矩阵左除,如 B\A 即 (B^{-1}) $*$ A
$\wedge$	矩阵的乘幂,仅限于方阵,例如 A^2 即 A $*$ A
$'$	转置,遇复数取共轭,即复共轭转置

要注意数组运算与矩阵运算的区别:相同之处是加减法,不同之处是乘除法、乘幂和转置(矩阵的转置习惯上是指复共轭转置).回忆矩阵的乘法和逆矩阵的定义就可以知道数组运算与矩阵运算的乘除法、乘幂有多大的不同.值得注意的是:数组运算中的左除“.\”不太常用,而矩阵运算中的左除“\”却是很有用的 MAT-LAB 运算符,可用来求线性方程组的一个特解(如果解存在,详见例 1.2.11)或者最小二乘意义下的解(如果通常意义的解不存在).

根据线性代数和数值代数的理论,MATLAB 提供了丰富的线性代数运算函数,常用的有如下几个:

(1) rref(行最简形),rank(秩,即行最简形的非零行的数目);

(2) inv(逆矩阵),linsolve 或左除“\”(如果线性方程组的解存在,求一个特解;如果线性方程组的解不存在,求最小二乘解);

(3) trace(迹,trace(X)相当于 sum(diag(X))),det(行列式),eig(特征值和特征向量),eigs(求最大特征值及特征向量),norm(范数);

(4) null(零空间的基底,正交化的或者由自然基底扩充的),orth(相空间的正交化基底);

(5) expm(矩阵的指数函数),sqrtm(矩阵的平方根);

(6) svd(奇异值分解),lu(下三角-上三角分解),qr(正交-上三角分解),schur(Schur 分解)等.

例 1.2.11　求解齐次线性方程组

$$\begin{cases} x_1+2x_2+2x_3+\ x_4 = 0 \\ 2x_1+4x_2+3x_3+4x_4 = 0 \end{cases} \tag{1.2.1}$$

和非齐次线性方程组

$$\begin{cases} x_1+2x_2+2x_3+\ x_4 = 3 \\ 2x_1+4x_2+3x_3+4x_4 = 6 \end{cases} \tag{1.2.2}$$

的一般解.

解答一　首先输入非齐次线性方程组(1.2.2)的系数矩阵和常数项向量：

A=[1,2,2,1;2,4,3,4];b=[3;6];

然后计算系数矩阵 A 的零空间的基底(由自然基底扩充的)，从而得到齐次线性方程组(1.2.1)的解空间的基底：

null(A,'r')

命令窗口显示的计算结果为

ans=

$$\begin{array}{cc} -2 & -5 \\ 1 & 0 \\ 0 & 2 \\ 0 & 1 \end{array}$$

因此,齐次线性方程组(1.2.1)的一般解为

$$\begin{pmatrix} x_1 \\ x_2 \\ x_3 \\ x_4 \end{pmatrix} = c_1 \begin{pmatrix} -2 \\ 1 \\ 0 \\ 0 \end{pmatrix} + c_2 \begin{pmatrix} -5 \\ 0 \\ 2 \\ 1 \end{pmatrix} \tag{1.2.3}$$

接着用左除"\"或函数 linsolve 计算非齐次线性方程组(1.2.2)的一个特解如下：

A\b 或 linsolve(A,b)

无论用哪个命令计算,命令窗口显示的计算结果都是

ans=

$$\begin{array}{c} 0 \\ 1.5 \\ 0 \\ 1.986e\text{-}015 \end{array}$$

第 4 个数值实际上为 0,命令窗口显示的非零数值是因为浮点数计算产生的非常微小的误差. 最后,得到非齐次线性方程组(1.2.2)的一般解为

$$\begin{pmatrix} x_1 \\ x_2 \\ x_3 \\ x_4 \end{pmatrix} = c_1 \begin{pmatrix} -2 \\ 1 \\ 0 \\ 0 \end{pmatrix} + c_2 \begin{pmatrix} -5 \\ 0 \\ 2 \\ 1 \end{pmatrix} + \begin{pmatrix} 0 \\ 1.5 \\ 0 \\ 0 \end{pmatrix} \tag{1.2.4}$$

解答二　也可以用化增广矩阵为行最简形的方法来求解方程组(1.2.1)和(1.2.2)：

rref([A,b])

命令窗口显示的计算结果为

```
ans=
     1     2     0     5     3
     0     0     1    -2     0
```

这个结果说明齐次线性方程组(1.2.1)等价于

$$\begin{cases} x_1+2x_2 \quad +5x_4=0 \\ \qquad\quad x_3-2x_4=0 \end{cases}$$

即

$$\begin{cases} x_1=-2x_2-5x_4 \\ x_3=2x_4 \end{cases}$$

分别令 $x_2=1,x_4=0$ 和 $x_2=0,x_4=1$,得到齐次线性方程组(1.2.1)的解空间的基底为 $\boldsymbol{\xi}_1=[-2,1,0,0]^\mathrm{T}$,$\boldsymbol{\xi}_2=[-5,0,2,1]^\mathrm{T}$,所以齐次线性方程组(1.2.1)的一般解由(1.2.3)式给出.

根据增广矩阵的行最简形,非齐次线性方程组(1.2.2)等价于

$$\begin{cases} x_1+2x_2 \quad +5x_4=3 \\ \qquad\quad x_3-2x_4=0 \end{cases}$$

即

$$\begin{cases} x_1=3-2x_2-5x_4 \\ x_3=2x_4 \end{cases}$$

令 $x_2=0,x_4=0$,得到非齐次线性方程组(1.2.2)的一个特解为 $\boldsymbol{\eta}=[3,0,0,0]^\mathrm{T}$,所以非齐次线性方程组(1.2.2)的一般解为

$$\begin{pmatrix} x_1 \\ x_2 \\ x_3 \\ x_4 \end{pmatrix}=c_1\begin{pmatrix} -2 \\ 1 \\ 0 \\ 0 \end{pmatrix}+c_2\begin{pmatrix} -5 \\ 0 \\ 2 \\ 1 \end{pmatrix}+\begin{pmatrix} 3 \\ 0 \\ 0 \\ 0 \end{pmatrix} \tag{1.2.5}$$

说明 两种解法得到的答案(1.2.4)和(1.2.5)是等价的.

1.3 数 学 函 数

MATLAB 提供了大量的数学函数,在初次使用某个函数之前,应该先查阅帮助文件,了解其语法格式.

1.3.1 基本数学函数

基本数学函数可以分成三角(Trigonometric)、指数(Exponential)、复数

(Complex)、舍入(Rounding)、余数和质因数(Remainder and Prime Factors)等 5 大类.

1. 三角类型

输入以弧度制为单位的三角函数有：sin(正弦)、cos(余弦)、tan(正切)、cot(余切)、sec(正割)、csc(余割)；

输入以角度制为单位的三角函数有：sind(正弦)、cosd(余弦)、tand(正切)、cotd(余切)、secd(正割)、cscd(余割)；

输出以弧度制为单位的反三角函数有：asin(反正弦)、acos(反余弦)、atan(反正切)、acot(反余切)、asec(反正割)、acsc(反余割)；

输出以角度制为单位的反三角函数有：asind(反正弦)、acosd(反余弦)、atand(反正切)、acotd(反余切)、asecd(反正割)、acscd(反余割)；

双曲函数有：sinh、cosh、tanh、coth、sech、csch；

反双曲函数有：asinh、acosh、atanh、acoth、asech、acsch.

例 1.3.1　在命令窗口输入并执行以下语句,观察结果：

(1) sin(pi/6)

命令窗口显示：

```
ans=
      0.5
```

(2) sin([pi/6,pi/3,pi/2;2*pi/3,5*pi/6,pi])

命令窗口显示：

```
ans=
    0.5     0.86603              1
    0.86603         0.5     1.2246e-016
```

说明　请注意大多数基本数学函数都如正弦函数那样,输入项是数值数组,返回同型的数组,返回数组的每一个元素都是输入数组对应位置元素的函数值.这种运算也属于数组运算.

2. 指数类型

常用的指数类型的基本数学函数有 exp(以自然对数底 e 为底数的指数函数 $y=e^x$),log(自然对数),log10(常用对数),log2(以 2 为底的对数),sqrt(算术平方根),nthroot(nthroot(A,k)返回数值数组 A 的 k 次方实数根)等.

3. 复数类型

常用的复数类型的基本数学函数有 abs(实数的绝对值或复数的模),angle(弧度制的复数幅角主值),conj(复数共轭),i 和 j(虚数单位 $\sqrt{-1}$),real(复数实部),imag(复数虚部)等.

4. 舍入类型

常用的舍入类型的基本数学函数有 round(四舍五入成最靠近的整数),fix(截去小数部分变成整数),floor(向下取整),ceil(向上取整)等.

例 1.3.2　在命令窗口输入并执行以下语句,观察结果:

(1) round([-3.46,-2.54,2.54,3.46])

命令窗口显示:

```
ans=
      -3    -3    3    3
```

(2) fix([-3.46,-2.54,2.54,3.46])

命令窗口显示:

```
ans=
      -3    -2    2    3
```

(3) floor([-3.46,-2.54,2.54,3.46])

命令窗口显示:

```
ans=
      -4    -3    2    3
```

(4) ceil([-3.46,-2.54,2.54,3.46])

命令窗口显示:

```
ans=
      -3    -2    3    4
```

5. 余数和质因数类型

常用的余数和质因数类型的基本数学函数有 mod(数论的模除运算),rem(除法的余数),factor(质因数分解),gcd(最大公约数),lcm(最小公倍数)等.

1.3.2　多项式函数

多项式是最常用的数学模型之一. 在代数学中,我们已经知道至多 n 次多项式

$$p(x) = a_1 x^n + a_2 x^{n-1} + \cdots + a_n x + a_{n+1}$$

与 $n+1$ 维向量 $\boldsymbol{p}=[a_1,a_2,\cdots,a_n,a_{n+1}]$ 是一一对应的(因为允许 n 次项系数 a_1 等于 0,所以 $p(x)$ 被称为至多 n 次多项式). 因此,MATLAB 系统用降幂次序的系数向量 $\boldsymbol{p}$ 表示 $p(x)$. 在以下介绍的 MATLAB 的多项式函数中,当 $\boldsymbol{p}$ 作为输入时,可

以是行向量,也可以是列向量,简称为向量;当 p 作为输出时,一般是行向量,有些情况下是列向量,取决于函数语法的具体规定.

1. 多项式乘法

MATLAB 函数 conv 用于计算两个多项式的乘积,其语法如下:

w=conv(u,v)

输入项 u 和 v 分别是多项式 $u(x)$ 和 $v(x)$ 的降幂次序的系数向量;输出项 w 是乘积多项式 $w(x)=u(x)v(x)$ 的降幂次序的系数向量,如果第二输入项 v 是行(列)向量,则输出项 w 也是行(列)向量.

例 1.3.3　计算 $x-1$ 与 x^2+x+1 的乘积.

解答　在命令窗口输入并执行以下命令:

w=conv([1,-1],[1,1,1])

则计算结果为

w=

　　　　1　　　0　　　0　　　-1

说明 $(x-1)(x^2+x+1)=x^3-1$.

2. 多项式除法

MATLAB 函数 deconv 用于计算两个多项式相除的商式和余式,其语法如下:

[v,r]=deconv(w,u)

输入项 w 和 u 分别是多项式 $w(x)$ 和 $u(x)$ 的降幂次序的系数向量;第一输出项 v 是 $w(x)$ 除以 $u(x)$ 的商式 $v(x)$ 的降幂次序的系数向量,如果第一输入项 w 是行(列)向量,则第一输出项 v 也是行(列)向量;第二输出项 r 是 $w(x)$ 除以 $u(x)$ 所得的余式 $r(x)$ 的降幂次序的系数向量,r 的规模与第一输入项 w 相同.实际上,$w(x)=u(x)v(x)+r(x)$.

例 1.3.4　计算 x^3-2 除以 $x-1$ 的商式和余式.

解答　在命令窗口输入并执行以下命令:

[v,r]=deconv([1,0,0,-2],[1,-1])

则计算结果为

v=

　　　　1　　　1　　　1

r=

　　　　0　　　0　　　0　　　-1

说明商式为 x^2+x+1, 余式为 -1, 即 $x^3-2=(x-1)(x^2+x+1)-1$.

3. 多项式的根

MATLAB 函数 roots 用于计算多项式的根, 其语法如下:

```
r=roots(p)
```

输入项 p 是 n 次多项式 $p(x)$ 的降幂次序的系数向量, 输出项 r 是 $p(x)$ 在复数域的 n 个根(包括重根)组成的列向量.

例 1.3.5　计算三次多项式 $p(x)=x^3-1$ 的根.

解答　在命令窗口输入并执行如下命令:

```
r=roots([1,0,0,-1])
```

则计算结果为

```
r=
    -0.5+      0.86603i
    -0.5-      0.86603i
    1
```

说明 $p(x)$ 的三个根为 $-0.5+0.86603\mathrm{i}$, $-0.5-0.86603\mathrm{i}$ 和 1(保留 5 位有效数字).

4. 具有指定的根的多项式

MATLAB 函数 poly 用于计算具有指定的根的多项式, 其语法如下:

```
p=poly(r)
```

输入项 r 是 n 次多项式 $p(x)$ 在复数域的 n 个根(包括重根)组成的向量, 输出项 p 是 $p(x)$ 的降幂次序的系数行向量.

例 1.3.6　已知多项式 $p(x)$ 的三个根分别为 $(-1+\sqrt{3}\mathrm{i})/2$, $(-1-\sqrt{3}\mathrm{i})/2$ 和 1, 求 $p(x)$.

解答　在命令窗口输入并执行如下命令:

```
a=sqrt(3)/2*i;p=poly([-0.5+a,-0.5-a,1])
```

则计算结果为

```
p=
    1    0    -1.1102e-016    -1
```

也就是说 $p(x)=x^3-1$.

5. 多项式求导

MATLAB 函数 polyder 用于计算多项式的一阶导函数, 其常用的语法格式如下：

```
q=polyder(p)
```

返回多项式 $p(x)$ 的一阶导函数. 输入项 p 是至多 n 次多项式

$$p(x) = a_1 x^n + a_2 x^{n-1} + \cdots + a_n x + a_{n+1}$$

的降幂次序的 $n+1$ 维系数行向量 $[a_1, a_2, \cdots, a_n, a_{n+1}]$ 或相应的列向量，输出项 q 是 $p(x)$ 的一阶导函数

$$p'(x) = na_1 x^{n-1} + (n-1)a_2 x^{n-2} + \cdots + 2a_{n-1} x + a_n$$

的降幂次序的 n 维系数行向量 $[na_1, (n-1)a_2, \cdots, 2a_{n-1}, a_n]$.

例 1.3.7　求 $p(x) = x^3 - x^2 + x - 1$ 的一阶导函数.

解答　在命令窗口输入并执行如下命令：

```
q=polyder([1,-1,1,-1])
```

则计算结果为

```
q=
    3    -2    1
```

也就是说，$p'(x) = 3x^2 - 2x + 1$.

6. 多项式的值

MATLAB 函数 polyval 用于计算多项式的值，其语法如下：

```
y=polyval(p,x)
```

第一输入项 p 是 n 次多项式 $p(x)$ 降幂次序的系数向量，第二输入项 x 是数值数组，输出项 y 是将数组 x 的每一个元素代入多项式 $p(x)$ 计算得到的数值数组，y 与 x 的规模相同.

例 1.3.8　当 x 取值分别为 $(-1+\sqrt{3}i)/2, (-1-\sqrt{3}i)/2$ 和 1 时，计算 $p(x) = x^3 - 1$ 的函数值，

解答　在命令窗口输入并执行如下命令：

```
a=sqrt(3)/2 * i;y=polyval([1,0,0,-1],[-0.5+a;-0.5-a;1])
```

则计算结果为

```
y=
    -2.2204e-016+1.1102e-016i
    -2.2204e-016-1.1102e-016i
             0
```

也就是说，当 x 取值分别为 $(-1+\sqrt{3}i)/2, (-1-\sqrt{3}i)/2$ 和 1 时，$p(x) = x^3 - 1$ 的

函数值都为 0,从而验证了 $(-1+\sqrt{3}\mathrm{i})/2$,$(-1-\sqrt{3}\mathrm{i})/2$ 和 1 恰是 $p(x)=x^3-1$ 的三个根.

1.3.3 匿名函数和一元连续函数的图像、零点及最值

1. 匿名函数

对 MATLAB 语言来说,函数是指具有输入和输出的语句体. MATLAB 提供多种类型的函数,其中,匿名函数(anonymous functions)能够在命令窗口或者程序文件中快速创建由表达式定义的简单函数,在本书中将被大量使用.匿名函数的语法格式如下:

```
fhandle=@(arglist)expr
```

从右往左说明:expr 是指用来定义函数的表达式,相当于函数体;圆括号内的 arglist 是指以逗号分隔的输入变量名列表;符号@是 MATLAB 用来创建函数句柄(function handle)的运算符,函数句柄用来调用函数;符号=是赋值号,fhandle 是指某个变量名,该匿名函数的函数句柄就保存在该变量名中,以后通过调用该变量名就可以调用对应的匿名函数.

在一段程序中,后定义的匿名函数可以调用已定义过的匿名函数.

例 1.3.9 创建函数 $f(x)=a_1(\mathrm{e}^{a_2 x}-\mathrm{e}^{a_3 x})(x\in[0,24])$ 的匿名函数,并当 $a_1=110,a_2=-0.2,a_3=-2$ 时,分别计算 x 取值为 $0,2,4,6,8$ 时对应的函数值.

解答 创建函数 $f(x)=a_1(\mathrm{e}^{a_2 x}-\mathrm{e}^{a_3 x})$ 的匿名函数的命令为

```
f=@(a,x)a(1).*(exp(a(2).*x)-exp(a(3).*x));
```

计算函数值的命令为

```
y=f([110,-.2,-2],0:2:8)
```

命令窗口显示的计算结果为

```
y=
     0    71.72    49.389    33.131    22.209
```

2. 一元连续函数的图像、零点和最值

下面介绍的 MATLAB 函数 fplot,fzero 和 fminbnd,分别用于研究一元连续函数 $y=f(x)$ 的图像、零点和最值,匿名函数在其中扮演重要角色.

(1) MATLAB 函数 fplot 用于绘制 $y=f(x)$ 的图像,常用的语法格式为

```
fplot(fun,limits)
```

第一输入项 fun 为 $y=f(x)$ 的函数句柄,可以用匿名函数实现;第二输入项 limits 是具有两个元素的数值向量,指示自变量取值区间的两个端点,为绘制函数

图像提供横坐标范围. fplot 会创建一个图形窗口,在此窗口返回 $y=f(x)$ 的图像.

(2) MATLAB 函数 fzero 用于计算 $y=f(x)$ 的零点,常用的语法格式为

x=fzero(fun,x0)

第一输入项 fun 为 $y=f(x)$ 的函数句柄,可以用匿名函数实现;第二输入项 x0 为待计算的零点提供范围;输出 x 就是 fzero 计算出的 $y=f(x)$ 的一个零点. $y=f(x)$ 可能具有不止一个零点,如果 x0 为数,则 fzero 将计算出 $y=f(x)$ 在 x0 附近的一个零点;如果 x0 为具有两个元素的数值向量,则 fzero 将计算出 $y=f(x)$ 在以 x0(1) 和 x0(2) 为端点的区间内的一个零点,但是这种情况必须满足 fun(x0(1)) 和 fun(x0(2)) 异号的前提条件,否则,fzero 将返回错误信息(根据零点定理,如果 fun(x0(1)) 和 fun(x0(2)) 异号,则一元连续函数 $y=f(x)$ 在以 x0(1) 和 x0(2) 为端点的区间内存在零点).

(3) MATLAB 函数 fminbnd 用于计算 $y=f(x)$ 在闭区间 $[x_1,x_2]$ 的最小值点和最小值,常用的语法格式为

[x,fval]=fminbnd(fun,x1,x2)

第一输入项 fun 为 $y=f(x)$ 的函数句柄,可以用匿名函数实现;第二输入项 x1 和第三输入项 x2 为 $[x_1,x_2]$ 的左、右端点,因此,x1 和 x2 必须是数,并且 x1 小于 x2;第一输出项 x 和第二输出项 fval 分别是 fminbnd 计算出来的 $y=f(x)$ 在 $[x_1,x_2]$ 的最小值点和最小值.

求 $y=f(x)$ 在 $[x_1,x_2]$ 的最大值点和最大值问题,可以先用 fminbnd 计算 $y=g(x)=-f(x)$ 在 $[x_1,x_2]$ 的最小值点和最小值,然后 $y=g(x)$ 的最小值点即 $y=f(x)$ 的最大值点,而 $y=g(x)$ 的最小值的相反数就是 $y=f(x)$ 的最大值.

例 1.3.10　绘制函数 $f(x)=110(e^{-0.2x}-e^{-2x})(x\in[0,24])$ 的图像,研究其最值点和最值,并求方程 $f(x)=20$ 的数值解.

解答　在命令窗口输入以下命令,并按回车键执行,以匿名函数方式创建 $f(x)$ 的函数句柄,并保存于变量 f,然后绘制函数图像:

f=@(x)110.*(exp(-.2.*x)-exp(-2.*x));fplot(f,[0,24])

MATLAB 系统会创建图形窗口,并显示 $f(x)$ 在区间 $[0,24]$ 的图像(见图 1.3).由图像可知函数 $f(x)$ 在 $[0,24]$ 先单调增,后单调减,$f(0)=0$,容易证明 $\lim\limits_{x\to\infty}f(x)=0$,所以函数 $f(x)$ 在 $[0,24]$ 存在一个最大值点,并且方程 $f(x)=20$ 恰好有两个解.

在命令窗口输入以下命令,并按回车键执行,计算函数 $g(x)=-f(x)$ 在 $[0,24]$ 内的最小值点和最小值:

g=@(x)-f(x);[x,y]=fminbnd(g,0,24)

命令窗口显示的计算结果为

```
x=
    1.2792
y=
    -76.652
```

所以函数 $f(x)$ 在区间 $[0,24]$ 内的最大值点为 $x=1.2792$，最大值为 76.652.

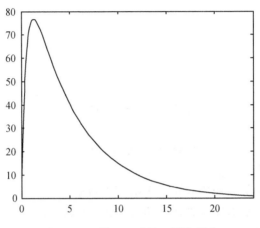

图 1.3　函数 $f(x)$ 在 $[0,24]$ 的图像

　　求方程 $f(x)=20$ 的数值解，相当于用 fzero 计算函数 $h(x)=f(x)-20$ 的零点. 在命令窗口输入并执行以下命令，计算出 $h(x)$ 在 $x=0$ 附近的一个零点：

```
h=@(x)f(x)-20;x=fzero(h,0)
```

命令窗口显示的计算结果为

```
x=
    0.114 35
```

在命令窗口输入并执行以下命令，计算出 $h(x)$ 在 $x=8$ 附近的一个零点：

```
x=fzero(h,8)
```

命令窗口显示的计算结果为

```
x=
    8.5237
```

在命令窗口输入并执行以下命令，计算出 $h(x)$ 在 $[0,8]$ 内的一个零点：

```
x=fzero(h,[0,8])
```

命令窗口显示的计算结果为

```
x=
    0.11435
```

　　但是，在命令窗口输入并执行以下命令，欲计算 $h(x)$ 在 $[0,9]$ 内的零点：

```
x=fzero(h,[0,9])
```

命令窗口却显示错误信息：

The function values at the interval endpoints must differ in sign.

这是由于函数 $h(x)$ 在 $[0,8]$ 的两个端点异号，而在 $[0,9]$ 的两个端点同号. 不妨在命令窗口输入并执行以下命令来验算：

```
h([0,8,9])
```

命令窗口显示的计算结果为

```
ans=
   -20     2.2086     -1.8171
```

1.4　数　据　类　型

MATLAB 具有 15 种基本数据类型，其中有 10 种属于数值类型（numeric types），另外还有逻辑（logical）、字符（char）、元胞（cell）、结构（structure）和函数句柄（function handle）等 5 种基本数据类型. 所有数据类型都是以数组的形式实现的，数组是 MATLAB 的基本数据结构. 所有数据在计算机内部都储存为二进制数，二进制数由 0 和 1 两个数码构成，一个数码称为 1 位（bit，比特），8 位为 1 字节（byte）.

1.4.1　数值类型

1. 数值类型简介

10 种数值类型详见表 1.3，其中双精度浮点数（double-precision floating-point number）是系统默认的数值类型. 系统提供了从任何数值类型转换成某种数值类型的转换函数，转换函数名恰好与数值类型名同名.

表 1.3　10 种数值类型简介

名　称	说　明	字　节	数值范围	转换函数
int8	8 位有符号整数	1	$-2^7 \sim 2^7 - 1$	int8
int16	16 位有符号整数	2	$-2^{15} \sim 2^{15} - 1$	int16
int32	32 位有符号整数	4	$-2^{31} \sim 2^{31} - 1$	int32
int64	64 位有符号整数	8	$-2^{63} \sim 2^{63} - 1$	int64
uint8	8 位无符号整数	1	$0 \sim 2^8 - 1$	uint8
uint16	16 位无符号整数	2	$0 \sim 2^{16} - 1$	uint16
uint32	32 位无符号整数	4	$0 \sim 2^{32} - 1$	uint32
uint64	64 位无符号整数	8	$0 \sim 2^{64} - 1$	uint64
single	32 位单精度浮点数	4	$\pm[2^{-126}, (2 - 2^{-23}) \times 2^{127}]$	single
double	64 位双精度浮点数	8	$\pm[2^{-1022}, (2 - 2^{-52}) \times 2^{1023}]$	double

可以用 MATLAB 函数 whos 来查看工作空间（Workspace）内的变量名

(name)及其规模(size)、字节数(bytes)和类型(class),用法如下:

(1) whos 查看工作空间内所有的变量;

(2) whos('name')只查看指定的变量,注意变量名要用单引号括住.

2. 双精度浮点数

MATLAB 的默认数值类型是双精度浮点数,而且在实际计算当中,一般都采用双精度浮点数. 在这里简单介绍双精度浮点数的知识.

进行科学计算时几乎离不开浮点数,浮点数不但是强大的计算工具,而且在数学上也非常优美. 在科学计算中,不可避免要涉及实数的算术运算,由于实数涉及极限和无限(如无论用十进制还是二进制表示,有理数 $1/3$ 都是无限循环小数,而无理数 $\sqrt{2}$ 更是无限不循环小数),不适合用于计算机的计算,必须用浮点数来代替. 浮点数是能够用固定位数的二进制码表示的有限精度的有限数集,这样就会导致舍入误差(round-off error)、下溢(underflow)和上溢(overflow)等现象. 通常在使用 MATLAB 求解数学问题的时候,不需要考虑浮点数运算的细节,但是偶尔需要根据浮点数的知识解释计算结果为什么不是所预期的,以及采用适当的浮点数技巧来改善.

浮点数的十进制格式为"尾数 e 指数"(中间不可以有空格). 例如,

(1) 阿伏伽德罗常数 6.022×10^{23}:6.022e23;

(2) 铁原子直径 1.4×10^{-10}:1.4e−10.

在命令窗口和编辑器窗口,MATLAB 采用十进制格式输入浮点数,几乎所有的显示格式也是十进制格式的.

在计算机内部,MATLAB 采用 ANSI/IEEE 754—1985 号标准,使用二进制码表示浮点数. 0 的双精度浮点数的二进制码是这样表示的:$+0 = 0000 \cdots 0000$,$-0 = 1000 \cdots 0000$(都是 64 位,规定 $+0 = -0$). 非 0 的双精度浮点数的二进制码的格式如表 1.4 所示.

表 1.4 非 0 的双精度浮点数的二进制码的格式

数位(从左往右)	储存内容	说明(表中的数为十进制)
第 1 位	符号	0 表示正,1 表示负
第 2~12 位	偏置指数 e	e 是整数,$1 \leqslant e \leqslant 2046$,偏置量 $b = 1023$
第 13~64 位	小数 f	$2^{52} f$ 是整数,$0 \leqslant 2^{52} f < 2^{52}$

事实上,非 0 的双精度浮点数被表示为如下格式:

$$x = \pm (1.f) \times 2^{(e-b)}$$

其中$(1.f)$是尾数,f 称为小数(fraction),$0 \leqslant f < 1$;而$(e-b)$是指数,$b = 1023$ 是给定的偏置量(bias),e 称为偏置指数(biased exponent). 注意 e 不是自然对数底,

而是指数被储存在计算机内部的数值,因为指数有正负号,通过加上偏置量 b,使得被储存的 e 是正整数,就可以避免储存指数的正负号,从而减少了一位的储存量.

例 1.4.1　讨论十进制数 -0.1 的双精度浮点数的二进制码.

解答　容易验证

$$\frac{1}{10} = \frac{1}{2^4} + \frac{1}{2^5} + \frac{1}{2^8} + \frac{1}{2^9} + \frac{1}{2^{12}} + \frac{1}{2^{13}} + \cdots$$

$$= 2^{-4} \times \left(1 + \frac{1}{2} + \frac{1}{2^4} + \frac{1}{2^5} + \frac{1}{2^8} + \cdots + \frac{1}{2^{49}} + \frac{1}{2^{52}} + \frac{1}{2^{53}} + \cdots\right)$$

$$= 2^{-4} \times (1.\underbrace{1001\ 1001\ \cdots\ 1001}_{52\text{位}}\ 1\cdots)_2$$

因为小数 f 的二进制码的第 53 位是 1,所以舍入成

$$\frac{1}{10} \approx 2^{-4} \times (1.\underbrace{1001\ \cdots\ 1001}_{48\text{位}}\ 1010)_2$$

而偏置指数

$$e = -4 + 1023 = 1019 = (11\ 1111\ 1011)_2$$

最后,十进制数 -0.1 对应的双精度浮点数为

$$1011\ 1111\ 1011\ \underbrace{1001\ \cdots\ 1001}_{48\text{位}}\ 1010$$

注 1.4.1　由于二进制码太长,所以采用十六进制码来简记二进制码,如十进制数 -0.1 对应的双精度浮点数的十六进制码为 bfb999999999999a. 这里,用英文字母 a~f 代表十六进制的“数字”10~15.

3. 特殊值

MATLAB 定义了多个函数来表示重要的特殊值,常用的有如下几个 (其中双精度浮点数的几个特殊值的详情见表 1.5):

(1) ans　表示最近的回答(most recent answer),用在计算表达式而未把结果赋值给变量名时,MATLAB 自动把结果储存在 ans;

(2) pi　表示圆周率 π;

(3) i 和 j　都表示虚数根(imaginary unit) $\sqrt{-1}$,用 a+b*i 或 a+b*j 表示复数,其中 a 和 b 是浮点数或整数;

(4) eps　表示浮点数相对精度(floating-point relative accuracy),定义为从 1 到紧邻的下一个浮点数之间的距离;

（5）realmin　表示最小的正浮点数.绝对值小于 realmin 就是下溢,当成 0 处理;

（6）realmax　表示最大的正浮点数.绝对值大于 realmax 就是上溢,当成 Inf 或-Inf 处理;

（7）Inf 和 inf　表示上溢,满足以下计算法则:

$1/\text{Inf}=0$;

$1/0=\text{Inf}$;

$\text{Inf}+\text{Inf}=\text{Inf}$;

$\text{Inf}+a=\text{Inf}$(这里,a 是任意数值类型的数);

（8）NaN　表示无效数值(not a number),出现这种情况的例子有 0/0 和 Inf−Inf.

分母为 0 会导致计算结果为 Inf 或 NaN,有时是由于浮点数计算的误差所产生的,会给处理数据带来困难,可以采取给分母加上 eps 的小技巧来克服这一困难.

表 1.5　双精度浮点数的几个特殊值

特殊值	十六进制码	小数 f	偏置指数 e	short g 格式显示	精确值或意义
eps	3cb0000000000000	0	971	2.2204e−016	2^{-52}
realmin	0010000000000000	0	1	2.2251e−308	2^{-1022}
realmax	7fefffffffffffff	$1-2^{-52}$	2046	1.7977e+308	$(2-2^{-52})\times2^{1023}$
Inf	7ff0000000000000	0	2047	Inf	上溢

4. 数字显示格式

命令窗口有 14 种数字显示格式,可以用 MATLAB 函数 format 进行选择和转换,语法如下:

format *type*

其中 *type* 是指表 1.6 中的 14 种数字显示格式.

表 1.6　14 种数字显示格式

类　型	适用数据类型	说明(都只考虑 double 类型)
short	浮点数类型	固定截断格式,固定 4 位小数
long	浮点数类型	固定截断格式,固定 14 或 15 位小数
short e	浮点数类型	浮点数格式,固定 4 位小数
long e	浮点数类型	浮点数格式,固定 14 或 15 位小数
short g	浮点数类型	最佳的截断或浮点数格式,最多 4 位小数
long g	浮点数类型	最佳的截断或浮点数格式,最多 14 或 15 位小数

类　型	适用数据类型	说明（都只考虑 double 类型）
short eng	浮点数类型	工程格式，尾数固定 4 位小数，指数固定三位数字
long eng	浮点数类型	工程格式，尾数固定 16 位数字，指数固定三位数字
+	所有数值类型	正数返回＋，负数返回－，零返回空格
bank	所有数值类型	小数格式，小数点后固定保留两位数字
hex	所有数值类型	16 进制格式，从二进制机器码转换而来
rat	所有数值类型	有理数（既约分数或整数）
compact	所有类型	减少空行，使屏幕能显示更多内容
loose	所有类型	增加空行，更容易阅读

说明　本书对浮点数类型都采用 short g 显示格式.

1.4.2　逻辑数组

MATLAB 用整数 1（占 1 字节）表示逻辑真，用整数 0（占 1 字节）表示逻辑假. 可以用 MATLAB 函数 true 和 false 分别产生逻辑 1（真）和逻辑 0（假）.

由逻辑 1（真）或者逻辑 0（假）作为元素的数组称为逻辑数组（logical array）. 可以用 MATLAB 函数 logical 实现数组从任何数值类型向逻辑类型的转换，其规则是将 0 转换成逻辑 0（假），将非 0 的数转换为逻辑 1（真）.

MATLAB 提供与、或、非、异或共 4 种逻辑运算（见表 1.7），所得结果为逻辑类型. 可以在两个规模相同的逻辑数组之间运算（在对应元素之间进行运算），也可以在逻辑数组和逻辑数值之间运算（数组的每个元素分别和该逻辑数值运算），所得的结果是相同规模的数组.

表 1.7　逻辑运算

运　算	运算符	函　数	说　明
与	&	and(x,y)	and(0,0)==0,and(1,0)==0,and(0,1)==0,and(1,1)==1
或	|	or(x,y)	or(0,0)==0,or(1,0)==1,or(0,1)==1,or(1,1)==1
非	～	not(x)	not(0)==1,not(1)==0
异或	无	xor(x,y)	xor(0,0)==0,xor(1,0)==1,xor(0,1)==1,xor(1,1)==0

MATLAB 还提供数值数组之间的相等、不等、小于、大于、小于或等于、大于或等于共 6 种关系运算（见表 1.8），所得结果为逻辑类型. 可以在两个规模相同的数值数组之间运算（在对应元素之间进行运算），也可以在数值数组和数之间运算（数值数组的每个元素分别和该数进行运算），所得的结果都是与数值数组规模相同的逻辑数组.

表 1.8　关系运算

运　算	运算符	函　数
相等	==	eq(x,y)
不等	~=	ne(x,y)
小于	<	lt(x,y)
大于	>	gt(x,y)
小于或等于	<=	le(x,y)
大于或等于	>=	ge(x,y)

例 1.4.2　在命令窗口依次输入并执行以下语句,观察结果:

(1) (5 * 10)>40,whos('ans')

命令窗口显示:

```
ans=
    1
Name  Size  Bytes  Class
 ans  1x1       1  logical array
```

(2) [30 40 50 60 70]>40,whos('ans')

命令窗口显示:

```
ans=
  0   0   1   1   1
Name  Size     Bytes     Class
 ans  1x5          5     logical array
```

(3) A=[1,-2,0;.4,0,-.5],logical(A)

命令窗口显示:

```
A=
    1      -2     0
    0.4     0    -0.5
ans=
    1   1   0
    1   0   1
```

(4) x=[true,false,true,false],y=[true,false,false,true]

命令窗口显示:

```
x=
    1   0   1   0
y=
    1   0   0   1
```

然后，输入并执行

    x&y　或　and(x,y)

命令窗口都显示

    ans=

      1　　0　　0　　0

输入并执行

    x|y　或　or(x,y)

命令窗口都显示

    ans=

      1　　0　　1　　1

输入并执行

    ~x　或　not(x)

命令窗口都显示

    ans=

      0　　1　　0　　1

输入并执行

    xor(x,y)

命令窗口显示：

    ans=

      0　　0　　1　　1

    (5) A=[2,7,6;9,0,5;3,0.5,6];B=[8,7,0;3,2,5;4,-1,7];A==B

命令窗口显示：

    ans=

      0　　1　　0

      0　　0　　1

      0　　0　　0

    MATLAB 还有两个常用的逻辑运算函数：all 和 any.

    (1) all 的语法格式为 C=all(A). 输入 A 为数值数组或逻辑数组. 当 A 为向量时，如果 A 的全体元素非零，则输出 C 为逻辑值 1；如果 A 至少有一个元素等于零，则输出 C 为逻辑值 0；当 A 为 $m \times n$ 矩阵($m > 1$)时，则输出 C 为 $1 \times n$ 行向量，其第 i 个元素为 all 作用于 A 的第 i 个列向量得到的逻辑值.

    (2) any 的语法格式为 C=any(A). 输入 A 为数值数组或逻辑数组. 当 A 为向量时，如果 A 至少有一个元素非零，则输出 C 为逻辑值 1，如果 A 的全体元素都等于零，则输出 C 为逻辑值 0；当 A 为 $m \times n$ 矩阵($m > 1$)时，则输出 C 为 $1 \times n$ 行向量,其第 i 个元素为 any 作用于 A 的第 i 个列向量得到的逻辑值.

例 1.4.3 在命令窗口依次输入并执行以下语句,观察结果:

(1) A=[[eye(2);ones(2)],ones(4,1),zeros(4,1)]

命令窗口显示:

```
A=
    1    0    1    0
    0    1    1    0
    1    1    1    0
    1    1    1    0
```

(2) all(A)

命令窗口显示:

```
ans=
    0    0    1    0
```

(3) any(ans)

命令窗口显示:

```
ans=
    1
```

(4) any(A)

命令窗口显示:

```
ans=
    1    1    1    0
```

(5) all(ans)

命令窗口显示:

```
ans=
    0
```

1.4.3 字符数组

MATLAB 按照 Unicode 编码标准,采用双字节(即范围在 0~65535 的十进制整数)对字符进行编码,在机器内部,每个字符都用它对应的编码来表示.例如,空格的编码是 32(十进制整数,下同),0 的编码是 48,A 的编码是 65,a 的编码是 97,简体汉字"辉"的编码是 36745,而繁体汉字"輝"的编码是 36637.可以用转换函数 uint16 或者 double 查看字符串的 Unicode 编码,可以用转换函数 char 显示某个 Unicode 编码对应的字符(能否显示该字符还取决于机器的操作系统有没有安装相关的字符集).在通常情况下,使用字符串并不需要知道字符的编码.

　　MATLAB 的字符串(string)是由字符(char)组成的字符数组(char array),字符串必须用一对单引号括住.在机器内部,字符串是由字符对应的 Unicode 编码组成的数组,既然是数组,就要求维数相容.

　　MATLAB 常用的字符串运算函数有如下几个:

　　(1) blanks(n)　创建由 n 个空格构成的字符串;

　　(2) strcat(s1,s2,s3,…)　水平地把字符串 s1,s2,s3,…合成为一个字符串,相当于[s1,s2,s3,…];

　　(3) strvcat(s1,s2,s3,…)　竖直地把字符串 s1,s2,s3,…合成为一个字符串,相当于[s1;s2;s3;…];

　　(4) strrep(str1,str2,str3)　在字符串 str1 中,以字符串 str3 替换所有的字符串 str2;

　　(5) strfind(str,pattern)　在较长的字符串 str 中,查找字符串 pattern,返回为行向量,由 pattern 每一次出现在 str 中时,pattern 的第一个字符在 str 中的位置(下标)所构成;

　　(6) strcmp(str1,str2)　比较两个字符串是否完全相同,如果是,就返回逻辑 1;如果否,就返回逻辑 0;

　　(7) strncmp(str1,str2,n)　比较两个字符串的前 n 个字符是否完全相同,如果是,就返回逻辑 1;如果否,就返回逻辑 0;

　　(8) num2str(n)　将数值 n 转换成记录该数值的字符串;

　　(9) str2num(str)　将记录数值的字符串转换成它所记录的数值.

　　例 1.4.4　在命令窗口依次输入并执行以下语句,观察结果:

　　(1) s1='Hello';whos('s1')

命令窗口显示:

```
Name     Size     Bytes     Class
 s1      1x5         10      char array
```

　　(2) uint16(s1)% 查看 Unicode 编码

命令窗口显示:

```
ans=
    72    101    108    108    111
```

　　(3) char(ans)% 显示 Unicode 编码对应的字符

命令窗口显示:

```
ans=
Hello
```

　　(4) s2=',';s3='Mr Zhang!';s=[s1,s2,s3]

命令窗口显示：

    s=

    Hello,Mr Zhang!

(5) t=[s1,s2;s3]

命令窗口显示错误信息：

    CAT arguments dimensions are not consistent.

即矩阵合成维数不相容.这是因为第一行[s1,s2]有 6 个字符,即 12 字节,而第二行 s3 却有 9 个字符,即 18 字节,而字符数组(矩阵)要求每一行有同样多的字符.

    (6) 如果给 s2 增加三个空格,就可以解决刚才的问题.

    s2=',   ';t=[s1,s2;s3]

命令窗口显示：

    t=

    Hello,

    Mr Zhang!

说明　在实际应用中,这样做会很不方便,幸好 MATLAB 的元胞数组数据类型能够彻底解决类似的问题.

1.4.4　元胞数组

元胞(cell)是能保存任何类型、任何规模的数组的"数据容器".元胞数组(cell array)能将多个元胞保存成数组形式,元胞数组使得处理类型和规模比较复杂的矩形表格形式的数据能够如同处理数值矩阵一样方便.

具体来说,假如变量 A 是一个规模为 $m \times n$ 的元胞数组,那么 A 有 $m \times n$ 个元胞,排列成 m 行 n 列的矩形表格,用 A(i,j)表示位于第 i 行、第 j 列的那个元胞;每个元胞可以保存任何类型、任何规模的内容,用 A{i,j}表示保存在元胞 A(i,j)里的内容(即保存在元胞 A(i,j)里的数组,A{i,j}具有自己的类型和规模);用 A{i,j}(s,t)访问数组 A{i,j}的位于第 s 行、第 t 列的那个元素(本书只考虑二维数组).

类似二维数组使用单个下标逐列地访问数组元素的语法规则,元胞数组也可以使用单个下标来逐列地访问元胞,或者在元胞的内容里逐列地访问元素.

"{}"表示规模为 0×0 的空的元胞数组(而"[]"表示规模为 0×0 的空的 double 数组).

命令 cell(m,n)创建规模为 m×n 的元胞数组,而命令 cell(n)创建规模为 n×n 的元胞数组,这些元胞的内容都是"[]".

命令 C={A B D E……}创建元胞数组.A,B 等代表任何类型、任何规模的数组,它们是 C 的各个元胞的内容.命令格式未在 A,B 等数组之间标明逗号(与空格等效)或分号(与回车等效),使用时需要添加上去,逗号分隔同一行的元胞,分号换行.

命令 C3＝[C1,C2]水平地合成元胞数组,其中 C1 和 C2 都是元胞数组,规模分别为 $m \times n1$ 和 $m \times n2$,合成为元胞数组 C3,C3 的规模是 $m \times (n1+n2)$.

命令 C3＝[C1;C2]垂直地合成元胞数组,其中 C1 和 C2 都是元胞数组,规模分别为 $m1 \times n$ 和 $m2 \times n$,合成为元胞数组 C3,C3 的规模是 $(m1+m2) \times n$.

命令 C3＝{C1,C2}水平地合成元胞数组,其中 C1 和 C2 都是元胞数组,合成为元胞数组 C3,C3 的规模是 1×2,C3{1}即 C1,C3{2}即 C2.

命令 C3＝{C1;C2}垂直地合成元胞数组,其中 C1 和 C2 都是元胞数组,合成为元胞数组 C3,C3 的规模是 2×1,C3{1}即 C1,C3{2}即 C2.

命令 celldisp(C)可以具体显示元胞数组 C 的每一个元胞的内容.

命令 cellplot(C)返回二维图形,形象地显示元胞数组 C(仅限于二维)的结构.

例 1.4.5 在命令窗口依次输入并执行以下语句,观察结果:

(1) A={[1,4,3;0,5,8;7,2,9],'Anne Smith';3+7i,-pi:pi/4:pi}

命令窗口显示:

```
A=
    [3x3 double]    'Anne Smith'
    [3+        7i]  [1x9 double]
```

这样就创建了一个以 A 为变量名的,规模为 2×2 的元胞数组.

(2) A(1,1)

命令窗口显示:

```
ans=
    [3x3 double]
```

显示说明元胞数组 A 的位于第 1 行、第 1 列的元胞 A(1,1)当前保存着一个规模为 3×3、类型为 double 的数组.

(3) A{1,1}

命令窗口显示:

```
ans=
    1    4    3
    0    5    8
    7    2    9
```

所显示的是元胞数组 A 的位于第 1 行、第 1 列的元胞 A(1,1)当前保存的具体内容.

（4）B=cell(1,2),C={A,B}

命令窗口显示：

    B=

        []   []

    C=

        {2x2 cell}   {1x2 cell}

B 是规模为 1×2 的空的元胞数组；C 是 1×2 的元胞数组，由 A 和 B 两个元胞数组水平地合成，C 的第 1 行、第 1 列的元胞内容是元胞数组 A，C 的第 1 行、第 2 列的元胞的内容是元胞数组 B.

（5）celldisp(C)

命令窗口显示元胞数组 C 的全部内容：

    C{1}{1,1}=

        1   4   3

        0   5   8

        7   2   9

    C{1}{2,1}=

            3+   7i

    C{1}{1,2}=

    Anne Smith

    C{1}{2,2}=

        Columns 1 through 5

            -3.1416   -2.3562   -1.5708   -0.7854   0

        Columns 6 through 9

            0.7854   1.5708   2.3562   3.1416

    C{2}{1}=

        []

    C{2}{2}=

        []

（6）cellplot(C)

MATLAB 创建图形窗口，显示元胞数组 C 的结构图（见图 1.4）.

（7）D=[A,B]

命令窗口显示：

    ??? Error using==>horzcat

    CAT arguments dimensions are not consistent.

错误信息即当水平地合成时，发生维数不相容的错误. 这是因为 A 的规模为 2×2，

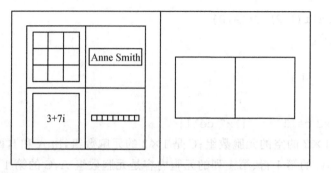

图 1.4   元胞数组 C 的结构图

B 的规模为 1×2,不能水平地合成.

　　(8) D=[A;B]

命令窗口显示:

　　　　D=

　　　　　　[3x3 double]   'Anne Smith'

　　　　　　[3+   7i]   [1x9 double]

　　　　　　　　　[]   []

因为 A 的规模为 2×2,B 的规模为 1×2,所以可以垂直地合成规模为 3×2 的元胞
数组 D.

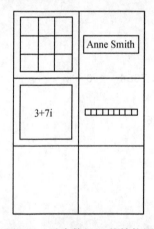

图 1.5   元胞数组 D 的结构图

　　D{2,2}=

　　Columns 1 through 5

　　　-3.1416   -2.3562   -1.5708   -0.7854   0

　　Columns 6 through 9

　　　0.7854   1.5708   2.3562   3.1416

　　(9) celldisp(D),cellplot(D)

命令窗口显示元胞数组 D 的全部内容:

　　　D{1,1}=

　　　　　1   4   3

　　　　　0   5   8

　　　　　7   2   9

　　　D{2,1}=

　　　　　　3+   7i

　　　D{3,1}=

　　　　　[]

　　　D{1,2}=

　　　Anne Smith

D{3,2}=

□

MATLAB 还创建图形窗口,显示元胞数组 D 的结构图(见图 1.5).

在数学建模活动中,元胞数组主要应用在从文本文件导入数据的时候. 这里要用到 fopen,fclose 和 textscan 三个 MATLAB 函数:

命令 fopen 用来打开文件,其常用的语法格式为

fid=fopen(filename)

输入是用单引号括住的完整文件名的字符串(该文件要在 MATLAB 当前目录下),其输出 fid 是系统自动生成的一个整数,作用是文件指针.

命令 fclose(fid)用来关闭文件指针 fid 对应的文件,fclose('all')关闭当前被 fopen 打开过的所有文件,返回值为 0 表示成功关闭文件.

命令 textscan 用来从文本文件导入数据,其常用的语法格式为

C=textscan(fid,'format')

第一输入项 fid 是由命令 fopen 打开文本文件时创建的文件指针,第二输入项的 format 是指用于规定导入数据类型的格式字符串,包括%n(导入 double 类型),%s(导入 char 类型)等,用一对单引号括住,如果 format 包含 n 个这一类格式字符串(之间不需任何间隔符),则输出 C 是规模为 $1 \times n$ 的元胞数组,C 各个元胞的内容的数据类型由对应的格式字符串规定. 注意 textscan 会自动跳过空行,也会将连续的多个空格当成一个空格来处理.

下面是以 2007 年全国大学生数学建模竞赛 B 题"乘公交,看奥运"为背景设计的一个简单例子.

例 1.4.6 由文本文件 data. txt 导入数据.

文本文件 data. txt 有 5 行,其内容如下:

L001

分段计价。

S0619-S0348-S0429-S0819-S0128-S0710

L002

注意第 4 行是空行.

解答 首先,要使文本文件 data. txt 在 MATLAB 当前目录下. 然后输入以下命令并执行,由 data. txt 导入数据:

```
fid=fopen('data.txt'),C=textscan(fid,'%s'),fclose(fid)
```

命令窗口显示:

```
fid=
    3
C=
    {4x1 cell}
ans=
    0
```

输入并执行以下命令：

```
celldisp(C)
```

命令窗口显示：

```
C{1}{1}=
L001
C{1}{2}=
```

分段计价。

```
C{1}{3}=
S0619-S0348-S0429-S0819-S0128-S0710
C{1}{4}=
L002
```

这里,因为命令 C=textscan(fid,'%s')中只用了一个格式字符串"%s",所以 C 是规模为 $1×1$ 的元胞,其内容 C{1}是 $4×1$ 的元胞数组,这 4 个元胞的内容依次是 data. txt 的 4 个非空行的字符串,textscan 自动忽略了 data. txt 的第 4 行,因为它是空行.命令窗口显示的结果说明导入数据已成功,可以根据需要进一步编程处理数据.

下面是以 2006 年全国大学生数学建模竞赛 B 题"艾滋病疗法的评价及疗效的预测"为背景设计的另一个简单例子.

例 1. 4. 7　由文本文件 hiv. txt 导入数据.

文本文件 hiv. txt 的内容是如下三行三列的数据表：

```
23424    178      5.5
23425    320
23426             3.4
```

第 1 列是编号,第 2 列和第 3 列是测量数据,每一列都有特定的意义,不同列的数据不可混淆.注意第 2 行缺失第 3 列,而第 3 行缺失第 2 列.

解答　首先,要使文本文件 hiv. txt 在 MATLAB 当前目录下.然后输入并执行以下命令,由 hiv. txt 导入数据：

```
fid= fopen('hiv.txt'),C=textscan(fid,'%s%n%n'),fclose(fid)
```

命令窗口显示：

```
fid=
    3
fid=
    3
C=
    {3x1 cell}    [3x1 double]    [2x1 double]
ans=
    0
```

然后输入并执行以下命令：

```
celldisp(C)
```

命令窗口显示：

```
C{1}{1}=
23424
C{1}{2}=
23425
C{1}{3}=
23426
C{2}=
        178
        320
        3.4
C{3}=
        5.5
        NaN
```

这里，C 本身是 1×3 的元胞数组，C{1}是 3×1 的元胞数组，内容依次是从 hiv.txt 的第 1 列导入的三个字符串，C{2}是 3×1 的双精度浮点数值数组，本应从 hiv.txt 的第 2 列导入，但是 textscan 自动忽略了 hiv.txt 第 2 列、第 3 行的空格，将原本位于 hiv.txt 的第 3 列、第 3 行的 3.4 导入 C{2}(3)，违背了题意，也造成 C{3}是 2×1 的双精度浮点数值数组.

正确的做法是预处理数据文本文件，将 hiv.txt 类似第 3 行、第 2 列那样的右边还有数据的空格改成 NaN（在 2006 年全国赛 B 题中，这种情况数量很少），至于类似第 2 行、第 3 列那样的右边没有数据的空格就保持原状（在 2006 年全国赛 B 题中，这种情况数量很多）. 预处理后，另存为文本文件 hiv1.txt，于是 hiv1.txt 的内容如下：

```
23424   178   5.5
23425   320
23426   NaN   3.4
```

另外,第 1 列的编号导入成数值类型处理起来会更方便. 也就是说,输入并执行以下命令:

```
fid=fopen('hiv1.txt'),C=textscan(fid,'%n%n%n'),fclose(fid)
```

命令窗口显示:

```
fid=
    3
C=
    [3x1 double]    [3x1 double]    [3x1 double]
ans=
    0
```

然后输入并执行以下命令:

```
celldisp(C)
```

命令窗口显示:

```
C{1}=
        23424
        23425
        23426
C{2}=
        178
        320
        NaN
C{3}=
        5.5
        NaN
        3.4
```

显示的结果说明现在导入数据成功,可以进一步根据需要编程处理数据.

1.4.5　结构数组

结构数组(structure array)的每一个元素都由若干个“数据容器”组成,这些“数据容器”被称为“域(field)”,每个域都有自己的名(命名规则与变量名相同),每个域都能保存任何类型、任何规模的数组.

通过“变量名(m,n)”的方式可以访问结构数组的第 m 行、第 n 列的元素;

通过"变量名(m,n). 域名"的方式可以访问结构数组的第 m 行、第 n 列的元素的某个域;

通过"变量名. 域名"的方式可以访问结构数组所有元素的某个域.

注 1.4.2　某些 MATLAB 函数返回的结果是结构数组,例如 polyfit(1.7节)、odeset(4.3 节)、csape 和 mkpp(5.1 节)、linprog(7.2 节)等.

例 1.4.8　用结构数组保存表 1.9 中的两名学生的资料.

表 1.9　学生资料

姓　名	学　号	成　绩
李明	2008999901	$[123,135,119;96,103,123;127,103,87]$
张强	2008999902	$[145,143,149;129,132,137;137,128,119]$

解答　首先输入第一名学生的资料:

```
student.name='李明';
student.ID='2008999901';
student.grade=[123,135,119;96,103,123;127,103,87];
```

现在,结构数组 student 的规模为 1×1,即只有一个元素,这个元素有 name,ID 和 grade 三个域. 输入并执行以下命令:

```
student
```

命令窗口显示结构数组 student 的唯一元素的内容为

```
student=
    name:'李明'
      ID:'2008999901'
   grade:[3x3 double]
```

输入以下命令并执行:

```
student.grade
```

命令窗口显示结构数组 student 的唯一元素的域 grade 的内容为

```
ans=
    123    135    119
     96    103    123
    127    103     87
```

然后输入第二名学生的资料:

```
student(2).name='张强';
student(2).ID='2008999902';
student(2).grade=[145,143,149;129,132,137;137,128,119];
```

现在,结构数组 student 的规模为 1×2,有两个元素,每个元素都有 name,ID 和 grade 三个域.再次输入并执行以下命令:

```
student
```

命令窗口显示:

```
student=
1x2 struct array with fields:
    name
    ID
    grade
```

这次只显示结构数组 student 的规模、类型和所有的域名.输入并执行以下命令:

```
student(2)
```

命令窗口显示结构数组 student 的第二个元素的内容为

```
ans=
    name:'张强'
      ID:'2008999902'
    grade:[3x3 double]
```

再次输入并执行以下命令:

```
student.grade
```

命令窗口显示结构数组 student 的两个元素的域 grade 的内容为

```
ans=
    123    135    119
     96    103    123
    127    103     87
ans=
    145    143    149
    129    132    137
    137    128    119
```

1.5　绘制二维图形

1.5.1　plot 函数

MATLAB 为数组的可视化提供了许多绘图函数,其中最常用的是 plot 函数,功能是将二维数组绘制成二维线性图.plot 函数有多种语法格式.

格式 1 plot(Y)

如果输入 Y 是规模为 $1\times n$ 或 $n\times 1$ 的数值向量,则 plot(Y)返回向量 Y 对应下标的线性图,即依次连接坐标点$(1,Y(1)),(2,Y(2)),\cdots,(n,Y(n))$的折线;

如果 Y 是规模为 $m\times n(m>1)$ 的数值矩阵,则 plot(Y)返回 Y 的各个列向量对应下标的多重线性图(同时显示多条折线).

例 1.5.1 输入并执行以下命令,观察绘图结果.

(1) y=[1,4,2,3];plot(y)

(2) y=[1;4;2;3];plot(y)

(3) y=[1,4,2,3;2,3,1,4];plot(y)

(4) y=[1,4,2,3;2,3,1,4].';plot(y)

解答 绘图结果详见图 1.6 中的 4 幅小图.

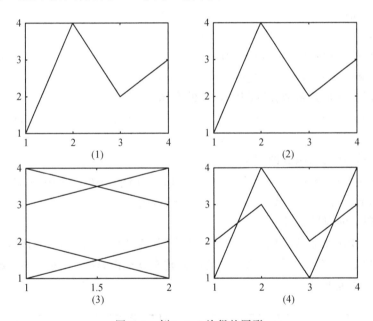

图 1.6 例 1.5.1 绘得的图形

格式 2 plot(X,Y)

第一输入项 X 是横坐标(自变量)的数值数组,第二输入项 Y 是纵坐标(因变量)的数值数组.最常用的情形是 X 和 Y 是元素个数相等的向量(不必区分行或列),由 X 的元素和 Y 的元素依次构成一组坐标,即$(X(1),Y(1)),(X(2),Y(2)),\cdots,(X(n),Y(n))$,plot(X,Y)返回依次连接这些坐标点而得到的线性图;

如果 X 是向量, Y 是矩阵, Y 的列向量与 X 的元素个数相等, 则 plot(X, Y)返回 Y 的各个列向量对应 X 的多重线性图;

如果 X 是向量, Y 是矩阵, Y 的列向量与 X 的元素个数不相等, 但是 Y 的行向量与 X 的元素个数相等, 则 plot(X, Y)返回 Y 的各个行向量对应 X 的多重线性图;

如果 X 是矩阵, Y 是向量, plot(X, Y)按类似的规则返回 Y 对应 X 的多重线性图;

如果 X 和 Y 是同型矩阵(至少有两行), 则 plot(X, Y)返回 Y 的列向量对应 X 的列向量的多重线性图;

其余情况, plot(X, Y)返回"Vectors must be the same lengths."(向量长度必须相等)的错误信息.

例 1.5.2　输入以下命令并执行, 观察绘图结果:

(1) 五角星.

x=[0.2,0.5,0.8,0,1,0.2];y=[0,1,0,0.65,0.65,0];plot(x,y)

(2) 正弦函数在区间[0,2π]的图像.

n=51;x=linspace(0,2 * pi,n);y=sin(x);plot(x,y)

(3) 正弦和余弦函数在区间[0,2π]的图像.

n=51;x=linspace(0,2 * pi,n);y=[sin(x);cos(x)];plot(x,y)

(注意: x 的规模是 1×n, 而 y 的规模是 2×n.)

(4) 正切和余切函数的图像.

n=51;x=[linspace(-0.9 * pi/2,0.9 * pi/2,n);linspace(0.05 * pi,0.95 * pi,n)]';

y=[tan(x(:,1)),cot(x(:,2))];plot(x,y)

(注意: x 和 y 的规模都是 n×2.)

解答　绘图结果详见图 1.7 中的 4 幅小图. 改变(2)~(4)中 n 的值, 重新输入并执行, 可以观察到函数图像随着 n 的增大越来越光滑, 随着 n 的减小却越来越明显可见实际上是折线.

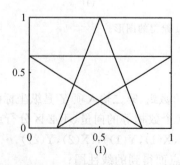

(1)

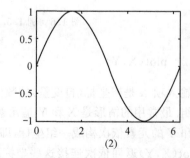

(2)

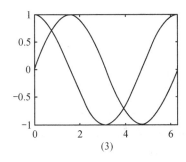 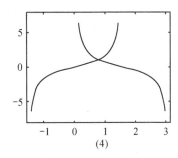

(3)　　　　　　　　　　　　(4)

图 1.7　例 1.5.2 绘得的图形

格式 3　plot($X1,Y1,X2,Y2,\cdots$)

输入项 X1、Y1、X2、Y2、…都是数值数组,每两个一组,plot 依次返回 Y1 对应 X1,Y2 对应 X2……的线性图(依据格式 2 的语法规则).

格式 4　plot($X1,Y1,LineSpec1,X2,Y2,LineSpec2,\cdots$)

输入项 X1、Y1、X2、Y2、…都是数值数组,每两个一组;LineSpec1、LineSpec2、…都是用单引号括住的指示线型、标志符和颜色的字符串(见表 1.10～表 1.12),plot 依次返回符合指定格式的 Y1 对应 X1,Y2 对应 X2,……的线性图.允许某些 Xn, Yn 缺省格式字符串,若缺省,则采用系统默认格式.

表 1.10　指示线型的字符串

线型名称	字符串	线型名称	字符串
实线 solid line	-	点线 dotted line	:
虚线 dashed line	--	点划线 dash-dot line	-.

表 1.11　指示标志符的字符

标志符名称	字　符	标志符名称	字　符
点 point	.	正三角形 upward-pointing triangle	^
加号 plus sign	+	倒三角形 downward-pointing triangle	v
星号 asterisk	*	左三角形 left-pointing triangle	<
叉 cross	x	右三角形 right-pointing triangle	>
圆圈 circle	o	五角星 five-pointed star (pentagram)	p
正方形 square	s	六角星 six-pointed star (hexagram)	h
钻石,菱形 diamond	d		

表 1.12　指示颜色的字符

颜色名称	RGB值	字　符	颜色名称	RGB值	字　符
红色 red	[1,0,0]	r	洋红 magenta	[1,0,1]	m
绿色 green	[0,1,0]	g	黄色 yellow	[1,1,0]	y
蓝色 blue	[0,0,1]	b	黑色 black	[0,0,0]	k
青色 cyan	[0,1,1]	c	白色 white	[1,1,1]	w

说明　(1) 格式字符串中指示线型、标志符和颜色的字符(串)都只能至多有一种. 也就是说,对于一组表示坐标的数值数组 Xn 和 Yn,如果格式字符串 LineSpec$n$ 同时包含指示线型和标志符的字符(串),则 plot 只能以同样的颜色显示标志符和线. 如果要以不同的颜色分别显示标志符和线,坐标数组以及格式字符串就必须分成相应的两组.

(2) 格式字符串中指示线型、标志符和颜色的字符(串)的次序是任意的,但是要留意"'-.'"是以点划线为线型,而"'.-'"是以点为标志符,以实线为线型.

(3) 如果格式字符串中同时缺省指示线型和标志符的字符(串),系统默认的线型是实线,默认无标志符.

(4) 如果格式字符串中有指示标志符的字符,但是缺省指示线型的字符(串),则 plot 只显示标志符,而不显示线.

(5) 如果一幅图内画多条线而不指定颜色,MATLAB 会自动地按照系统默认的颜色次序(蓝、绿、红、青、紫、黄、黑)来为各条线分别着色,用户可以重新设置系统默认颜色的灰度和次序.

1.5.2　编辑图形

1. 文本添加命令

文本添加命令有如下几个:

(1) 用命令 xlabel(str),ylabel(str)可以分别加上 x 轴标记和 y 轴标记(其中 str 指代一个字符数组,下同);

(2) 用命令 title(str)可以在图的上方加上标题;

(3) 用命令 text(x0,y0,str)可以在指定的坐标位置(x0,y0)加上字符串;

(4) 用命令 gtext(str)可以在鼠标点击处加上字符串;

(5) 如果 plot 命令有 m 组输入参数(每组输入参数由横、纵坐标数组及格式字符串构成),用命令 legend(str1,str2,…,str$k$,n)可以添加一个文本框,在文本框内依次给出从第一组输入参数至第 k 组输入参数的线型、标志符和颜色对应的文字说明,str1,str2,…,str$k$ 是用作文字说明的字符数组,必须满足 $k \leqslant m$;n 是整数 −1,0,1,2,3,4 其中之一,用来指示文本框的位置,−1 代表坐标图外的右上侧,0 代表坐标图内的最佳位置,1~4 依次代表坐标图内的右上、左上、左下和右下侧.

在以上命令的输入项的字符数组中,字符"^","_","\"以及成对的"{"和"}"可以用作功能符,本身不显示. 具体的语法规定如下:

(1) 用字符"^"(乘幂运算符)显示上标,跟随"^"的字符为"^"之前的字符的上标;

(2) 用字符"_"(下划线)显示下标,跟随"_"的字符为"_"之前的字符的下标;

(3) 如果上、下标有多个字符,则用一对花括号"{"和"}"括住;

(4) MATLAB 定义了一批以字符"\"开头的字符串,用于显示希腊字母、数学运算符号等特殊字符以及某些特殊格式. 例如,用"\alpha"代表小写希腊字母"α",用"\leftarrow"代表左箭头"←". 如果读者需要用到这些特殊字符或特殊格式,请查阅 MATLAB 帮助文档的 Text Properties 一节.

2. 坐标图形控制命令

坐标图形控制命令有如下几个:

(1) 用命令 axis([xmin,xmax,ymin,ymax])可以指定坐标图的坐标范围,输入是由 4 个数值构成的向量,第一个数 xmin 应该小于第二个数 xmax,它们分别给出 x 轴坐标的最小值和最大值,第三个数 ymin 应小于第四个数 ymax,它们分别给出 y 轴坐标的最小值和最大值;

用命令 axis equal 可以使横、纵坐标具有相同的单位长度,以便精确地显示出正方形、圆形等图形;

(2) 用命令 box on 可以使坐标图的 4 边都显示坐标(系统默认值);

用命令 box off 可以使坐标图的上边和右边不显示坐标;

命令 box 用作反复开关,即对于同一个图形,第一次用 box 相当于 box on,第二次用 box 则相当于 box off,如此反复.

(3) 用命令 grid on 可以在坐标图上显示坐标网格,使得更容易观测坐标;

用命令 grid off 可以在坐标图上不显示坐标网格(系统默认值);

命令 grid 用作反复开关,即对于同一个图形,第一次用 grid 相当于 grid on,第二次用 grid 则相当于 grid off,如此反复.

3. 图形窗口控制命令

图形窗口控制命令有如下几个:

(1) 用命令 subplot(m,n,k)可以把一个图形窗口分成 m×n 个子图区域,并在第 k 个(从左往右逐行地数)子图区域返回随后的绘图命令的执行结果. 使用 subplot 命令时,前面所述的文本添加命令和图形窗口控制命令都只能在各个子图区域内起作用. 运用 subplot 命令可以实现多个图形之间的对比.

(2) 用命令 figure 可以创建一个新的图形窗口.

　　用命令 figure(n) 可以创建或切换到已经创建过的第 n 个图形窗口,这里 n 指代某个正整数.

　　如果执行的程序里面有不止一个绘图命令,而且没有用 figure 命令创建或切换图形窗口,也没有用到下面将介绍的 hold 命令,那么 MATLAB 就创建一个图形窗口,先显示第一个绘图命令返回的图形,然后在瞬息之间重置该图形窗口,删除原来显示的图形,显示下一个绘图命令返回的图形……结果用户只能看到最后一个绘图命令返回的图形.用 figure 命令创建新图形窗口,或切换到已有的图形窗口(切换到已有的图形窗口时不会重置该窗口),就能在不同的图形窗口显示各个绘图命令返回的图形.但是,如果需要将多个绘图命令返回的图形一起显示在同一个图形窗口(或子图区域)内,就需要用 hold 命令.

　　(3) 用命令 hold on 可以开启图形添加功能,将多个绘图命令返回的图形一起显示在当前的图形窗口(或子图区域)内.

　　用命令 hold off 则关闭图形添加功能,即在执行新的绘图命令时首先会重置图形窗口(或子图区域),删除原来显示的图形.

　　命令 hold 用作反复开关,即对于同一个图形窗口(或子图区域),第一次用 hold 相当于 hold on,第二次用 hold 则相当于 hold off,如此反复.编写 MATLAB 程序时,最好采用成对的 hold on 和 hold off,避免在调试和调用程序时发生不必要的语法混淆.

4. 图形窗口的丰富功能

　　MATLAB 的图形窗口拥有以下非常丰富的功能:

　　(1) 图形编辑——用户执行程序生成图形之后可以编辑修改图形,只要用鼠标点击图形窗口工具栏中的鼠标箭头图标,即可进入图形编辑状态,点击需要修改的项目,然后从点击鼠标右键后弹出的菜单中选择需要修改的项目;当用户需要给图形添加文本、线条等,可以点击图形窗口的 Insert 菜单,选择需要添加的项目;

　　(2) 图形拷贝——当用户需要将图形拷贝到 Word 文档或 PowerPoint 幻灯片时,只需点击在图形窗口的 Edit 菜单当中的 Copy Figure 项目,然后粘贴在 Word 文档或 PowerPoint 幻灯片的相应位置即可;

　　(3) 图形保存——当用户需要保存图形时,只需点击进入在图形窗口的 File 菜单当中的 Save As... 项目,在系统给用户提供的十几种保存格式(包括 bmp,jpg,pdf 等常用格式)中选择合适的格式,进行保存工作.

1.5.3　其他绘图命令简介

　　1) 极坐标图形

　　命令 polar(theta,rho,LineSpec) 绘制极坐标图形,其第一输入项 theta 为从 x

轴到径向向量的夹角的弧度,第二输入项 rho 为半径,即径向向量的长度,第三输
入项 LineSpec 是格式字符串,语法规定与 plot 命令一样.

2) 三维线性图

MATLAB 函数 plot3 绘制三维线性图,其语法格式如下:

plot3(X1,Y1,Z1,…)(类似 plot 命令的格式 3)

plot3(X1,Y1,Z1,LineSpec,…)(类似 plot 命令的格式 4)

X1,Y1,Z1 分别为坐标点的 x,y,z 坐标向量(元素个数相等),格式字符串
LineSpec 的语法与 plot 命令格式 4 所介绍的相同.

对于参数方程形式的空间曲线

$$\{(x,y,z) \mid x = x(t), y = y(t), z = z(t), a \leqslant t \leqslant b\}$$

可以用 plot3 命令绘制其图像.

例 1.5.3 假设月球以圆形轨道绕地球旋转,半径为 R,周期为 T_1,地球和月
球的自转轴(南北极所在的直线)相互平行,并且垂直于月球绕地球轨道所在的平
面.以月球为参照系,假设绕月人造卫星飞经月球的南北极上空,轨道是半径为 r
的圆($r<R$),周期为 T_2($T_2<T_1$).用 MATLAB 绘制以地球为参照系的卫星运动
轨迹的示意图.

解答 把地球、月球、卫星都看成质点,记 $a=T_1/T_2$.不妨假设卫星绕月飞行
的方向与月球绕地飞行的方向成右手系,以地球为参照系,则卫星运动轨迹的参数
方程可以写为

$$\begin{cases} x = (R + r\sin a\theta)\cos\theta \\ y = (R + r\sin a\theta)\sin\theta \\ z = r\cos a\theta \end{cases}$$

其中 $0 \leqslant \theta \leqslant 2\pi$.

以下是绘制卫星运动轨迹的示意图(见图 1.8)的 MATLAB 程序(其中的参
数取值仅为获得较佳的图形显示效果,并不符合实际情况):

```
r=1;R=10;a=30;
t=linspace(0,2*pi,541);
x=(R+r.*sin(a.*t)).*cos(t);
y=(R+r.*sin(a*t)).*sin(t);
z=r.*cos(a*t);
plot3(x,y,z,'k')
xlabel('x'),ylabel('y'),zlabel('z'),axis equal
title('例 1.5.3 卫星运动轨迹的示意图')
```

例1.5.3　卫星运动轨迹的示意图

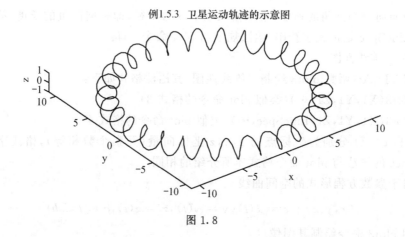

图 1.8

1.6　MATLAB 编程

1.6.1　M 文件

MATLAB 的变量名、函数名、程序文件名的命名规则如下：必须以字母开头，可以有字母、数字和下划线（不能包含其他字符，如中文字符），区分大、小写字母；可以是任意长度，但是只有前 63 个字符是有效的；不能和任何 MATLAB 关键字同名；命名应该避免使用 MATLAB 系统已经安装的函数名（包括特殊值），因为这样做会导致同名函数不能使用，直到以命令"clear 变量（函数、程序文件）名"清除该变量（函数、程序文件）名为止.

MATLAB 语言有 19 个关键字：break，case，catch，classdef，continue，else，elseif，end，for，function，global，if，otherwise，parfor，persistent，return，switch，try，while. 这些关键字中常用的有 switch，case，otherwise，if，elseif，else，for，while，end 和 function.

MATLAB 的程序文件以 m 为后缀名，所以叫做 M 文件（M-file），M 文件的文件名可以作为调用该 M 文件的 MATLAB 命令. 命令窗口只能输入一行命令，然后执行一行，不适合用于编写和调试程序. 应该在编辑器窗口内对 M 文件进行新建、打开、保存、输入、修改、运行、调试等工作，点击 MATLAB 主视窗左上角像一页纸似的 New M-File 图标，就可以打开编辑器窗口，注意编辑器窗口不使用任何输入提示符. 编辑器窗口能主动发现用户程序的语法错误，并给出提示. 编辑器窗口的工具栏中有一个箭头图标，点击它就可以保存并运行程序. 用鼠标右键点击编辑器窗口，会弹出包含编辑、运行等功能的菜单.

一个语句之后直接回车换行，或者用一个逗号","和下一个语句分隔，MAT-

LAB 运行程序时在命令窗口显示该语句的计算结果.

一个语句之后加一个分号";"再回车换行,或者用一个分号";"和下一个语句分隔,MATLAB 运行程序时不在命令窗口显示该语句的计算结果.

一行输入未完,需要换行继续输入时,用接续号"..."结束并按回车键换行.

MATLAB 用符号"%"作为一行的注释(comment)开始的标志符,同时也表示一个命令行的结束(但是被一对单引号括住的字符串里面包含的"%"仅是字符而已,与注释无关).注释可以增强程序的可读性.编写 M 文件时,常常用最开始的一行或几行写关于该程序的功能或用途的概括性注释,因为如果那样的话,MAT-LAB 会将第一行显示在当前目录窗口的简介(Description)栏目内,而且用户也可以使用命令"help 文件名"查看 M 文件开头的全部注释.

M 文件有以下两类:

(1) 脚本 M 文件(script M-file).只执行一系列 MATLAB 语句的简单程序文件叫做脚本 M 文件,脚本 M 文件中的变量全部是全局变量,也就是说,运行完该脚本 M 文件之后,这些变量还会保存在 Workspace 里,可以被其他 MATLAB 命令调用.

(2) 函数 M 文件(function M-file).接受输入变量,执行一系列 MATLAB 语句,然后产生输出的程序文件叫做函数 M 文件,函数 M 文件总是以关键字 function 开始,先说明函数名、输入和输出,语法格式如下:

function [output-name,……]=function-name(input-name,……)

输出变量名列表用一对方括号括住,变量名之间用逗号分隔.如果函数只有一个输出变量,可以缺省方括号.如果函数没有输出变量,则方括号、输出变量名列表和赋值号都应该缺省.

输入变量名列表用一对圆括号括住,变量名之间也用逗号分隔.即使函数仅有一个输入变量,也必须用一对圆括号括住输入变量名.如果函数没有输入变量,则圆括号和输入变量名列表都应该缺省.

接着函数说明的是语句体,请注意,MATLAB 会自动检查语句体有没有给每一个输出变量名赋值,如果有某个输出变量名未被赋值,MATLAB 会停止执行该函数,并发出警告信息.

函数 M 文件中的变量一般是局部变量(除非用关键字 global 把变量说明为全局变量),也就是说,运行完该函数 M 文件之后,这些变量就会自动从 Workspace 清除.

保存函数 M 文件的时候要注意,文件名要和函数名相同.

如果某个 MATLAB 函数的输入项是另一个函数 M 文件的函数句柄,则函数句柄为"@函数名"的形式;如果直接用函数 M 文件计算,则不需要在函数名之前加"@".

例 1.6.1　以下是用户编写的名为 stat.m 的函数 M 文件:

```
function [average,stdev]=stat(x)
[m,n]=size(x);
if m==1
    m=n;
end
average=sum(x)./m;
stdev=sqrt(sum(x.^2)./m-average.^2);
```

函数 M 文件 stat.m 的功能是这样的:如果输入的数组 x 是 $1 \times n$ 的行向量,则第一输出项 average 是 x 的 n 个元素的均值,而第二输出项 stdev 是 x 的 n 个元素的标准差;如果 x 是 $m \times n$ 矩阵($m > 1$),则第一输出项 average 是 x 的各列的均值构成的规模为 $1 \times n$ 的行向量,而第二输出项 stdev 是 x 的各列的标准差构成的规模为 $1 \times n$ 的行向量.

$m \times n$ 矩阵 x 各列的元素个数为 m,所以当 $m > 1$ 时计算各列的均值和标准差要用 m 为分母;但是当 $m = 1$ 时,行向量 x 有 n 个元素,要先将 n 赋值给变量名 m,计算 x 的 n 个元素的均值和标准差时才可以继续用 m 为分母.

为了能调用文件 stat.m,必须先将 MATLAB 的当前目录(Current Directory)改变为文件 stat.m 所在的目录,或者先通过 Set Path 功能(在主窗口的 File 菜单内),将 stat.m 所在的目录添加入 MATLAB 的搜索路径(Search Path).然后在命令窗口或者其他 M 文件就可以调用函数 stat,例如在命令窗口输入并执行以下命令:

```
a=[1,1,1;2,2,2;2,6,9];[c,d]=stat(a)
```

命令窗口显示的计算结果为

```
c=
    1.6667    3    4
d=
    0.4714    2.1602    3.559
```

接着输入并执行以下命令:

```
b=[1,1,1,2,2,2,2,6,9];[s,t]=stat(b)
```

命令窗口显示的计算结果为

```
s=
    2.8889
t=
    2.601
```

1.6.2 控制流语句

通过两个简单的随机模拟(即蒙特卡罗方法)的例子来说明如何运用 MAT-LAB 的控制流(control flow)语句来编写程序.

MATLAB 常用的控制流语句有如下 4 种(都要用 end 结束):

(1) for 循环语句;

(2) while 条件循环语句;

(3) if 条件分支语句(还要用到 elseif 和 else);

(4) switch 情况分支语句(还要用到 case 和 otherwise).

例 1.6.2 随机模拟抛硬币.硬币有正、反两面,抛质地均匀的硬币,正面和反面朝上的机会都是 1/2.利用 MATLAB 函数 rand 产生在 $(0,1)$ 内均匀分布的伪随机数的功能,设计算法,编写程序,模拟抛质地均匀的硬币这种随机行为.

分析 根据概率论的大数定律,试验总次数 n 越大,正面朝上的频率 p 就越接近概率 0.5.

算法一 设 x 是 $(0,1)$ 内均匀分布随机数,定义 x≥0.5 表示正面朝上,x<0.5 表示反面朝上.

输入 抛硬币的总次数 n;

输出 抛硬币正面朝上的频率 p.

第 1 步 初始化计数器 k=0;

第 2 步 对 i=1,2,…,n,循环进行第 3,4 步;

第 3 步 x=rand;

第 4 步 如果 x≥0.5,k 加 1;否则,k 不变;

第 5 步 计算频率 p=k./n.

程序一

```
n=100000;k=0;
for i=1:n
    x=rand;
    if x>=0.5
        k=k+1;
    end
end
p=k./n
```

算法二 设 x 是由 $(0,1)$ 内均匀分布的随机数四舍五入而得,则 x 取值为 0 或 1 的概率都是 0.5,定义 x=1 表示正面朝上,x=0 表示反面朝上.

输入　抛硬币的总次数 n;

输出　抛硬币正面朝上的频率 p.

第 1 步　初始化计数器 k＝0;

第 2 步　初始化循环变量 i＝1;

第 3 步　当 i≤n 时,循环进行第 4～6 步;

第 4 步　x＝round(rand);

第 5 步　如果 x＝1,k 加 1;否则,k 不变;

第 6 步　i＝i+1;

第 7 步　计算频率 p＝k. /n.

程序二

```
n=100000;k=0;i=1;
while i<=n
    x=round(rand);
    if x==1
        k=k+1;
    end
    i=i+1;
end
p= k./n
```

例 1.6.3　随机模拟掷骰子. 骰子呈正方体,有 6 个面,点数分别是 1,2,3,4,5,6,如果骰子是质地均匀的,那么掷骰子掷出每一个点数的机会都是 1/6. 要求设计算法,编写程序,模拟掷骰子这种随机行为.

算法一　设 x 是(0,1)内均匀分布随机数,定义 0＜x＜1/6 表示掷出 1 点,1/6≤x＜1/3 表示掷出 2 点……5/6≤x＜1 表示掷出 6 点.

输入　掷骰子的总次数 n;

输出　掷出每一个点数的频率 p(有 6 个分量的向量).

第 1 步　初始化计数器 k(有 6 个分量的向量);

第 2 步　对 i＝1,2,…,n,循环进行第 3,4 步;

第 3 步　x＝rand;

第 4 步　如果 0＜x＜1/6,k(1)加 1;

　　　　如果 1/6≤x＜1/3,k(2)加 1;

　　　　……

　　　　如果 5/6≤x＜1,k(6)加 1;

第 5 步　计算频率 p＝k. /n

程序一

```
n=100000;k=zeros(1,6);
for i=1:n
    x=rand;
    if x<1/6
            k(1)=k(1)+1;
    elseif x<2/6
            k(2)=k(2)+1;
    elseif x<3/6
            k(3)=k(3)+1;
    elseif x<4/6
            k(4)=k(4)+1;
    elseif x<5/6
            k(5)=k(5)+1;
    else k(6)=k(6)+1;
    end
end
p=k./n
```

算法二 把(0,1)内均匀分布随机数乘以 6,然后向上取整,赋值给 x,则 x 取值为 $1,2,\cdots,6$ 的概率是相等的.

输入 掷骰子的总次数 n;

输出 掷出每一个点数的频率 p(有 6 个分量的向量).

第 1 步 初始化计数器 k(有 6 个分量的向量);

第 2 步 初始化循环变量 i=1;

第 3 步 当 i≤n 时,循环进行第 4~6 步;

第 4 步 $x=\mathrm{ceil}(rand*6)$;

第 5 步 如果 $x=1,k(1)$ 加 1;

　　　　 如果 $x=2,k(2)$ 加 1;

　　　　 ······

　　　　 如果 $x=6,k(6)$ 加 1;

第 6 步 $i=i+1$;

第 7 步 计算频率 $p=k./n$.

程序二

```
n=100000;k=zeros(1,6);i=1;
while i<=n
```

```
x=ceil(rand*6);
switch x
    case 1
          k(1)=k(1)+1;
    case 2
          k(2)=k(2)+1;
    case 3
          k(3)=k(3)+1;
    case 4
          k(4)=k(4)+1;
    case 5
          k(5)=k(5)+1;
    otherwise
          k(6)=k(6)+1;
    end
    i=i+1;
end
p=k./n
```

1.7 数 据 拟 合

数学建模常常会遇到数据拟合问题,即根据已知数据,按照最小二乘准则,计算出函数模型的待定参数.本节介绍数据拟合的数学原理和 MATLAB 实现.

1.7.1 正比例函数拟合的原理

设已知的数据为$(x_i, y_i)(i=1,2,\cdots,n)$,要拟合的函数模型是正比例函数 $y=\beta x$,其中 β 是待定参数.由第 i 个数据点(x_i, y_i)可知当 $x=x_i$ 时,因变量 y 的实际值为 y_i,由正比例函数模型得到的理论值为 βx_i,误差等于 $y_i-\beta x_i$.对于每个数据点来说,因变量 y 的实际值与相对理论值的误差有的是正数,有的是负数,还有的等于 0.要引入一个数量来反映拟合误差的总体情况,误差平方和为最佳的选择.现在,误差平方和的表达式为

$$S(\beta) = \sum_{i=1}^{n} (y_i - \beta x_i)^2$$

显然,误差平方和 S 是待定参数 β 的函数,也就是说,S 会随着 β 的改变而变化.所

谓"最小二乘准则",即待定参数 β 的最佳选择就是使得误差平方和 S 达到最小值的那一个(记作 b). 这是一元函数极值问题,可以如下这样解决:

首先,计算函数 $S(\beta)$ 的驻点. 因为

$$S'(\beta) = \sum_{i=1}^{n} [2(y_i - \beta x_i) \cdot (-x_i)] = 2\left(\beta \sum_{i=1}^{n} x_i^2 - \sum_{i=1}^{n} x_i y_i\right)$$

所以由 $S'(\beta) = 0$ 可解得 $S(\beta)$ 的唯一驻点为

$$b = \sum_{i=1}^{n} x_i y_i \bigg/ \sum_{i=1}^{n} x_i^2 \tag{1.7.1}$$

只要 x_i 不全等于 0,(1.7.1)式的分母就不等于 0.

然后,考查二阶导数 $S''(b)$ 的符号. 因为 $S''(\beta) \equiv 2 \sum_{i=1}^{n} x_i^2$,所以只要 x_i 不全等于 0,就有 $S''(b) > 0$,所以 b 是函数 $S(\beta)$ 唯一的极小值点,即 $S(\beta)$ 在 $\beta = b$ 达到最小值.

综上所述,根据已知数据 $(x_i, y_i)(i = 1, 2, \cdots, n)$,只要 x_i 不全等于 0,那么按照最小二乘准则,要拟合的正比例函数 $y = \beta x$ 的待定参数 β 由(1.7.1)式计算确定,误差平方和(MATLAB 采用 SSE 作为记号)由

$$\text{SSE} = \sum_{i=1}^{n} (y_i - b x_i)^2$$

计算得到,并作为衡量拟合效果的重要参考指标.

1.7.2 一次函数拟合的原理

数据拟合最简单且最常用的函数模型是一次函数 $y = \beta_1 x + \beta_0$,其中 β_0 和 β_1 是待定参数. 设已知的数据为 $(x_i, y_i)(i = 1, 2, \cdots, n)$,则当 $x = x_i$ 时,因变量 y 的实际值为 y_i,由一次函数模型得到的理论值为 $\beta_1 x_i + \beta_0$,误差等于 $y_i - \beta_1 x_i - \beta_0$,于是误差平方和的表达式为

$$S(\beta_0, \beta_1) = \sum_{i=1}^{n} (y_i - \beta_1 x_i - \beta_0)^2$$

显然,误差平方和 S 是待定参数 β_0 和 β_1 的二元函数,也就是说,S 会随着 β_0 或 β_1 的改变而变化. 要按照最小二乘准则,确定待定参数 β_0 和 β_1 的值(分别记作 b_0 和 b_1),使得误差平方和 S 达到最小值. 这是二元函数的极值问题,可以如下这样解决:

首先,计算函数 $S(\beta_0, \beta_1)$ 的驻点. 因为

$$\frac{\partial S}{\partial \beta_0} = -2 \sum_{i=1}^{n} (y_i - \beta_1 x_i - \beta_0) = 2\left[n\beta_0 + \left(\sum_{i=1}^{n} x_i\right)\beta_1 - \sum_{i=1}^{n} y_i\right]$$

$$\frac{\partial S}{\partial \beta_1} = -2 \sum_{i=1}^{n} x_i (y_i - \beta_1 x_i - \beta_0) = 2 \Big[\Big(\sum_{i=1}^{n} x_i \Big) \beta_0 + \Big(\sum_{i=1}^{n} x_i^2 \Big) \beta_1 - \sum_{i=1}^{n} x_i y_i \Big]$$

所以令 $\partial S / \partial \beta_0 = \partial S / \partial \beta_1 = 0$，即得到如下被称为正规方程（normal equation）的线性方程组：

$$\begin{cases} n \beta_0 + \Big(\sum_{i=1}^{n} x_i \Big) \beta_1 = \sum_{i=1}^{n} y_i \\ \Big(\sum_{i=1}^{n} x_i \Big) \beta_0 + \Big(\sum_{i=1}^{n} x_i^2 \Big) \beta_1 = \sum_{i=1}^{n} x_i y_i \end{cases} \tag{1.7.2}$$

(1.7.2)式有唯一解当且仅当其系数矩阵行列式不等于 0. (1.7.2)式的系数矩阵行列式为

$$\Delta = n \sum_{i=1}^{n} x_i^2 - \Big(\sum_{i=1}^{n} x_i \Big)^2$$

根据柯西不等式等号成立的充要条件可知 $\Delta = 0$ 当且仅当 $x_1 = x_2 = \cdots = x_n$. 所以，只要 x_i 不全相等，就可解得 $S(\beta_0, \beta_1)$ 的唯一驻点 (b_0, b_1)，其中

$$b_0 = \frac{\sum_{i=1}^{n} x_i^2 \sum_{i=1}^{n} y_i - \sum_{i=1}^{n} x_i \sum_{i=1}^{n} x_i y_i}{n \sum_{i=1}^{n} x_i^2 - \Big(\sum_{i=1}^{n} x_i \Big)^2}, \quad b_1 = \frac{n \sum_{i=1}^{n} x_i y_i - \sum_{i=1}^{n} x_i \sum_{i=1}^{n} y_i}{n \sum_{i=1}^{n} x_i^2 - \Big(\sum_{i=1}^{n} x_i \Big)^2} \tag{1.7.3}$$

然后，因为函数 $S(\beta_0, \beta_1)$ 的黑塞（Hessian）矩阵为

$$\boldsymbol{H} = \begin{pmatrix} \dfrac{\partial^2 S}{\partial \beta_0^2} & \dfrac{\partial^2 S}{\partial \beta_0 \partial \beta_1} \\ \dfrac{\partial^2 S}{\partial \beta_0 \partial \beta_1} & \dfrac{\partial^2 S}{\partial \beta_1^2} \end{pmatrix} \equiv \begin{pmatrix} 2n & 2 \sum_{i=1}^{n} x_i \\ 2 \sum_{i=1}^{n} x_i & 2 \sum_{i=1}^{n} x_i^2 \end{pmatrix}$$

所以只要 x_i 不全相等，$\boldsymbol{H}$ 都是正定的. 因此，(b_0, b_1) 是函数 $S(\beta_0, \beta_1)$ 唯一的极小值点，即当 $(\beta_0, \beta_1) = (b_0, b_1)$ 时 $S(\beta_0, \beta_1)$ 达到最小值.

综上所述，根据已知数据 $(x_i, y_i) (i = 1, 2, \cdots, n)$，只要 x_i 不全相等，那么按照最小二乘准则，要拟合的一次函数 $y = \beta_1 x + \beta_0$ 的待定参数 β_0 和 β_1 由(1.7.3)式计算确定，误差平方和由

$$\text{SSE} = \sum_{i=1}^{n} (y_i - b_1 x_i - b_0)^2$$

计算得到，并作为衡量拟合效果的重要参考指标.

1.7.3 多项式拟合的原理

设已知的数据为 $(x_i, y_i)(i=1, 2, \cdots, n)$，要拟合的函数模型是至多 k 次多项式

$$y = p(x) = \beta_k x^k + \beta_{k-1} x^{k-1} + \cdots + \beta_1 x + \beta_0 \qquad (1.7.4)$$

其中 $\beta_0, \beta_1, \cdots, \beta_k$ 是待定参数(1.7.2 小节的一次函数拟合是多项式拟合的特例)，则当 $x = x_i$ 时，因变量 y 的实际值为 y_i，由多项式模型得到的理论值为 $\beta_k x_i^k + \cdots + \beta_1 x_i + \beta_0$，误差等于 $y_i - \beta_k x_i^k - \cdots - \beta_1 x_i - \beta_0$，于是误差平方和的表达式为

$$S(\beta_0, \beta_1, \cdots, \beta_k) = \sum_{i=1}^{n} (y_i - \beta_k x_i^k - \cdots - \beta_1 x_i - \beta_0)^2$$

显然，误差平方和 S 是待定参数 $\beta_0, \beta_1, \cdots, \beta_k$ 共 $k+1$ 个变量的多元函数，也就是说，S 会随着 $\beta_0, \beta_1, \cdots, \beta_k$ 的改变而变化. 要按照最小二乘准则，确定待定参数 β_0, $\beta_1, \cdots, \beta_k$ 的值(分别记作 $b_0, b_1, \cdots, b_k$)，使得误差平方和 S 达到最小值. 这是多元函数极值问题，可以这样解决：

将已知数据 $(x_i, y_i)(i=1, 2, \cdots, n)$ 分别代入至多 k 次多项式 $y = p(x)$(也就是强令 $y = p(x)$ 的图像经过所有的数据点)，得到有 $k+1$ 个未知数和 n 个方程的线性方程组

$$\begin{cases} x_1^k \beta_k + \cdots + x_1 \beta_1 + \beta_0 = y_1 \\ \qquad \cdots\cdots \\ x_n^k \beta_k + \cdots + x_n \beta_1 + \beta_0 = y_n \end{cases} \qquad (1.7.5)$$

(1.7.5)式一般是超定方程组(不相容、无解)，在特殊情况下，(1.7.5)式存在唯一解或存在无穷多个解. 记(1.7.5)式的矩阵形式为 $\boldsymbol{X\beta} = \boldsymbol{y}$，其中

$$\boldsymbol{X} = \begin{pmatrix} x_1^k & \cdots & x_1 & 1 \\ \vdots & & \vdots & \vdots \\ x_n^k & \cdots & x_n & 1 \end{pmatrix}_{n\times(k+1)}, \quad \boldsymbol{\beta} = \begin{pmatrix} \beta_k \\ \vdots \\ \beta_1 \\ \beta_0 \end{pmatrix}_{(k+1)\times 1}, \quad \boldsymbol{y} = \begin{pmatrix} y_1 \\ \vdots \\ y_n \end{pmatrix}_{n\times 1}$$

对于已知数据 $(x_i, y_i)(i=1, 2, \cdots, n)$，记 N 为不重复的点的数目，m 为不重复的横坐标的数目，显然有 $n \geqslant N \geqslant m$.

情况一 如果满足条件 $m \geqslant k+1$，即已知数据中至少有 $k+1$ 个 x_i 是互异的，则可以证明矩阵 $\boldsymbol{X}$ 列满秩，矩阵 $\boldsymbol{X}^\mathrm{T}\boldsymbol{X}$ 可逆，使误差平方和达到最小值的至多 k 次多项式是存在且唯一的，其系数向量 $\boldsymbol{b} = (b_k, b_{k-1}, \cdots, b_1, b_0)^\mathrm{T}$ 由

$$\boldsymbol{b} = (\boldsymbol{X}^\mathrm{T}\boldsymbol{X})^{-1}\boldsymbol{X}^\mathrm{T}\boldsymbol{y} \qquad (1.7.6)$$

计算确定. 这时得到的至多 k 次拟合多项式

$$y = p(x) = b_k x^k + b_{k-1} x^{k-1} + \cdots + b_1 x + b_0$$

与已知数据 $(x_i, y_i)(i=1,2,\cdots,n)$ 之间的误差平方和为

$$\text{SSE} = \sum_{i=1}^{n} (y_i - b_k x_i^k - \cdots - b_1 x_i - b_0)^2 \qquad (1.7.7)$$

特别地,如果满足条件 $N=m=k+1$,即不重复的数据点的 x_i 是互异的,而且待拟合的多项式的次数恰好使得不重复的数据点的数目等于待定系数的个数,则 (1.7.5)式存在唯一解(仍然由(1.7.6)式计算确定),而且误差平方和(1.7.7)恰好等于 0. 这时,计算所得的拟合多项式实际上是插值多项式,详见 5.1.2 小节.

情况二　如果 $N=m<k+1$,即不重复的数据点的 $x_i(i=1,2,\cdots,n)$ 是互异的,并且待拟合的多项式的次数过高,使得不重复的数据点的数目小于待定系数的个数,这时(1.7.5)式有无穷多个解,也就是说,图像经过全部数据点 $(x_i,y_i)(i=1,2,\cdots,n)$ 的插值多项式 $y=p(x)$ 存在,而且有无穷多个.

情况三　如果 $N>m$ 且 $m<k+1$,则因为 $N>m$,所以(1.7.5)式无解;因为 $m<k+1$,所以矩阵 $\boldsymbol{X}$ 的秩等于 m,所以矩阵 $\boldsymbol{X}$ 不是列满秩的,于是矩阵 $\boldsymbol{X}^{\mathrm{T}}\boldsymbol{X}$ 不可逆,这时不能由(1.7.6)式计算至多 k 次拟合多项式,而且至多 k 次拟合多项式也不唯一(可参见文献[1]5.7 节).

综上所述,当进行多项式拟合时,多项式的次数不是越高越好,应该从一次、二次等低次多项式开始逐渐试验,通过比较误差平方和的大小,以及根据实际对象的信息的检验,从而确定最佳的拟合多项式.

1.7.4　多项式拟合的 MATLAB 实现

MATLAB 函数 polyfit 用于多项式拟合,其语法如下:

`p=polyfit(x,y,k)`

第一输入项 x 和第二输入项 y 分别是已知数据 $(x_i, y_i)(i=1,2,\cdots,n)$ 的横、纵坐标向量(x 和 y 的规模必须相同,即 x 和 y 不但元素个数相同,而且同为行向量或同为列向量);第三输入项 k 为非负整数,是待拟合的多项式的最高次数;输出 p 是至多 k 次拟合多项式

$$y = p(x) = b_k x^k + b_{k-1} x^{k-1} + \cdots + b_1 x + b_0$$

降幂次序的系数行向量 $\boldsymbol{p}=[b_k, b_{k-1}, \cdots, b_1, b_0]$.

以下是运用函数 polyfit 时可能出现的两种警告信息的说明:

(1) 当 $n<k+1$ 时,polyfit 会给出警告信息"Polynomial is not unique"(多项式不唯一),并且返回一个计算结果.根据 1.7.3 小节对情况二和情况三的讨论,这时 polyfit 返回的结果可能是插值多项式的一个解,也可能是拟合多项式(而不是插值多项式)的一个解.

（2）当 $m<k+1\leqslant n$ 时，polyfit 会给出警告信息"Polynomial is badly condi-tioned"（多项式的条件不适当），并且返回一个拟合多项式的计算结果．这时 poly-fit 返回的计算结果的每个元素的数量级可能都会达到 10 的十几次方的规模，这是由 polyfit 的算法局限而导致的，不应被采用．

总之，运用函数 polyfit 计算拟合多项式时，要满足条件 $m\geqslant k+1$，而且应尽量使用低次多项式．

例 1.7.1 已知 5 个数据点 $(1,1)$，$(1,1.1)$，$(2,1.5)$，$(2,1.6)$ 和 $(3,4)$，可以拟合多少次的多项式？

解答 对于这 5 个已知数据点，没有重复的点，所以 $n=N=5$；不重复的横坐标的数目为 $m=3$，所以可以根据这 5 个已知数据点拟合次数不超过 2 的多项式，而且计算结果都是唯一的．在命令窗口输入并执行以下命令：

a=polyfit([1,1,2,2,3],[1,1.1,1.5,1.6,4],0)

则计算结果为

a=

  1.84

即由这 5 个点拟合的零次多项式为

$$p_0(x) = 1.84$$

在命令窗口输入并执行以下命令：

a=polyfit([1,1,2,2,3],[1,1.1,1.5,1.6,4],1)

则计算结果为

a=

  1.3357 -0.56429

即由这 5 个点拟合的一次多项式为

$$p_1(x) = 1.3357x - 0.56429$$

在命令窗口输入并执行以下命令：

a=polyfit([1,1,2,2,3],[1,1.1,1.5,1.6,4],2)

则计算结果为

a=

  0.975 -2.425 2.5

即由这 5 个点拟合的二次多项式为

$$p_2(x) = 0.975x^2 - 2.425x + 2.5$$

但是，如果在命令窗口输入并执行以下命令：

a=polyfit([1,1,2,2,3],[1,1.1,1.5,1.6,4],3)

则计算结果为

Warning:Polynomial is badly conditioned.

a=

4.539e+013   -2.7234e+014   4.9929e+014   -2.7234e+014

警告信息说明:以这 5 个点作为拟合三次多项式的条件是不适当的;天文数字般的计算结果说明 polyfit 返回的计算结果含有较大的浮点计算误差,不应被采用.

注 1.7.1 例 1.7.1 产生一个问题,即由这 5 个点拟合多少次的多项式最为合适呢?

执行以下 MATLAB 程序(绘得的图形见图 1.9):

```
x=[1,1,2,2,3];
y=[1,1.1,1.5,1.6,4];
a0=polyfit(x,y,0);
e0=sum((y-polyval(a0,x)).^2)
a1=polyfit(x,y,1);
e1=sum((y-polyval(a1,x)).^2)
a2=polyfit(x,y,2);
e2=sum((y-polyval(a2,x)).^2)
plot(x,y,'ko',[1,3],polyval(a0,[1,3]),'k:',...
    [1,3],polyval(a1,[1,3]),'k--',...
    1:0.1:3,polyval(a2,1:0.1:3),'k-')
axis([0.9,3.1,0.6,4.1]),xlabel('x'),ylabel('y')
title('根据 5 个已知数据点拟合的 0 次、1 次及 2 次多项式')
legend('5 个已知数据点',2),gtext('p_0(x)=1.84')
gtext('p_1(x)=1.3357x-0.56429')
gtext('p_2(x)=0.975x^2-2.425x+2.5')
```

命令窗口显示:

e0=

6.092

e1=

1.0964

e2=

0.01

比较误差平方和,或者观察图 1.9,都可以发现由这 5 个点拟合二次多项式最为合适.

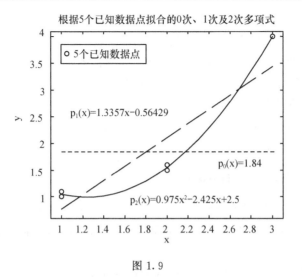

根据5个已知数据点拟合的0次、1次及2次多项式

5个已知数据点

$p_1(x)=1.3357x-0.56429$

$p_0(x)=1.84$

$p_2(x)=0.975x^2-2.425x+2.5$

图 1.9

注 1.7.2 多项式拟合函数 polyfit 还提供了用于回归分析(有关概念见 6.2节)的其他输出项,语法格式如下:

[p,s]=polyfit(x,y,k)

输入项 x,y,k 以及第一输出项 p 的语法同前;第二输出项 s 是规模为 1×1 的结构数组,包含 R,df 和 normr 三个域,其中 R 是(1.7.5)式的系数矩阵 $\boldsymbol{X}$ 的 QR 分解的上三角阵;df 是自由度,df=n-k-1,其中 n=length(x);normr 是误差平方和(1.7.7)的算术平方根.

polyfit 的输出项 p 和 s 用于 MATLAB 统计工具箱函数 polyconf,可以计算出多项式模型的预测值的置信区间(prediction confidence interval)或者观测值的预测区间(observation predictive interval),语法格式如下:

(1) [ypred,delta]=polyconf(p,x0,s,'predopt','curve')

第一、三输入项分别是 polyfit 的第一、二输出项;第四、五输入项是规定的字符串;第二输入项 x0 是自变量的数值数组,要计算相应的多项式模型预测值以及某种区间.

输出的是多项式模型预测值的 95% 置信区间. 第一输出项 ypred 和第二输出项 delta 都是与数组 x0 规模相同的数值数组. 第一输出项 ypred=polyval(p,x0),即 ypred 的每个元素是多项式在数组 x0 的对应元素的取值;第二输出项 delta 的每个元素是多项式在数组 x0 的对应元素的预测值的 95% 置信区间的半径,而 ypred 的对应元素则是该置信区间的中心,即 95% 置信区间形如[ypred-delta,ypred+delta].

(2) [ypred,delta]=polyconf(p,x0,s,'predopt','observation')

输出的是多项式模型的观测值的 95% 预测区间.

（3）[ypred,delta]=polyconf(…,'alpha',alpha)

在格式（1）或（2）的基础上增加第六、七输入项，调整显著性水平 α（默认值是 $\alpha=0.05$），输出的是置信水平为 $1-\alpha$ 的某种区间．第六输入项是字符串 'alpha'，第七输入项 alpha 是规模为 1×1 的数值，即显著性水平 α．

注 1.7.3   MATLAB 统计工具箱函数 polytool 为用户进行多项式拟合提供了交互式图形界面工具，并且包含前面介绍的数据拟合以及置信区间的全部功能，请读者自己查阅 MATLAB 帮助文档．

1.7.5 非线性拟合的 MATLAB 实现

MATLAB 的多项式拟合函数 polyfit 只适合计算形如（1.7.4）式的完全的一元多项式的数据拟合问题，还有很多函数的数据拟合问题不能用 polyfit 来计算，如

（1）正比例函数 $y=\beta x$（一次多项式的常数项 $\beta_0\equiv0$）；

（2）二次函数 $y=\beta_2 x^2+\beta_1 x$（二次多项式的常数项 $\beta_0\equiv0$）；

（3）二次函数 $y=\beta_2 x^2+\beta_0$（二次多项式的一次项系数 $\beta_1\equiv0$）；

（4）有理函数 $y=\beta_0+\dfrac{\beta_1}{x+\beta_2}$ 或 $y=\dfrac{\beta_1}{x+\beta_2}$（关于待定参数 β_1 和 β_2 是非线性的）；

（5）指数函数 $y=\beta_0+\beta_1 e^{\beta_2 x}$ 或 $y=\beta_1 e^{\beta_2 x}$（关于待定参数 β_1 和 β_2 是非线性的）；

（6）阻滞增长模型 $x(t)=\dfrac{Nx_0}{x_0+(N-x_0)e^{-r(t-t_0)}}$（$t_0$ 是初始时刻，根据数据取固定值；r,N 和 x_0 是待定参数，其中 $r>0$ 是固有增长率，$N>0$ 是最大容量，$x_0=x(t_0)$（$0<x_0<N$）；模型关于 r,N 和 x_0 是非线性的）；

（7）多元线性回归模型 $y=\beta_0+\beta_1 x_1+\beta_2 x_2+\cdots+\beta_k x_k$（多变量函数模型，关于待定参数 $\beta_0,\beta_1,\cdots,\beta_k$ 是线性的；多项式可以通过变量替换 $x_j=x^j$（$j=1,2,\cdots,k$）看成是特殊的多元线性回归模型）；

（8）生产函数模型 $Q=cK^\alpha L^{1-\alpha}$（多变量函数模型，K 是投资，L 是劳动力，Q 是产值，模型关于待定参数 c 和 α 是非线性的）．

以上的模型可以分成线性（linear）模型和非线性（nonlinear）模型两类．

如果模型关于全体待定参数都是线性的，就称为线性模型．例如（1）～（3），（7）的模型以及形如（1.7.4）式的完全的一元多项式．MATLAB 统计工具箱的线性回归（linear regression）函数 regress（详见 6.2 节）是为计算线性模型的数据拟合问题而开发的，采用线性最小二乘的算法（类似（1.7.6）式的公式及相应的数值代数算法，参见文献[1]的第 5 章）计算待定参数的最小二乘解，并能够按照统计学的线性回归理论，给出回归分析所需的一些统计量的计算结果．

如果模型关于某些待定参数是非线性的,就称为非线性模型.例如(4)~(6),(8)的模型.MATLAB统计工具箱的非线性回归(nonlinear regression)函数 nlinfit 是为计算非线性模型的数据拟合问题而开发的,采用非线性最小二乘的算法(搜索迭代算法,参见文献[2]的7.2节或文献[3]的第10章)计算待定参数的最小二乘解,并能够按照统计学的非线性回归理论,给出回归分析所需的一些统计量的计算结果.其实,线性模型的数据拟合问题也可以用 nlinfit 来计算,结果也相当精确.

nlinfit 的常用语法格式如下:

a=nlinfit(X,y,fun,b0)

第一输入项 X 为自变量的已知数据所构成的矩阵,规定每一列对应一个自变量,每一行对应已知数据的一次观测;

第二输入项 y 为因变量的已知数据所构成的列向量(对于一元函数的非线性拟合,允许 X 和 y 同为行向量);

第三输入项 fun 为待拟合的函数模型的函数句柄,可以用匿名函数实现(fun 是保存匿名函数的函数句柄的变量名),也可以用函数 M 文件实现(fun 是"@函数名"),无论哪种形式,都规定该函数的输入和输出形如 yhat=fun(b,X),其中 fun 的第一输入项 b 为待定参数数组,第二输入项 X 和输出项 yhat 的语法规定分别与 nlinfit 的第一输入项 X 和第二输入项 y 一致;

第四输入项 b0 为用户对函数模型的待定参数数组 b 的猜测,b0 与 b 规模相同,将被 nlinfit 用作非线性最小二乘优化迭代算法的迭代初始值(b0 各个元素的符号应该与拟合结果相同,b0 各个元素的数量级与拟合结果越接近越好,一般要根据函数模型的数学意义和实际意义来猜测 b0);

输出项 a 为 nlinfit 计算得到的待定参数数组 b 的最小二乘估计值,a 的规模与 nlinfit 的第四输入项 b0 相同.

例 1.7.2 在短时间内喝酒之后,描述血液中酒精含量变化过程的数学模型为

$$c(t) = k_3 (e^{-k_2 t} - e^{-k_1 t}) \tag{1.7.8}$$

体重约 70 公斤的某人在短时间内喝下两瓶啤酒后,隔一定时间(单位:小时)测量他的血液中的酒精含量(单位:毫克/百毫升),得到表 1.13 的数据,请根据这些数据拟合出(1.7.8)式的待定参数 k_1, k_2 和 k_3 的最小二乘估计值,并绘制拟合效果图.

表 1.13 血液中酒精含量的测量数据

时 间	0.25	0.5	0.75	1	1.5	2	2.5	3	3.5	4	4.5	5
酒精含量	30	68	75	82	82	77	68	68	58	51	50	41
时 间	6	7	8	9	10	11	12	13	14	15	16	
酒精含量	38	35	28	25	18	15	12	10	7	7	4	

解答　以下 MATLAB 程序首先创建(1.7.8)式的匿名函数,然后输入已知数据,接着给出待定参数的猜测值,最后用 nlinfit 计算待定参数的最小二乘估计值,并绘制拟合效果图(见图 1.10):

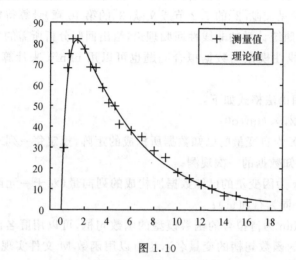

图 1.10

```
f =@(k,t)k(3). * (exp(-k(2). * t)-exp(-k(1). * t));
t=[0.25,0.5,0.75,1,1.5,2,2.5,3,3.5,4,4.5,5,6,7,8,9,10,11,12,13,14,15,16];
c=[30,68,75,82,82,77,68,68,58,51,50,41,38,35,28,25,18,15,12,10,7,7,4];
k0=[2,1,80];
k=nlinfit(t,c,f,k0)
sse=sum((c- f(k,t)).^2)
plot(t,c,'k+',0:.01:18,f(k,0:.01:18),'k')
axis([-1,19,0,90]),legend('测量值','理论值')
```

命令窗口显示的计算结果为

```
k=
    2.0079     0.1855     114.43
sse=
    225.34
```

所以,根据已知数据拟合得到的待定参数 k_1, k_2 和 k_3 的最小二乘估计值为

$$k_1 = 2.0079, \quad k_2 = 0.1855, \quad k_3 = 114.43$$

而(1.7.8)式的具体表达式为

$$c(t) = 114.43(e^{-0.1855t} - e^{-2.0079t})$$

误差平方和等于 225.34.

说明　待定参数猜测值 k0 是按照以下的思路得到的：熟知在 $x=0$ 附近有 $e^x \approx 1+x$，所以 $c(t)=k_3(e^{-k_2 t}-e^{-k_1 t}) \approx k_3(k_1-k_2)t$，由表 1.13 的数据知当 $t=1$ 时有 $k_3(k_1-k_2) \approx 80$，所以可以猜测 $k_1=2, k_2=1, k_3=80$，所以程序取 k0=[2,1, 80].

注 1.7.4　nlinfit 还提供了用于回归分析的其他输出项，语法格式如下：

[a,r,J,COV,mse]=nlinfit(X,y,fun,b0)

输入项 X,y,fun 和 b0 以及第一输出项 a 的语法同前；第二输出项 r 是残差向量，r＝y－yhat＝y－fun(a,X)；第三输出项 J 是函数 fun 的雅可比矩阵（Jacobian），由函数 fun 以及已知数据 X,y 计算得到；第四输出项 COV 是拟合参数的协方差矩阵估计（the estimated covariance matrix for the fitted coefficients）；第五输出项 mse 是剩余方差，mse＝sum(r.^2)./(n-p)，其中 n 为数据容量，p 为拟合参数的个数.

nlinfit 的输出项 a,r,J 和 COV 可用于以下函数，从而进行回归分析：

1）函数 nlparci

MATLAB 统计工具箱函数 nlparci（nonlinear regression parameter confidence intervals）可以用来计算拟合参数的置信区间，用于参数的显著性检验；若某个拟合参数的置信区间包含 0，就接受该参数等于 0 的原假设；否则，就说明该参数是显著的.

nlparci 的语法格式如下：

（1）ci=nlparci(a,r,'covar',COV)

第一、二、四输入项分别是 nlinfit 的第一、二、四输出项；第三输入项是字符串 'covar'；输出项 ci 是规模为 p×2 的数值数组，ci 第 i 行的两个元素分别是每 i 个拟合参数的 95％ 置信区间的左、右端点；

（2）ci=nlparci(a,r,'jacobian',J)

第一、二、四输入项分别是 nlinfit 的第一、二、三输出项；第三输入项是字符串 'jacobian'；输出项 ci 同上；

（3）ci=nlparci(…,'alpha',alpha)

在格式（1）或（2）的基础上增加第五、六输入项，第五输入项是字符串 'alpha'，第六输入项 alpha 是规模为 1×1 的数值，即显著性水平 α（默认值是 $\alpha=0.05$），输出项 ci 的第 i 行是每 i 个拟合参数的 $1-\alpha$ 置信区间.

2）函数 nlpredci

MATLAB 统计工具箱函数 nlpredci（nonlinear regression prediction confidence intervals）可以用来计算函数模型的预测值的置信区间或者观测值的预测区间.

nlpredci 的语法格式如下：

(1) `[ypred,delta]=nlpredci(fun,x,a,r,'covar',COV,'predopt','curve')`

第三、四、六输入项分别是 nlinfit 的第一、二、四输出项；第一输入项是 nlinfit 的第三输入项；第五、七、八输入项是规定的字符串；第二输入项 x 是自变量数组，语法规定同 nlinfit 的第一输入项；

输出的是预测值的 95% 置信区间. 第一输出项 ypred 是在这些 x 值计算的函数值数组，即 ypred = fun(a,x)；第二输出项 delta 是置信区间的半径数组，而 ypred 是区间的中心，即 95% 置信区间应该形如 [ypred−delta, ypred+delta].

(2) `[ypred,delta]=nlpredci(fun,x,a,r,'jacobian',J,'predopt','curve')`

第六输入项是 nlinfit 的第三输出项；输出同上.

(3) `[ypred,delta]=nlpredci(fun,x,a,r,'covar',COV,'predopt','observation')`

(4) `[ypred,delta]=nlpredci(fun,x,a,r,'jacobian',J,'predopt','observation')`

输出的都是观测值的 95% 预测区间.

(5) `[ypred,delta]=nlpredci(…,'alpha',alpha)`

调整显著性水平 α（默认值是 $\alpha = 0.05$）.

注 1.7.5　MATLAB 统计工具箱函数 nlintool 为用户进行非线性拟合提供了交互式图形界面工具，并且包含前面介绍的数据拟合以及置信区间的全部功能，请读者自己查阅 MATLAB 帮助文档.

注 1.7.6　MATLAB 曲线拟合工具箱函数 cftool 为用户进行一元函数拟合（即曲线拟合）提供了交互式图形界面工具，并且包含前面介绍的数据拟合以及置信区间的全部功能，请读者自己查阅 MATLAB 帮助文档.

习　题　1

1. 请编写绘制以下图形的 MATLAB 命令，并展示绘得的图形：

(1) $x^2+y^2=1$，$x^2+y^2=4$ 分别是椭圆 $x^2/4+y^2=1$ 的内切圆和外切圆；

(2) 指数函数 $y=e^x$ 和对数函数 $y=\ln x$ 的图像关于直线 $y=x$ 对称；

(3) 黎曼函数

$$y=\begin{cases}1/q, & x=p/q(q>0) \text{ 为既约分数且 } x\in(0,1)\\ 0, & x \text{ 为无理数且 } x\in(0,1)，\text{或者 } x=0,1\end{cases}$$

的图像（要求分母 q 的最大值由键盘输入）.

2. 继续考虑例 1.5.3，其他条件不变，但是假设当以月球为参照系时，绕月人造卫星是沿着月球赤道飞行的，请重新研究以地球为参照系的卫星运动轨迹.

3. 两个人玩双骰子游戏,一个人掷骰子,另一个人打赌掷骰子者不能掷出所需点数,输赢的规则如下:如果第一次掷出 3 或 11 点,打赌者赢;如果第一次掷出 2,7 或 12 点,打赌者输;如果第一次掷出 4,5,6,8,9 或 10 点,记住这个点数,继续掷骰子,如果不能在掷出 7 点之前再次掷出该点数,则打赌者赢.请模拟双骰子游戏,要求写出算法和程序,估计打赌者赢的概率.你能从理论上计算出打赌者赢的精确概率吗?请问随着试验次数的增加,这些概率收敛吗?

4. 根据表 1.14 的数据,完成下列数据拟合问题:

表 1.14　美国人口统计数据　　　　　　　　（单位:百万人）

年份	1790	1800	1810	1820	1830	1840	1850	1860	1870	1880	1890
人口	3.9	5.3	7.2	9.6	12.9	17.1	23.2	31.4	38.6	50.2	62.9
年份	1900	1910	1920	1930	1940	1950	1960	1970	1980	1990	2000
人口	76.0	92.0	106.5	123.2	131.7	150.7	179.3	204.0	226.5	251.4	281.4

(1) 如果用指数增长模型 $x(t)=x_0 e^{r(t-t_0)}$ 模拟美国人口 1790 年至 2000 年的变化过程,请用 MATLAB 统计工具箱的函数 nlinfit 计算指数增长模型的以下三个数据拟合问题:

(i) 取定 $x_0=3.9, t_0=1790$,拟合待定参数 r;

(ii) 取定 $t_0=1790$,拟合待定参数 x_0 和 r;

(iii) 拟合待定参数 t_0, x_0 和 r.

要求写出程序,给出拟合参数和误差平方和的计算结果,并展示误差平方和最小的拟合效果图.

(2) 通过变量替换,可以将属于非线性模型的指数增长模型转化成线性模型,并用 MATLAB 函数 polyfit 进行计算,请说明转化成线性模型的详细过程,然后写出程序,给出拟合参数和误差平方和的计算结果,并展示拟合效果图.

(3) 请分析指数增长模型非线性拟合和线性化拟合的结果有何区别?原因是什么?

(4) 如果用阻滞增长模型 $x(t)=\dfrac{N x_0}{x_0+(N-x_0)e^{-r(t-t_0)}}$ 模拟美国人口 1790 年至 2000 年的变化过程,请用 MATLAB 统计工具箱的函数 nlinfit 计算阻滞增长模型的以下三个数据拟合问题:

(i) 取定 $x_0=3.9, t_0=1790$,拟合待定参数 r 和 N;

(ii) 取定 $t_0=1790$,拟合待定参数 x_0, r 和 N;

(iii) 拟合待定参数 t_0, x_0, r 和 N.

要求写出程序,给出拟合参数和误差平方和的计算结果,并展示误差平方和最小的拟合效果图.

5. 酶促反应是使用酶作催化剂的化学反应,反应物又称为底物,描述反应速度和底物浓度关系的数学模型是 Michaelis-Menten 模型:$y=\beta_1 x/(\beta_2+x)$,其中 x 是底物浓度,y 是反应速度,β_1 和 β_2 是待定参数.请根据表 1.15 的数据,完成下列数据拟合问题:

表 1.15　酶促反应实验中的反应速度和底物浓度数据

底物浓度	0.02		0.06		0.11		0.22		0.56		1.10	
反应速度	76	47	97	107	123	139	159	152	191	201	207	200

(1) 请用 MATLAB 统计工具箱的函数 nlinfit 计算待定参数 β_1 和 β_2 的最小二乘估计值,要求写出程序,给出拟合参数和误差平方和的计算结果,并展示拟合效果图;

(2) 通过变量替换,可以将属于非线性模型的 Michaelis-Menten 模型转化成线性模型,并用 MATLAB 函数 polyfit 进行计算,请说明转化成线性模型的详细过程,然后写出程序,给出拟合参数和误差平方和的计算结果,并展示拟合效果图;

(3) 请分析 Michaelis-Menten 模型非线性拟合和线性化拟合的结果有何区别? 原因是什么?

6. 土豆生长所需的营养素主要是氮(N)、钾(K)、磷(P). 某作物研究所在某地对土豆做了一定数量的实验,取得的实验数据如表 1.16 所示,其中 ha 表示公顷,t 表示吨,kg 表示公斤. 当一个营养素的施肥量变化时,总将另外两个营养素的施肥量保持在第七个水平上,如对土豆产量关于 N 的施肥量做实验时,P 与 K 的施肥量分别取为 196kg/ha 与 372kg/ha. 请分析土豆的施肥量与产量之间的关系,要说明选择什么函数模型,为什么选择这些函数模型;要给出拟合参数、误差平方和的计算结果,并展示拟合效果图.

表 1.16　土豆的施肥量和产量的实验数据

N 施肥量 /(kg/ha)	产量 /(t/ha)	P 施肥量 /(kg/ha)	产量 /(t/ha)	K 施肥量 /(kg/ha)	产量 /(t/ha)
0	15.18	0	33.46	0	18.98
34	21.36	24	32.47	47	27.35
67	25.72	49	36.06	93	34.86
101	32.29	73	37.96	140	38.52
135	34.03	98	41.04	186	38.44
202	39.45	147	40.09	279	37.73
259	43.15	196	41.26	372	38.43
336	43.46	245	42.17	465	43.87
404	40.83	294	40.36	558	42.77
471	30.75	342	42.73	651	46.22

7. 表 1.17 是某地一年中 10 天的白昼时间(单位:小时),请选择合适的函数模型,并进行数据拟合.

表 1.17　某地一年中 10 天的白昼时间

日期	1 月 1 日	2 月 28 日	3 月 21 日	4 月 27 日	5 月 6 日
白昼时间	5.59	10.23	12.38	16.39	17.26
日期	6 月 21 日	8 月 14 日	9 月 23 日	10 月 25 日	11 月 21 日
白昼时间	19.40	16.34	12.01	8.48	6.13

8. 1928 年,美国经济学家 C. Cobb 和 P. Douglas 在他们关于 1899 年至 1922 年美国经济增长的研究报告中提出了生产函数模型 $Q = cK^\alpha L^{1-\alpha}$. 他们使用美国政府发表的经济数据(见表 1.18),以 1899 年为基准,1899 年的 Q(产值),K(投资),L(劳动力)都设为 100,其他年份的数据

表示成 1899 年数据的百分数,用最小二乘法拟合出生产函数模型中的待定参数 c 和 α.

表 1.18   Cobb 和 Douglas 使用的政府经济数据

年　份	1899	1900	1901	1902	1903	1904	1905	1906
Q	100	101	112	122	124	122	143	152
K	100	107	114	122	131	138	149	163
L	100	105	110	117	122	121	125	134
年　份	1907	1908	1909	1910	1911	1912	1913	1914
Q	151	126	155	159	153	177	184	169
K	176	185	198	208	216	226	236	244
L	140	123	143	147	148	155	156	152
年　份	1915	1916	1917	1918	1919	1920	1921	1922
Q	189	225	227	223	218	231	179	240
K	266	298	335	366	387	407	417	431
L	156	183	198	201	196	194	146	161

(1) 请用 MATLAB 统计工具箱的函数 nlinfit 计算生产函数的数据拟合问题,要求写出程序,给出拟合参数和误差平方和的计算结果,并展示拟合效果图;

(2) 通过变量替换,可以将属于非线性模型的生产函数转化成线性模型,并用 MATLAB 函数 polyfit 进行计算,请说明转化成线性模型的详细过程,然后写出程序,给出拟合参数和误差平方和的计算结果,并展示拟合效果图.

*9. 从以下竞赛题中选择一题,运用 MATLAB 软件,根据题目的研究目的,进行数据的导入、整理和统计分析(竞赛题目及数据可由 http://www.mcm.edu.cn 或者 http://www.shu-mo.com 下载):

(1) 全国大学生数学建模竞赛 2006 年 B 题"艾滋病疗法的评价及疗效的预测";

(2) 全国大学生数学建模竞赛 2007 年 B 题"乘公交,看奥运";

(3) 全国大学生数学建模竞赛 2009 年 B 题"眼科病床的合理安排".

第 2 章　数学建模概述

2.1　数学建模的概念、方法和意义

2.1.1　数学模型的概念和分类

数学模型(mathematical model)是由数字、字母或者其他数学符号组成的,描述现实对象数量规律的数学公式、图形或算法.

数学模型可以按照数学方法来分类,如初等模型、几何模型、图论模型、组合模型、微分方程模型、线性规划模型、整数规划模型、非线性规划模型、目标规划模型、遗传算法模型、神经网络模型、统计回归模型、马氏链模型、排队论模型等.

数学模型可以按照表现特性来分类,如线性模型与非线性模型(取决于模型的基本数量关系是否是线性的)、离散模型与连续模型(取决于模型中的变量(主要是时间)是离散的还是连续的)、静态模型与动态模型(取决于是否考虑时间引起的变化)、确定性模型与随机性模型(取决于是否考虑随机因素的影响).

数学模型可以按照应用领域来分类,如人口模型、交通模型、生态模型、城镇规划模型、水资源模型、再生资源利用模型等;范畴更大一些则形成许多边缘学科,如生物数学、医学数学、地质数学、数量经济学、数学社会学等.

数学模型还可以按照建模目的来分类,如描述模型、分析模型、预报模型、优化模型、决策模型、控制模型等.

2.1.2　数学建模的全过程

数学建模(mathematical modeling)是建立数学模型解决实际问题的全过程,包括数学模型的建立、求解、分析和检验 4 大步骤(见图 2.1).

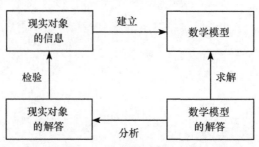

图 2.1　数学建模的全过程

(1) 数学模型的建立,就是指从现实对象的信息提出数学问题,选择合适的数学方法,识别常量、自变量和因变量,引入适当的符号并采用适当的单位制,提出合理的简化假设,推导变量和常量所满足的数量关系,表述成数学模型.

(2) 数学模型的求解,就是指运用所选择的数学方法求解数学模型.采用适当的计算机软件能够扩大可解决的问题的范围,并能减少计算错误.求解数学模型的常用软件有 Maple,Mathematica 等计算机代数系统(computer algebra system,CAS);MATLAB,Lingo 等数值计算软件;SAS,SPSS 等统计软件;Excel 等电子表格处理软件等.

(3) 数学模型的分析,就是指对数学模型的解答进行数学分析,包括对结果的误差分析或统计分析、模型对数据的灵敏度分析、模型对假设的强健性分析.

灵敏性(sensitivity)是指当数学模型的某个参数改变时模型解答的变化程度,变化越大,模型解答对该参数就越灵敏.在建立数学模型解决实际问题的时候,人们自然期待模型解答对参数不算灵敏,因为在灵敏的情况下,一旦参数发生微小变化,模型的解答就会发生显著的变化,会给模型检验和模型应用带来困难.但事实上,在科学技术的各个领域广泛存在着灵敏性和临界值问题,在数学上,很多数学模型也存在着灵敏性和临界值问题,当参数处于临界值附近时,模型解答会对参数高度灵敏.人们对此非常关注又非常感兴趣,所以不论建立什么样的数学模型,都需要仔细地作灵敏度分析.在数学建模的实践中,没必要对所有参数都进行灵敏度分析,需要对哪些参数进行灵敏度分析要从实际意义出发,考虑参数的不确定程度.有些参数实际上是稳定的,其观测值是准确可靠的;另一些参数实际上经常变动,观测、估计或预测所得的参数值往往会包含不小的误差.显然,前一种参数没有作灵敏度分析的必要,而后一种参数的不确定性会影响模型解答的可信性,所以灵敏度分析非常有必要.

强健性就是模型假设相对于实际情况的精确程度对模型解答的影响.从现实对象到数学模型,需要提出一些模型假设,假设相对于实际情况的精确程度会影响数学模型能否取得符合或近似现实对象信息的解答.如果模型假设相对于实际情况的精确程度对模型解答的影响不大,就称该数学模型是强健的(robust);反之,如果数学模型的解答很依赖于某个假设相对于实际情况的精确程度,就称该数学模型是脆弱的(fragile).由于在数学建模的过程中都要对实际情况作出一定的简化假设,所以对数学模型进行强健性分析是很有必要的.在学习数学建模课程的过程中,读者会发现很多数学模型是强健的,也就是说,虽然模型建立在较强的假设上,假设对实际情况作出了较多的简化,但是模型解答已经符合或近似现实对象的信息,已经获得预期的建模效果.

(4) 数学模型的检验,就是指把数学模型的解答解释成现实对象的解答,给出实际问题所需要的分析、预报、决策或控制的结果,检验现实对象的解答是否符合现实对象的信息(包括实际的现象、数据或计算机仿真),从而检验数学模型是否合理、是否适用.如果检验的结果说明该数学模型不够合理、不适用于实际对象,首先要考虑最初从实际对象的信息提出的数学问题以及选择的数学方法是否适当,是否要重新提出数学问题、重新选择数学方法;其次要考虑在模型建立阶段所提出的简化假设是否合理、是否足够,通过修改假设或补充假设,重新建模.正如图 2.1 所示,数学建模的过程往往需要经历反复和完善,直到满意.

数学建模取得满意的结果以后,可以根据实际对象的需要进一步应用所建立的数学模型来解决其他实际问题,这就是模型应用.

最后,读者要理解数学建模的局限性:数学模型是对现实对象简化之后得到的抽象化、理想化的产物,所以数学模型应用于实际问题的时候,结论的通用性和精确性只是相对的和近似的.

2.1.3　数学建模论文的撰写

在完成数学建模的全过程之后,需要撰写论文,将数学建模的过程逐一记录下来供阅读和传播.数学建模论文可以包括以下几个部分(论文结构应根据需要灵活地安排):

(1) 题目(title):要简练准确、高度概括、恰如其分地向读者传递论文的范围和水平;

(2) 摘要(summary):在论文之前,简明扼要地介绍研究的课题、建立的模型和取得的结果,使读者能迅速地了解论文的论题和成果,判断值不值得继续阅读全文;

(3) 问题重述(restatement of the problem),或者问题澄清(clarification of the problem),或引言(introduction):按照作者对问题的理解,陈述论文要研究的实际问题,包括背景和任务;

(4) 问题分析(analysis of the problem):陈述作者对实际问题的分析和提出的数学问题,陈述作者为建立数学模型选择采用的数学方法,陈述建立数学模型的动机和思路;

(5) 符号说明(exposition of variables):列表说明论文所用到的变量和常量的数学符号及意义和单位制;

(6) 模型假设(exposition of assumptions and hypotheses):用简练准确的语言列举建立数学模型所用到的简化假设,包括考虑哪些主要因素、忽略哪些次要因素、变量满足什么数量关系;

(7) 模型建立和求解(design and solution of the model):根据模型假设推导出数学模型(表达式、算法或图表),运用所选择的数学方法以及相应的计算机软件,得到数学模型的解答;

（8）模型分析和检验（analysis and testing of the model）：给出对模型的误差分析、统计分析、灵敏度分析、强健性分析等，把数学模型的解答翻译成现实对象的解答，根据现实对象的信息来进行检验，或者根据题目要求通过计算机仿真进行检验；

（9）模型评价（discuss of the model）：实事求是地讨论模型的优点和缺点、改进方向、推广应用价值等；

（10）参考文献（reference）：列举论文中引用的文献资料或数据的来源，包括序号、作者、文献名称、文献类型标识、出版地、出版者、出版年、被引用部分的起止页码；

（11）附录（appendix）：求解数学模型用到的计算机程序源代码、不适合放置在正文的图形和表格.

另外，由于数学建模往往是跨学科、跨领域合作研究的一个组成部分，因此，还可能需要用非技术性的语言撰写报告，避免使用数学符号和数学术语，使得无论是其他专业领域的专家，还是公众，只要是能理解原来的现实对象的人，就能够理解数学建模的成果.

2.1.4 数学建模的方法

1. 机理分析和测试分析

数学建模有机理分析和测试分析两大类方法.

机理分析方法就是根据对现实对象特性的认识，分析其因果关系，尤其是从变化率、守恒律等角度入手分析，找出反映内部机理的数量规律，从而建立数学模型. 采用机理分析方法建立的数学模型常有明确的物理或现实意义.

测试分析方法就是当研究对象内部机理无法直接寻求的时候，可以测量系统的输入、输出数据，运用统计分析方法，按照事先确定的准则在某一类模型中选出一个与数据拟合得最好的模型.

采用哪一类方法建立数学模型主要是根据对研究对象的了解程度和建模目的来决定. 将这两种方法结合起来也是常用的建模方法，即用机理分析建立模型的结构，用测试分析确定模型的参数.

2. 灵活性，成本和逼真度

解决实际问题有观察、试验、仿真以及建立数学模型等方法，由于较容易根据所搜集的资料的不同情况来给数学模型提出不同的假设和条件，所以建立数学模型具有较好的灵活性.

在解决实际问题的几种方法中，建立数学模型不需要很多的人力、物力的投入,成本相对比较低.

数学模型是根据研究目的针对现实对象建立的一种模型,逼真度(fidelity)就是数学模型刻画现实对象的精确程度,在解决实际问题的几种方法中,数学模型有可能获得较好的逼近度.

但是逼真度和成本是矛盾的,数学模型越逼真,就越复杂,越难于处理,成本也越高,高成本不一定与复杂模型取得的效益相匹配,所以建立数学模型时,需要在逼真度和成本之间作出折衷和选择,提出合理的简化假设.

3. 由简到繁和删繁就简

复杂实际问题的数学建模往往要经过建模过程的反复迭代,由简到繁,或者删繁就简,才能获得越来越满意的模型.

虽然大多数实际问题是随机的、动态的、非线性的,但是数学建模一般从相当简单的模型开始,先考虑比较容易处理的确定性的、静态的、线性的模型,求出初步的、近似的解答,然后根据模型检验的结果改进模型,改进模型的技巧有扩大问题、增添某些变量、考虑每个变量的细分、让某些参数变化、假设非线性的关系、减少假设等.

如果一开始就考虑得太复杂,就会难以构造出模型,或构造出的模型难以求解,这时就必须简化模型:缩小问题、忽略某些变量、集中多个变量的作用、令某些变量为常数、假设简单的(线性的)关系、增加假设等.

4. 连续化和离散化

根据研究对象是随着时间(或空间)连续变化还是离散变化,可以建立连续模型或者离散模型.连续模型便于利用微积分求出解析解,并作理论分析,而离散模型便于在计算机上作数值计算.在数学建模的过程中,连续模型离散化、离散变量视为连续变量都是常用方法.典型的例子有人口预报模型:将离散的人口视为时间的连续函数,建立微分方程模型,有利于获得解析解,有利于作理论分析.但是当微分方程(组)给不出初等函数形式的解析解时,又可以转化成差分方程(组)进行迭代计算而得到数值解.

5. 相似类比法

数学模型是现实对象抽象化、理想化的产物,可以从现实对象的所属领域转而应用到另外的领域,显示出数学模型的可转移性.相似类比法就是将新的研究对象与另一个已经建立数学模型获得解答的研究对象进行类比,比较二者之间的相似之处,从而采用同样的数学方法,建立同类型的数学模型.例如,对水流的研究已取得丰富的结果,将水流和交通流类比,借鉴水流的数学建模方法,建立交通流模型.

由于实际问题是各种各样、千变万化的,不可能要求把各种数学模型作成预制品供建模时使用,往往需要修改已有的数学模型,使之适用于新的研究对象.

结语 虽然建立数学模型有一定的步骤和方法可供参考,但是不像数学解题研究那样能总结出若干条普适的规则和技巧,除了需要掌握扎实的数学模型基础知识以外,还需要积累数学建模的经验.数学建模过程是创造性思维的过程,需要发挥想象力、洞察力、判断力的作用.

2.1.5 学习数学建模的意义

数学是研究数量关系和空间形式的科学,是研究模式的科学.在人类的文明史中,数学一直和人类生活的实际需要密切相关.数学模型是用数学解决实际问题的关键,在数学史上,欧几里得几何、平面和球面上的三角学、代数方程和方程组、指数和对数、微积分、幂级数、傅里叶级数等数学理论和方法同时也都是很有用的数学模型,牛顿(Newton,1642—1727)发现万有引力定律、傅里叶(Fourier,1768—1830)建立热传导方程、麦克斯韦(Maxwell,1831—1879)建立电磁场的基本方程(即麦克斯韦方程组),都是数学模型成功应用于物理学领域的范例.

随着数学的发展,产生出更多新的数学理论分支,同时也诞生出更多新的数学模型.在大学本科的数学课程里,无论是分析、代数、数论、几何、拓扑,还是常微分方程、偏微分方程、概率统计、组合、图论、运筹、控制、计算数学、离散数学,这些数学知识和方法中,许许多多都是数学模型,有着广泛的应用.

当人们需要对所研究的现实对象提供分析、设计、预报、决策、控制、优化、规划、管理、仿真、可视化、数据压缩等方面的定量结果时,常需要数学建模.例如:

分析与设计——人体内药物浓度的变化规律、用数值模拟设计新飞机翼型;

预报与决策——气象预报、人口预报、经济增长预报、效益最大的价格策略、费用最小的设备维修方案;

控制与优化——生产过程最优控制、零件设计的参数优化、大系统控制与优化;

规划与管理——生产计划、资源配置、运输网络规划、水库优化调度、排队策略.

求解数学模型往往需要大量的计算.在电子计算机出现之前,由于缺乏大规模计算的技术手段,限制了数学模型的应用和发展.20世纪中叶以来,随着电子计算机的出现与飞速发展,过去那些虽然有了数学模型却难以求解的课题,如今迎刃而解.计算机技术促进了数学在研究领域、研究方式和应用范围等方面空前的拓展.有人总结了如下的公式,说明数学建模和与之相伴的计算是从真实到虚拟、从现实问题到数学世界的映射:

$$模型(model)+算法(algorithm)+程序(program)=映射(MAP)$$

在当今社会,数学不仅是一门科学,也不仅是科学技术的基础,而且是一种关键的、普遍的、可以应用的技术.例如,在工业领域,建立在数学模型和计算机仿真基础上的 CAD 技术大量代替传统手段,数学模型成为高新技术的关键,起着核心的作用,是高新技术的特征之一.人们已普遍认识到数学由研究领域到工业领域的技术转化,对提高经济竞争力具有重要意义,而数学建模和与之相伴的计算是数学科学转化成技术的主要途径.

在当今社会,数学对于普通人也越来越重要.因为数学有助于人们收集、整理、描述信息,建立数学模型,进而解决问题,直接为社会创造价值.

由于数学在当代社会的重要性,所以以数学模型为切入点,加强数学和其他科学以及日常生活的联系,是当代数学教育的一个总趋势.在数学课程里,教师要通过建立数学模型解决实际问题的教学,培养学生数学应用的意识和能力.

在小学和初中义务教育阶段的数学课程,其基本出发点是促进学生全面、持续、和谐地发展,不仅要考虑数学自身的特点,更应遵循学生学习数学的心理规律,强调从学生已有的生活经验出发,让学生亲身经历将实际问题抽象成数学模型并进行解释与应用的过程,进而使学生在获得对数学理解的同时,在思维能力、情感态度与价值观等多方面得到进步和发展[4].

在高中阶段的数学课程,需要加强数学应用的教学.对于一些基本的数学知识,应提供其实际背景,反映其应用价值;要开展数学建模活动,设立数学应用专题课程,力求使学生体验数学在解决实际问题中的作用;认识数学与日常生活及其他学科的联系,感受数学的实用价值,促使学生逐步形成和发展数学应用意识,提高其实践能力[5].

在大学阶段,普遍开设的数学建模课程或数学实验课程有力地促进了大学生培养建立数学模型解决实际问题的意识和能力;各项数学建模竞赛吸引了很多大学生参加,培养和提高了他们数学建模、科研创新和论文写作的能力;在其他的数学课程,尤其是低年级的数学主干课程中,也逐渐融入了数学模型和数学软件的内容,提高了学生的学习兴趣及对数学的应用价值的认识.

总之,数学建模课程是要在数学理论与实际应用之间架设桥梁,培养学生运用数学和相应的计算机软件解决实际问题的意识和能力,而且能帮助数学教育专业的本科生和在职的中学教师掌握数学建模教学的内容和方法.学习这门课程,既要扎实掌握数学模型基础知识,又要熟悉使用数学软件求解数学问题,还要积累数学建模的经验,就是如何从实际对象提出数学问题建立数学模型、如何将数学模型的解答翻译成实际问题的解答、如何用实际对象的信息检验数学模型、如何撰写合乎要求的数学建模论文或实验报告、如何搜索查阅文献、如何与他人协作等.积极组队参加各项数学建模竞赛,对于学好本课程很有帮助.

2.2 汽车刹车距离

1. 问题提出

司机在驾驶过程中遇到突发事件会紧急刹车,从司机决定刹车到车完全停住,汽车行驶的距离称为刹车距离,车速越快,刹车距离越长.请问刹车距离与车速之间具有怎样的数量关系?(参见文献[6]的第 2 章或文献[7]的第 2 章.)

2. 问题分析

问题要求建立刹车距离与车速之间的数量关系.一方面,车速是刹车距离的主要影响因素,车速越快,刹车距离越长;另一方面,还有很多其他因素会影响刹车距离,包括车型、车重、刹车系统的机械状况、轮胎类型和状况、路面类型和状况、天气状况、驾驶员的操作技术和身体状况等.如果所有可能的因素都考虑到,就无法建立车速和刹车距离之间的数量关系,所以需要对问题提出合理的简化假设,使得问题可以仅仅考虑车速对刹车距离的影响,从而建立刹车距离与车速之间的函数关系.

需要提出哪几条合理的简化假设呢?

可以假设车型、轮胎类型、路面条件都相同;假设汽车没有超载;假设刹车系统的机械状况、轮胎状况、天气状况以及驾驶员状况都良好;假设汽车在平直道路上行驶,驾驶员紧急刹车,一脚把刹车踏板踩到底,汽车在刹车过程没有转方向.

这些假设都是为了使得问题可以仅仅考虑车速对刹车距离的影响.这些假设是初步的和粗糙的,在下面建立数学模型的过程中,还可能随着对问题的深入理解而提出新的假设,或者修改原有的假设.至于假设的合理性,一方面可以根据题意和常识来判断,另一方面,还可以等模型建立和求解完毕以后,对其进行检验分析.

首先,仔细分析刹车的过程,发现刹车经历两个阶段.

在第一阶段,司机意识到危险,作出刹车决定,并踩下刹车踏板使刹车系统开始起作用,这一瞬间可以称为"反应时间",非常短暂,但是对于高速行驶的汽车而言,汽车在这一瞬间行驶过的距离却不容忽略.汽车在反应时间段行驶的距离称为"反应距离".

在第二阶段,从刹车踏板被踩下、刹车系统开始起作用,到汽车完全停住,这是汽车的制动过程.汽车在制动过程"行驶"(轮胎滑动摩擦地面)的距离为"制动距离".

根据以上分析,得到刹车距离的初步的数量关系如下:

$$刹车距离 = 反应距离 + 制动距离 \tag{2.2.1}$$

引入以下符号,并说明单位:

v～车速(m/s);

d～刹车距离(m);

d_1～反应距离(m);

k_1～反应时间(s);

d_2～制动距离(m).

于是用文字表达的数量关系式(2.2.1)可以用数学符号表示为

$$d = d_1 + d_2 \tag{2.2.2}$$

其次,考虑反应距离的子模型.根据常识,可以假设汽车在反应时间内车速没有改变,也就是说,在此瞬间汽车做匀速直线运动.

反应时间取决于驾驶员状况和汽车制动系统的灵敏性.司机驾驶员状况包括反应、警觉、视力等,因人而异,可以考虑平均值,即视为常数;在正常情况下,汽车制动系统的灵敏性都非常好,与驾驶员状况相比,可以忽略,所以再多增加一条简化假设:驾驶员每一次刹车的反应时间都一样长.于是反应距离的子模型为

$$d_1 = k_1 v \tag{2.2.3}$$

再次,考虑制动距离的子模型.在制动过程,汽车的轮胎滑动摩擦地面,车速从 v 迅速减慢,直到车速变为 0,汽车完全停住.用物理的语言来陈述,即汽车制动力使汽车做减速运动,汽车制动力做功导致汽车动能的损失.引入以下符号:

a～汽车制动减速度(m/s²);

F～汽车制动力(N);

M～汽车质量(kg).

为了建立简单的数学模型,可以假设汽车在制动过程中做匀减速直线运动,减速度 a 是常数,根据牛顿第二定律有

$$F = Ma$$

根据功能原理,汽车制动力所做的功等于汽车动能的损失,即

$$Fd_2 = Mv^2/2$$

所以

$$d_2 = v^2/(2a)$$

令 $k_2 = 1/(2a)$,得到制动距离的子模型为

$$d_2 = k_2 v^2 \tag{2.2.4}$$

最后,由(2.2.2)～(2.2.4)式,刹车距离的数学模型为

$$d = k_1 v + k_2 v^2 \tag{2.2.5}$$

即刹车距离与车速之间为二次函数关系.

到目前为止,所思考的都限于同一款车型,究竟模型(2.2.5)的两个系数会不会随着车型而改变呢? 回顾以上的建模过程,不难发现,反应距离的子模型的系数 k_1 是驾驶员的反应时间,与车型无关;而制动距离的子模型的系数 $k_2=1/(2a)$ 只与制动过程的减速度 a 有关,那么减速度 a 与车型有关吗? 其实,按照汽车的设计原则,所有车型在额定载荷范围内紧急刹车的减速度都相差无几,也就是说,刹车系统的最大制动力被设计成与车重成正比,所以系数 k_2 也可以被认为是与车型无关的. 换言之,只要对一款车型测试其在不同车速下的刹车距离(当然要尽量保持道路、天气、驾驶员、载重等条件一样),然后用测试数据拟合出模型 $d=k_1v+k_2v^2$ 的系数 k_1 和 k_2,那么所得到的刹车距离与车速之间的二次函数经验公式,在相同的道路、天气和驾驶员等条件下,对于所有既没有超载,也没有故障的汽车都是有参考作用的.

3. 模型建立

本小节给出建立汽车刹车距离的数学模型的规范表述.

表 2.1 是为建立刹车距离的数学模型而引入的数学符号的说明.

表 2.1 符号说明

符 号	单 位	名 称	说 明
v	m/s	车速	
d	m	刹车距离	从司机决定刹车到车完全停住汽车行驶的距离
d_1	m	反应距离	从司机决定刹车到踩下刹车踏板汽车行驶的距离
d_2	m	制动距离	从司机踩下刹车踏板到车完全停住汽车行驶的距离
k_1	s	反应时间	从司机决定刹车到踩下刹车踏板的时间
a	m/s^2	减速度	汽车制动过程的减速度
F	N	制动力	汽车制动过程的制动力
M	kg	汽车质量	
k_2	s^2/m		$k_2=1/(2a)$

提出如下的简化假设:

(1) 假设道路、天气和驾驶员等条件相同,汽车没有超载,也没有故障;

(2) 假设汽车在平直道路上行驶,驾驶员紧急刹车,一脚把刹车踏板踩到底,汽车在刹车过程没有转方向;

(3) 假设驾驶员的反应时间为常数,汽车在反应时间内做匀速直线运动;

(4) 假设汽车在制动过程做匀减速直线运动,减速度 a 是常数,制动力所做的功等于汽车动能的损失;

(5) 假设刹车距离等于反应距离加制动距离.

根据假设(3),立即得到(2.2.3):

$$d_1 = k_1 v$$

根据牛顿第二定律和假设(4)有

$$F = ma$$
$$Fd_2 = mv^2/2$$

所以有(2.2.4):

$$d_2 = k_2 v^2$$

其中 $k_2 = 1/(2a)$.

最后,根据假设(5)有(2.2.5):

$$d = k_1 v + k_2 v^2$$

(2.2.5)式就是汽车刹车距离的数学模型.

4. 模型检验

利用由美国公路局提供的刹车距离实际观测数据(见表 2.2,参见文献[7]第 57 页)来进行模型检验.表 2.2 的数据使用英制单位 mph(miles per hour,英里/小时)和 ft(英尺),换算率为 1 mph＝0.44704 m/s,1 ft＝0.3048 m.

表 2.2 反应距离和制动距离的实际观测值

车速/mph	反应距离/ft	制动距离/ft		刹车距离/ft	
		范围*	平均值	范围	平均值
20	22	18~22	20	40~44	42
25	27.5	25~31	28	52.5~58.5	55.5
30	33	36~45	40.5	69~78	73.5
35	38.5	47~58	52.5	85.5~96.5	91
40	44	64~80	72	108~124	116
45	49.5	82~103	92.5	131.5~152.5	142
50	55	105~131	118	160~186	173
55	60.5	132~165	148.5	192.5~225.5	209
60	66	162~202	182	228~268	248
65	71.5	196~245	220.5	267.5~316.5	292
70	77	237~295	266	314~372	343
75	82.5	283~353	318	365.5~435.5	400.5
80	88	334~418	376	422~506	464

* 范围包括了美国公路局所做测试中 85% 的观测结果.

在表 2.2 的数据中,反应距离是和车速成正比的.很明显,这样的数据是基于反应距离子模型 $d_1 = k_1 v$ 的,其中平均反应时间恰好为 $k_1 = 0.75$ 秒,所以没有必要用表 2.2 中反应距离的数据来检验反应距离子模型.

而表 2.2 的制动距离数据则有变化范围(包括美国公路局所做测试中 85% 的观测结果)以及平均值,由于刹车距离是反应距离和制动距离之和,所以刹车距离也有变化范围和平均值.应该用表 2.2 中的制动距离数据来检验制动距离子模型 $d_2 = k_2 v^2$,从而达到检验刹车距离的数学模型的目的.

首先,注意到子模型 $d_2 = k_2 v^2$ 意味着 d_2 与 v 成二次函数关系,而 d_2 与 v^2 成正比例关系.因此,绘制表 2.2 中的制动距离数据(包括最小值、平均值和最大值)对 v 以及 v^2 的散点图(见图 2.2),程序如下:

```
v=(20:5:80).* 0.44704;v2=v.* v;
d2=[18,25,36,47,64,82,105,132,162,196,237,283,334
    22,31,45,58,80,103,131,165,202,245,295,353,418
    20,28,40.5,52.5,72,92.5,118,148.5,182,220.5,266,318,376];
d2=0.3048.* d2;
subplot(2,1,1),plot([v;v;v],d2,'o-k','MarkerSize',2)
title('检验二次函数关系'),xlabel('车速 v(m/s)')
ylabel('制动距离的最小值、平均值和最大值(m)')
subplot(2,1,2),plot([v2;v2;v2],d2,'o-k','MarkerSize',2)
title('检验正比例关系'),xlabel('车速的平方 v^2(m^2/s^2)')
```

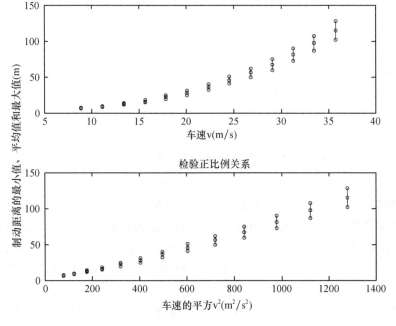

图 2.2

　　说明　绘图命令利用了在 1.5 节介绍的 MATLAB 函数 plot 的语法格式 2，即如果 X 和 Y 是同型矩阵（不止一行），则 plot(X,Y) 返回 Y 的列向量对应 X 的列向量的多重线性图.另外,通过将 MarkerSize 设置为 2,使得标识符的大小更符合需要.

　　由图 2.2 得到的直观印象是:制动距离子模型 $d_2 = k_2 v^2$ 经得起来自表 2.2 的数据的检验.

　　直观的图形检验显然粗糙了一些,不够可靠.下面用最小二乘法,根据表 2.2 中的车速和制动距离平均值的数据,拟合出制动距离子模型 $d_2 = k_2 v^2$ 中的系数 k_2,然后详细考察误差.由 (1.7.1) 式,拟合 k_2 的计算公式为

$$k_2 = \sum_{i=1}^{13} v_i^2 d_i \bigg/ \sum_{i=1}^{13} v_i^4 \tag{2.2.6}$$

其中 v_i 和 d_i 为表 2.2 中第 i 行的车速和制动距离平均值,$i = 1, 2, \cdots, 13$.根据 (2.2.6) 式,在执行图 2.2 的绘图程序之后,继续输入并执行以下命令:

```
k2=sum(v2.* d2(3,:))./sum(v2.* v2)
r=d2(3,:)-k2.* v.* v
```

命令窗口显示的计算结果为

```
k2=
    0.082678
r=
  Columns 1 through 5
    -0. 51312    -1. 7923     -2. 5261     -4. 2384     -4. 4909
  Columns 6 through 10
    -5. 2647     -5. 3406     -4. 7187     -4. 0085     -2. 6004
  Columns 11 through 13
    0. 11509     3. 9857      8. 8589
```

所以依据表 2.2 的数据得到的刹车距离与车速关系的经验公式为

$$d = 0.75v + 0.082678v^2$$

　　考察误差,发现当车速不超过 65 mph（即 104.6 km/h）时,实际值都略小于理论值,但是当车速更快时,实际值就会大于理论值,而且随着车速的增加,误差会越来越大.这就说明制动距离子模型 $d_2 = k_2 v^2$ 的模型假设适合较低的车速范围内;当车速更高时,可能由于漏了某些不容忽略的因素,导致模型解答不那么令人信服.

　　计算 k_2 以及拟合误差的另一种方法是用统计工具箱函数 nlinfit 计算（参见 1.7.5 小节,由于模型 $d_2 = k_2 v^2$ 缺少常数项和一次项,所以不能用 MATLAB 函数

polyfit 进行多项式拟合). 在执行图 2.2 的绘图程序之后,继续输入并执行以下命令,所得到的计算结果和第一种方法相同:

```
f=@(k,x)k.*x.*x;
[k2,r]=nlinfit(v,d2(3,:),f,1)
```

最后,可以在图 2.2 的两幅子图中分别添上拟合得到的子模型 $d_2 = k_2 v^2$ 的理论值的二次曲线或直线,使得刚才的分析更直观,更容易理解(见图 2.3).

图 2.3 的绘图程序如下:

```
subplot(2,1,1),plot([v;v;v],d2,'-ok','MarkerSize',2)
hold on,plot(v,k2.*v2,'k'),hold off
title('检验二次函数关系'),xlabel('车速 v(m/s)')
ylabel('制动距离的最小值、平均值和最大值(m)')
subplot(2,1,2),plot([v2;v2;v2],d2,'-ok','MarkerSize',2)
hold on,plot(v2,k2.*v2,'k'),hold off
title('检验正比例关系'),xlabel('车速的平方 v^2(m^2/s^2)')
```

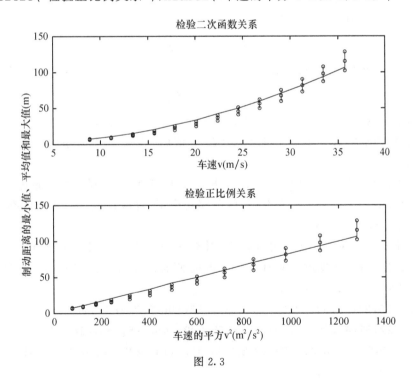

图 2.3

5. 模型应用

在道路行驶的汽车保持足够安全的前后车距是非常重要的,人们为此提出了五花八门的建议. 在美国,有人建议"一车长度准则",即车速每增加 10mph,前后车距应增加一个车身的长度;也有人建议"两秒准则",即后车司机从前车经过某一标志开始,默数 2 秒之后到达同一标志,而不管车速如何. 刚才建立的刹车距离模型可以用来衡量这些建议是否足够安全.

按照"一车长度准则",车速每增加 10mph,前后车距应增加一个车身的长度,这表明前后车距与车速成正比例关系. 引入以下符号:

D～前后车距(m);

v～车速(m/s);

K_1～按照"一车长度准则",D 与 v 之间的比例系数(s).

于是"一车长度准则"的数学模型为

$$D = K_1 v \qquad\qquad (2.2.7)$$

考虑家庭用的小型汽车,不妨设一车长度为 5m,则

$$K_1 = \frac{5\text{m}}{10\text{mph}} = \frac{5\text{m}}{4.4704\text{m/s}} = 1.1185\text{s}$$

所以(2.2.7)式即为

$$D = 1.1185 v$$

比较(2.2.5)式与(2.2.7)式得

$$d - D = v[k_2 v - (K_1 - k_1)]$$

所以当 $v < (K_1 - k_1)/k_2$ 时有 $d < D$,即前后车距大于刹车距离的理论值,可认为足够安全;当 $v > (K_1 - k_1)/k_2$ 时有 $d > D$,即前后车距小于刹车距离的理论值,不够安全.

代入 $k_1 = 0.75, k_2 = 0.082678$ 以及 $K_1 = 1.1185$,计算得到当车速超过 4.5m/s (约合 16km/h)时,"一车长度准则"就不够安全了,也就是说,"一车长度准则"只适用于车速很慢的情况.

另外,还可以通过绘图直观地解释为什么"一车长度准则"不够安全. 用以下程序把表 2.2 的刹车距离实测数据和"一车长度规则"都画在同一幅图中(见图 2.4):

```
v=(20:5:80).*0.44704;
d2=[18,25,36,47,64,82,105,132,162,196,237,283,334
    22,31,45,58,80,103,131,165,202,245,295,353,418
    20,28,40.5,52.5,72,92.5,118,148.5,182,220.5,266,318,376];
d2=0.3048.*d2;
k1=0.75;k2=0.082678;K1=1.1185;
d1=[v;v;v].*k1;d=d1+d2;
plot([0,40],[0,K1*40],'k'),hold on
```

```
plot(0:40,polyval([k2,k1,0],0:40),':k')
plot([v;v;v],d,'ok','MarkerSize',2),hold off
title('比较刹车距离实测数据、理论值和一车长度准则')
legend('一车长度准则','刹车距离理论值',...
    '刹车距离的最小值、平均值和最大值',2)
xlabel('车速 v(m/s)'),ylabel('距离(m)')
```

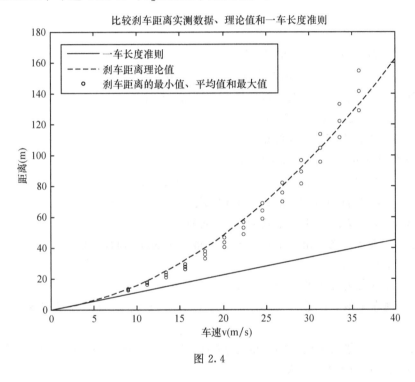

图 2.4

2.3 生猪出售时机

1. 问题提出

农场每天投入资金 3.2 元用于饲料、设备和人力,估计可使一头 90 公斤重的生猪每天增重 1 公斤.现在生猪出售的市场价格为 12 元/公斤,但是预测每天会降低 0.08 元/公斤.问应该什么时候出售生猪?

如果上述估计或预测的数据发生变化,对结果有多大影响呢?（参见文献[8]的第 1 章或文献[6]的第 3 章.）

2. 问题分析

投入资金可使生猪体重随时间增加,但预测生猪出售的市场价格随时间下降,应该存在一个最佳的出售时机,使获得的利润最大,所以本题属于优化问题.

实际上,在较短的时段内,农场每天投入的成本大致是保持不变的,而生猪每天增加的体重也较容易得到准确的估计值,但是生猪出售的市场价格会经常发生波动.按照题意,可以先假设农场每天投入的成本、生猪每天增加的体重和生猪出售的市场价格每天的降幅都是常数,建立和求解数学模型,得到生猪出售的最佳时机,然后讨论参数变化对模型解答的影响,最后讨论模型解答对模型假设的依赖性.

3. 模型建立和求解

为建立数学模型,引入以下记号:

t～从现在开始计算的饲养生猪的天数,$t \geqslant 0$;

$C(t)$～农场在未来 t 天内累计投入的资金(元);

c～农场每天投入的资金(元);

$w(t)$～生猪在第 t 天的体重(公斤);

r～生猪体重每天的增加值(公斤/天);

$p(t)$～在第 t 天的生猪出售的市场价格(元/公斤);

g～生猪出售的市场价格每天的降低值((元/公斤)/天);

$R(t)$～在 t 天之后出售生猪的收入(元);

$Q(t)$～在 t 天之后出售生猪比现在出售多赚的纯利润(元).

以下为模型假设:

(1) 农场每天投入的资金 c 为常数,$c = 3.2$ 元;

(2) 现在生猪的体重为 $w(0) = 90$ 公斤,体重每天的增加值 r 为常数,$r = 1$ 公斤/天;

(3) 现在生猪出售的市场价格为 $p(0) = 12$ 元/公斤,价格每天的降低值 g 为常数,$g = 0.08$(元/公斤)/天.

按照引入的记号和提出的模型假设有

$$C(t) = ct$$
$$p(t) = p(0) - gt \tag{2.3.1}$$
$$w(t) = w(0) + rt \tag{2.3.2}$$

所以在 t 天之后出售生猪的收入为

$$R(t) = p(t)w(t) = p(0)w(0) + [rp(0) - gw(0)]t - grt^2$$

于是在 t 天之后出售生猪比现在出售多赚的纯利润为

$$Q(t) = R(t) - C(t) - p(0)w(0) = [rp(0) - gw(0) - c]t - grt^2 \tag{2.3.3}$$

(2.3.3)式就是所求的优化目标函数,要求出当 t 取何值时,$Q(t)$ 达到最大值. 这是

求二次函数最大值问题,容易解得

(1) 如果

$$rp(0) - gw(0) - c > 0 \tag{2.3.4}$$

则当

$$t = \frac{rp(0) - gw(0) - c}{2gr} \tag{2.3.5}$$

时,$Q(t)$ 达到最大值

$$Q_{\max} = \frac{[rp(0) - gw(0) - c]^2}{4gr} \tag{2.3.6}$$

模型假设中的具体数值满足(2.3.4)式.将具体数值代入(2.3.5)式和(2.3.6)式,算得 $t=10$,$Q_{\max}=8$,所以在 10 天之后出售生猪将获利最多,比现在出售能多赚纯利润 8 元(见图 2.5(1)).

(2) 如果 $rp(0) - gw(0) - c \leqslant 0$,则当 $t=0$ 时,$Q(t)$ 取得最大值 0,即与其继续饲养,不如立即出售(见图 2.5(2),其中取 $g=0.1$,其他参数的取值与模型假设相同).

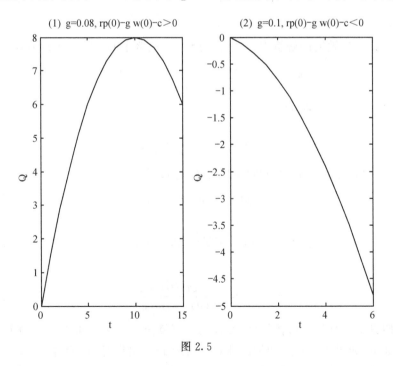

图 2.5

4. 灵敏度分析

灵敏度分析就是分析数学模型的某个参数变化时模型解答的变化程度.可以

在其他参数固定不变的情况下,考察某个参数发生微小变化时模型解答所发生的变化.这里所说的变化是相对变化,即改变量与原值的比值.

本案例要求评估参数 g 或 r 的变化对模型解答的影响.首先以 r 为例,研究 r 的变化对最佳出售时机 t 的影响.可以考虑如果 r 发生的相对变化为 $\Delta r/r$,则 t 发生的相对变化 $\Delta t/t$ 是 $\Delta r/r$ 的多少倍,即定义 t 对 r 的灵敏度为

$$S(t,r) = \frac{\Delta t/t}{\Delta r/r} \tag{2.3.7}$$

灵敏度可以解释如下:如果 r 增加 1%,则 t 变化的百分比是 1% 的 $S(t,r)$ 倍.如果 $S(t,r)$ 很小,则 t 对 r 不灵敏;反之,则 t 对 r 灵敏,r 的微小变化会带来 t 较大的变化.

在实践中,由(2.3.7)式定义的灵敏度需要数值计算得到列表的结果(见表2.3).

表 2.3   数值计算 t 对 r 的灵敏度($r=1,t=10$)

$r+\Delta r$	$(\Delta r/r)/\%$	$t+\Delta t$	$(\Delta t/t)/\%$	$S(t,r)=(\Delta t/t)/(\Delta r/r)$
1.01	1	10.644	6.4356	6.4356
1.05	5	13.095	30.952	6.1905
1.1	10	15.909	59.091	5.9091

为了给出灵敏度的解析表达式,注意到 Δr 是微小的,令 $\Delta r \to 0$,则有

$$S(t,r) = \frac{\Delta t/t}{\Delta r/r} = \frac{\Delta t}{\Delta r} \cdot \frac{r}{t} \to \frac{\mathrm{d}t}{\mathrm{d}r} \cdot \frac{r}{t}$$

所以重新定义 t 对 r 的灵敏度为

$$S(t,r) = \frac{\mathrm{d}t}{\mathrm{d}r} \cdot \frac{r}{t} \tag{2.3.8}$$

根据(2.3.5)式,t 是 r 的增函数(见图 2.6(1)),

$$t = \frac{p(0)}{2g} - \frac{gw(0)+c}{2g} \cdot \frac{1}{r} \tag{2.3.9}$$

在(2.3.9)式中,为了使 $t>0$,r 应该满足(2.3.4)式.由(2.3.8)式和(2.3.9)式,可算得

$$S(t,r) = \frac{gw(0)+c}{rp(0)-gw(0)-c} \tag{2.3.10}$$

把模型假设中的具体数值代入(2.3.10)式,可算出 $S(t,r)=6.5$.这一计算结果可以解释如下:如果生猪每天增加的体重 r 增加 1%,出售时间 t 就推迟 6.5%.

下面研究 g 的变化对最佳出售时机 t 的影响.首先,定义 t 对 g 的灵敏度为

$$S(t,g) = \frac{\Delta t/t}{\Delta g/g} \tag{2.3.11}$$

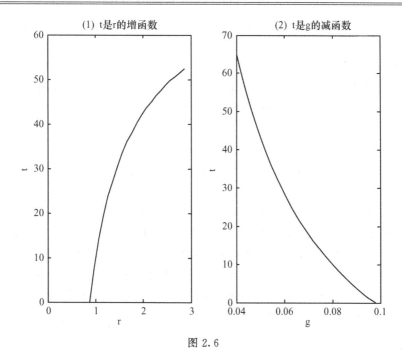

图 2.6

由(2.3.11)式定义的灵敏度需要数值计算得到列表的结果(见表 2.4).

表 2.4 数值计算 t 对 g 的灵敏度($g=0.08, t=10$)

$g+\Delta g$	$(\Delta g/g)/\%$	$t+\Delta t$	$(\Delta t/t)/\%$	$S(t,g)=(\Delta t/t)/(\Delta g/g)$
0.0808	1	9.4554	-5.4455	-5.4455
0.084	5	7.381	-26.19	-5.2381
0.088	10	5	-50	-5

重新定义 t 对 g 的灵敏度为

$$S(t,g) = \frac{\mathrm{d}t}{\mathrm{d}g} \cdot \frac{g}{t} \qquad (2.3.12)$$

根据(2.3.5)式, t 是 g 的减函数(见图 2.6(2)),

$$t = \frac{rp(0)-c}{2r} \cdot \frac{1}{g} - \frac{w(0)}{2r} \qquad (2.3.13)$$

在(2.3.13)式中,为了使 $t>0$, g 应该满足(2.3.4)式.由(2.3.12)式和(2.3.13)式,可算得

$$S(t,g) = \frac{c-rp(0)}{rp(0)-gw(0)-c} \qquad (2.3.14)$$

把模型假设中的具体数值代入(2.3.14)式,可算出 $S(t,g)=-5.5$.这一计算结果可以解释如下:如果生猪出售的市场价格每天的降低值 g 增加 1%,出售时间 t 就提前 5.5%.

　　总之,r 和 g 的微小变化对最佳出售时机 t 有一定的影响,不过影响并不算剧烈.

　　在本案例中,在较短的时段内农场每天投入的成本大致是保持不变的,而生猪每天增加的体重也较容易得到准确的估计值,但是生猪出售的市场价格会经常发生波动,所以最为需要的是计算 t 对 g 的灵敏度.

5. 强健性分析

　　强健性分析就是分析模型假设相对于实际情况的精确程度对模型解答的影响.

　　在本案例的模型假设中,假设饲养生猪每天的投入 c,生猪每天增加的体重 r 和出售价格每天的降低 g 都是常数,由此得到的生猪体重函数 $w(t)$ 和生猪出售价格函数 $p(t)$ 都是线性函数,从而纯利润函数是二次函数,这是对现实情况的简化,而且只适用于较短的时段内.例如,现在生猪出售价格为 12 元/公斤,预测价格每天降低 0.08 元/公斤,但如果照这样预测 150 天之后的价格,到时价格就会变成 0 了.

　　更实际的模型应考虑非线性和不确定性,所求的优化目标函数可以写成

$$Q(t) = p(t)w(t) - C(t) - p(0)w(0) \qquad (2.3.15)$$

为了求解(2.3.15)式的极大值问题,假设(2.3.15)式中的所有函数均可导,于是求导可得

$$Q'(t) = p'(t)w(t) + p(t)w'(t) - C'(t)$$

所以如果 $Q(t)$ 在 t 取得极值,t 应该满足

$$p'(t)w(t) + p(t)w'(t) = C'(t) \qquad (2.3.16)$$

　　在经济学上,(2.3.16)式等号的左边是单位时间内增加的出售收入,右边是单位时间内增加的投入,于是出售的最佳时机恰好在二者相等的时候.换句话说,只要出售收入比饲养费用增加得更快,就应暂不卖出,继续饲养,而且(2.3.16)式等号的左边包含两项:$p'(t)w(t)$ 和 $p(t)w'(t)$.第一项 $p'(t)w(t)$ 表示单位时间内因价格变化而导致的收入变化,第二项 $p(t)w'(t)$ 表示单位时间内因生猪体重变化而导致的收入变化.

　　以上所讨论的更一般的数学模型应用在实际中,遇到的困难是难以获得模型中那些函数的准确形式,而且讨论在数学上是任意非负实数的出售时机 t 和价格 $p(t)$ 也不一定有实际意义.依据近期生猪的饲养情况和市场价格的走势,给出未来不长的一段时间内关于 $p'(t)$,$w'(t)$ 和 $C'(t)$ 的估计值或者预测值,并且简化为常数,从而采用确定性的、线性化的模型,这应该是可行而合理的建模方法.

　　本案例中,$p'(t) = -g$,$w'(t) = r$ 是根据估计或预测确定的,灵敏度分析说明只要它们在未来不长的一段时间内变化不太大,由假设它们是常数而导致的最佳

出售时机的误差就不会太大,所以可以认为在本案例的数学模型是强健的.

由于本案例的模型只适用于较短的时段内,因此,在应用这个数学模型时,最好是每隔一周重新估计模型的各个参数,用模型重新计算.

6. 附录

(1) 绘制图 2.5 的 MATLAB 程序如下:

```
r=1;p=12;w=90;c=3.2;g=0.08;q=[-g*r,r*p-g*w-c,0];
subplot(1,2,1),plot(0:15,polyval(q,0:15),'k')
title('g=0.08,r p(0)-g w(0)-c >0'),xlabel('t'),ylabel('Q')
g=0.1;q=[-g*r,r*p-g*w-c,0];
subplot(1,2,2),plot(0:.5:6,polyval(q,0:.5:6),'k')
title('g=0.1,r p(0)-g w(0)-c < 0'),xlabel('t'),ylabel('Q')
```

(2) 计算表 2.3 的 MATLAB 程序如下:

```
ft=@(r,g)(12.*r-90.*g-3.2)./(2.*g.*r);
g=0.08;r=1;t=ft(r,g);d=[.01;.05;.1];dr=d.*r;
st_r=((ft(r+dr,g)-t)./t)./d;
[r+dr,d.*100,ft(r+dr,g),(ft(r+dr,g)-t)./t.*100,st_r]
```

命令窗口显示的计算结果为

```
ans=
    1.01     1   10.644    6.4356    6.4356
    1.05     5   13.095   30.952    6.1905
    1.1     10   15.909   59.091    5.9091
```

(3) 计算表 2.4 的 MATLAB 程序如下:

```
ft=@(r,g)(12.*r-90.*g-3.2)./(2.*g.*r);
g=0.08;r=1;t=ft(r,g);d=[.01;.05;.1];dg=d.*g;
st_g=((ft(r,g+dg)-t)./t)./d;
[g+dg,d.*100,ft(r,g+dg),(ft(r,g+dg)-t)./t.*100,st_g]
```

命令窗口显示的计算结果为

```
ans=
    0.0808    1   9.4554   -5.4455   -5.4455
    0.084     5   7.381   -26.19    -5.2381
    0.088    10   5        -50       -5
```

(4) 绘制图 2.6 的 MATLAB 程序如下:

```
p=12;w=90;c=3.2;g=0.08;
r=linspace((g*w+c)/p,(g*w+c)/p+2,21);
```

```
t=(r*p-g*w-c)./(2*g*r);
subplot(1,2,1),plot(r,t,'k')
title('t 是 r 的增函数'),xlabel('r'),ylabel('t')
r=1;g=linspace(0.04,(r*p-c)/w,21);
t=(r*p-g*w-c)./(2*r*g);
subplot(1,2,2),plot(g,t,'k'),axis([0.04,0.1,0,70])
title('t 是 g 的减函数'),xlabel('g'),ylabel('t')
```

习 题 2

1. 继续考虑 2.2 节的"汽车刹车距离"案例,请问"两秒准则"和"一车长度准则"一样吗? "两秒准则"是否足够安全? 对于安全车距,你有没有更好的建议?

*2[6]. 一盘录像带从头转到尾,时间用了 184 分钟,录像机计数器读数从 0000 变到 6061. 表 2.5 是观测得到的计数器读数,图 2.7 是录像机计数器工作原理示意图.请问当计数器读数为 4580 时剩下的一段录像带还能否录下一小时的节目?

表 2.5　一盘录像带的实测数据

t/分钟	0	10	20	30	40	50	60	70	80	90
n	0000	0617	1141	1601	2019	2403	2760	3096	3413	3715

t/分钟	100	110	120	130	140	150	160	170	184
n	4004	4280	4545	4803	5051	5291	5525	5752	6061

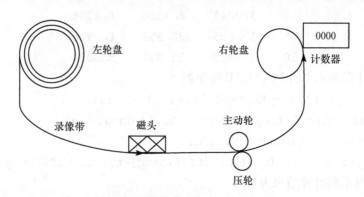

图 2.7　录像机计数器工作原理示意图

3. 继续考虑 2.3 节的"生猪出售时机"案例,作灵敏度分析,分别考虑农场每天投入的资金对最佳出售时机和多赚的纯利润的影响.

4. 继续考虑 2.3 节的"生猪出售时机"案例,假设在第 t 天的生猪出售的市场价格(元/公斤)为

$$p(t) = p(0) - gt + ht^2 \tag{1}$$

其中 h 为价格的平稳率,取 $h=0.0002$. 其他模型假设和参数取值保持不变.

(1) 试比较(1)式与(2.3.1)式,解释新的假设和原来的假设的区别与联系;

(2) 在新的假设下求解最佳出售时机和多赚的纯利润;

(3) 作灵敏度分析,分别考虑 h 对最佳出售时机和多赚的纯利润的影响;

(4) 讨论模型关于价格假设的强健性.

5. 继续考虑 2.3 节的"生猪出售时机"案例,假设在第 t 天的生猪体重(公斤)为

$$w(t) = \frac{w_0 w_m}{w_0 + (w_m - w_0)\mathrm{e}^{-at}} \tag{2}$$

其中 $w_0 = w(0) = 90$(公斤),$w_m = 270$(公斤),其他模型假设和参数取值保持不变.

(1) 试比较(2)式与(2.3.2)式,解释新的假设和原来的假设的区别与联系(提示:说明当 a($a > 0$)取何值时,在 $t = 0$ 时可以保持 $w'(0) = r = 1$;说明当 t 增大时,猪的体重会如何变化);

(2) 在新的假设下求解最佳出售时机和多赚的纯利润;

(3) 参数 w_m 代表猪长成时的最终重量,对 w_m 作灵敏度分析,分别考虑 w_m 对最佳出售时机和多赚的纯利润的影响;

(4) 讨论模型关于生猪体重假设的强健性.

第3章　差分方程模型

3.1　差分方程模型的基本概念

3.1.1　动态模型

有许多实际问题包含着随时间发展的过程,如投资、还贷、养老金、种群增长、疾病传播、化学反应、污染控制、空间飞行、军事战斗等.对这些动态过程建立动态模型,能够表现这些过程的演变,并给出预测和控制的答案.

动态模型包括差分方程模型、微分方程模型、随机过程模型等.动态模型与优化模型相结合的还有动态规划模型等.

有一些动态过程的状态适合在离散时段上描述,用数列$\{x_k\}$表示动态过程在第k个时段的状态.这类动态过程称为离散动态过程,所建立的模型称为离散动态模型,也称为离散动力系统,如差分方程模型.

另一些动态过程的状态随时间连续变化,用连续函数$x=x(t)$表示动态过程在时刻t的状态.这类动态过程称为连续动态过程,所建立的模型称为连续动态模型,也称为连续动力系统,如微分方程模型.

动态模型仅在线性系统等少数情况下才存在初等函数形式的解析解,多数情况只能计算出数值解,但是数值解常常不能对系统的行为提供一个好的定性解释,因此,图形表示和平衡点分析是分析动态模型不可缺少的部分.

所谓平衡点(equilibrium point),又称为临界点(critical point),就是指当系统的状态处于该点时,状态的变化率为零.按照系统在平衡点附近状态的变化趋势,又把平衡点区分成渐近稳定的(asymptotic stable)和非渐近稳定的两类:如果系统在平衡点附近的状态将趋向该平衡点,该平衡点为渐近稳定的(简称为稳定);否则,称为非渐近稳定的(简称为不稳定).平衡点及渐近稳定性能够描述动态模型长期变化之后的结局.

3.1.2　一阶差分方程

差分(difference)是用来刻画数列的变化率的数学概念.

定义数列$\{x_k\}$$(k=0,1,2,\cdots)$的一阶差分为

$$\Delta x_k = x_{k+1} - x_k$$

Δx_k 刻画了数列 $\{x_k\}$ 从第 k 时段到第 $k+1$ 时段在单位时段内的改变量.显然,一阶差分也构成一个数列 $\{\Delta x_k\}$ $(k=0,1,2,\cdots)$.

一阶差分方程就是形如

$$\Delta x_k = f(x_k), \quad k = 0,1,2,\cdots \tag{3.1.1}$$

的方程,其中 f 是与 k 无关的一元函数.(3.1.1)式也就是数列递推关系

$$x_{k+1} = F(x_k), \quad k = 0,1,2,\cdots \tag{3.1.2}$$

其中 $F(x)=x+f(x)$.(3.1.2)式也可以称为一阶差分方程.

满足(3.1.2)式的数列 $\{x_k\}$ 称为一阶差分方程的解.不同的初始值导致不同的解,但给定初始值 x_0 以后,解就是唯一确定的,这是因为差分方程给出了确定的迭代规律.当 F 是线性函数时,可以给出(3.1.2)式的解析解;当 F 是非线性函数时,则通常给不出(3.1.2)式的解析解.

为了求(3.1.2)式的数值解,可以给定初始值 x_0,然后用循环语句实现差分方程所给出的迭代过程,计算出有限步内的数值解,并绘制 x_k 关于 k 的散点图,但是数值解常常不足以给出满意的定性解释.

3.1.3　二阶差分方程

定义数列 $\{x_k\}$ $(k=0,1,2,\cdots)$ 的二阶差分为

$$\Delta^2 x_k = \Delta x_{k+1} - \Delta x_k = x_{k+2} - 2x_{k+1} + x_k$$

$\Delta^2 x_k$ 刻画了一阶差分数列 $\{\Delta x_k\}$ 从第 k 时段到第 $k+1$ 时段在单位时段内的改变量.显然,二阶差分也构成一个数列 $\{\Delta^2 x_k\}$ $(k=0,1,2,\cdots)$.

二阶差分方程就是形如

$$\Delta^2 x_k = f(x_{k+1}, x_k), \quad k = 0,1,2,\cdots \tag{3.1.3}$$

的方程,其中 f 是与 k 无关的二元函数.(3.1.3)式即数列递推关系

$$x_{k+2} = F(x_{k+1}, x_k), \quad k = 0,1,2,\cdots \tag{3.1.4}$$

其中二元函数 $F(x,y)=2x-y+f(x,y)$.(3.1.4)式也可以称为二阶差分方程.

满足(3.1.4)式的数列 $\{x_k\}$ 称为二阶差分方程的解.不同的初始值导致不同的解,但给定初始值 x_0 和 x_1 以后,解就是唯一确定的.研究二阶差分方程的解析解是更加困难的问题.

为了求(3.1.4)式的数值解,可以给定初始值 x_0 和 x_1,然后用循环语句实现差分方程所给出的迭代过程,计算出有限步内的数值解,并绘制 x_k 关于 k 的散点图,但是数值解常常不足以给出满意的定性解释.

3.1.4　平衡点和渐近稳定性

建立差分方程模型研究实际问题时,常常对差分方程的解 $\{x_k\}$ 的极限 $\lim\limits_{k \to +\infty} x_k$

感兴趣,因为它刻画了动态过程长期变化之后的结局. 为此目的,需要学习差分方程的平衡点及渐近稳定性的知识.

对于一阶差分方程(3.1.2),令 $x_{k+1}=x_k=x$,就得到一元代数方程

$$x = F(x) \tag{3.1.5}$$

(3.1.5)式的解 $x=x^*$ 就是(3.1.2)式的平衡点.

事实上,如果当 $k=0$ 时,由(3.1.2)式描述的离散动态过程的初始状态值为 $x_0=x^*$,则有

$$x_1 = F(x_0) = F(x^*) = x^*$$

并且一阶差分

$$\Delta x_0 = x_1 - x_0 = x^* - x^* = 0$$

即解 $\{x_k\}$ 从第 0 时段到第 1 时段在单位时段内的改变量等于 0. 容易进一步证明常数数列

$$x_k \equiv x^*, \quad k = 0,1,2,\cdots$$

是(3.1.2)式的常数解,并且有

$$\Delta x_k \equiv 0, \quad k = 0,1,2,\cdots$$

换句话说,如果离散动态过程(3.1.2)的状态初始值为 $x_0=x^*$,其状态值 x_k 就不再随着离散时刻 k 而改变了.

类似地,对于二阶差分方程(3.1.4),令 $x_{k+2}=x_{k+1}=x_k=x$,就得到一元代数方程

$$x = F(x,x) \tag{3.1.6}$$

(3.1.6)式的解 $x=x^*$ 就是(3.1.4)式的平衡点.

下面给出平衡点渐近稳定性的定义.

如果在使问题有意义的定义域 D 内,存在平衡点 $x=x^*$ 的邻域 U,对于所有的初始值 $x_0 \in U$,虽然 $x_0 \neq x^*$,但是 $\lim\limits_{k \to +\infty} x_k = x^*$,那么就称平衡点 $x=x^*$ 是渐近稳定的(简称为稳定).

对于渐近稳定的平衡点 $x=x^*$,如果邻域 U 只能是 $\mathrm{int}(D)$(D 的全体内点组成的集合)的真子集,称平衡点 $x=x^*$ 是局部渐近稳定的;如果邻域 U 可以是 $\mathrm{int}(D)$,称平衡点 $x=x^*$ 是全局渐近稳定的.

当平衡点是渐近稳定时,该平衡点就是离散动态过程的状态在长期变化之后的结局. 在实际应用时,必须注意局部渐近稳定和全局渐近稳定对实际问题解答的影响.

3.2　一阶线性常系数差分方程及其应用

3.2.1　一阶线性常系数齐次差分方程

一阶线性常系数齐次差分方程形如

$$x_{k+1} = (1+r)x_k, \quad k = 0,1,2,\cdots \tag{3.2.1}$$

其中 r 是常数.

对于离散动态过程的状态数列 $\{x_k\}$，有以下三种常用算法来计算第 k 时段的增长率：

（1）前差公式：

$$\frac{x_{k+1} - x_k}{x_k}$$

（2）中点公式：

$$\frac{x_{k+1} - x_{k-1}}{2x_k}$$

（3）后差公式：

$$\frac{x_k - x_{k-1}}{x_k}$$

其中精确度最高的是中点公式，详见 5.2 节关于数值微分三点公式的注 5.2.2.

当建模时，(3.2.1) 式中的 x_k 是实际对象在第 k 时段的状态值，参数 r 是相邻时段用前差公式计算的增长率，

$$\frac{x_{k+1} - x_k}{x_k} \equiv r, \quad k = 0,1,2,\cdots \tag{3.2.2}$$

由 (3.2.2) 式可见，(3.2.1) 式的模型假设为"用前差公式计算的增长率为常数".

(3.2.1) 式的解为等比数列

$$x_k = x_0(1+r)^k, \quad k = 0,1,2,\cdots \tag{3.2.3}$$

如果 $r \neq 0$，则 (3.2.1) 式有且仅有平衡点 $x=0$. 根据等比数列的性质知 $\lim\limits_{k \to +\infty} x_k = 0$ 当且仅当 $|1+r| < 1$，即平衡点 $x=0$ 是渐近稳定的当且仅当 $-2 < r < 0$. 由于 $x=0$ 是 (3.2.1) 式唯一的平衡点，所以它的渐近稳定性属于全局渐近稳定性.

在以下程序当中，适当选取参数 r 和初始值 x_0 的值，按 (3.2.1) 式迭代计算，绘制图形，直观地说明 (3.2.1) 式的解的长期行为（见图 3.1）：

r=[.09;.09;-.1;-.1;-1.9;-1.9;-2.09;-2.09];%增长率
x=[15;-15;85;-85;85;-85;15;-15];%初始值

```
for n=1:20
    x(:,n+1)=(1+r).*x(:,n);%迭代计算
end
s{1}='单调增趋于正无穷大,r>0,x_0>0';
s{2}='单调减趋于负无穷大,r>0,x_0<0';
s{3}='单调减趋于 0,-1<r<0,x_0>0';
s{4}='单调增趋于 0,-1<r<0,x_0<0';
s{5}='振荡衰减趋于 0,-2<r<-1,x_0>0';
s{6}='振荡衰减趋于 0,-2<r<-1,x_0<0';
s{7}='振荡增长趋于无穷大,r<-2,x_0>0';
s{8}='振荡增长趋于无穷大,r<-2,x_0<0';
for k=1:8
    subplot(4,2,k),plot(0:20,x(k,:),'k.'),grid on
    axis([-1,21,-100,100]),xlabel(s{k})
end
gtext('一阶差分方程 x_{k+1}=(1+r)x_k 的解的长期行为')
```

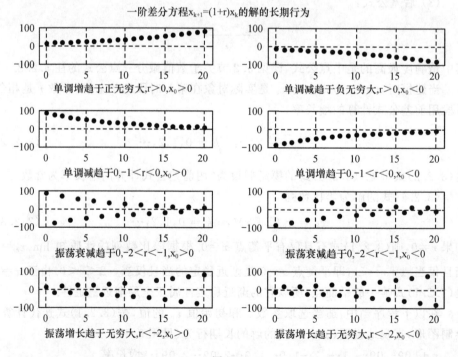

图 3.1

说明 (1) x 的第 i 行对应第 i 种情况,第 j 列对应迭代计算的第 j 步,数组运算使程序简短;

(2) 通过多次实验,挑选合适的 r 和初始值 x,使得绘制的图形符合需要.

(3) s 是 1×8 的元胞数组,每个元胞的内容是长度各异的字符串.

3.2.2 一阶线性常系数非齐次差分方程

一阶线性常系数非齐次差分方程形如

$$x_{k+1} = (1+r)x_k + b, \quad k = 0, 1, 2, \cdots \tag{3.2.4}$$

其中 r 是常数,b 是非零常数.

如果 $r=0$,(3.2.4)式即公差为 b 的等差数列,解为

$$x_k = x_0 + kb, \quad k = 0, 1, 2, \cdots$$

如果 $r \neq 0$,(3.2.4)式的解为

$$x_k = \left(x_0 + \frac{b}{r}\right)(1+r)^k - \frac{b}{r}, \quad k = 0, 1, 2, \cdots \tag{3.2.5}$$

事实上,引入变量替换

$$y_k = x_k + \frac{b}{r}, \quad k = 0, 1, 2, \cdots$$

则

$$y_{k+1} = (1+r)y_k, \quad k = 0, 1, 2, \cdots$$

所以 $\{y_k\}$ 为等比数列

$$y_k = y_0(1+r)^k, \quad k = 0, 1, 2, \cdots$$

因此,可得(3.2.5)式.

如果 $r \neq 0$,(3.2.4)式有且仅有平衡点 $x = -b/r$. 容易证明平衡点 $x = -b/r$ 是渐近稳定的当且仅当 $-2 < r < 0$. 平衡点 $x = -b/r$ 的渐近稳定性也属于全局渐近稳定性.

3.2.3 濒危物种的自然演变和人工孵化

问题 Florida 沙丘鹤属于濒危物种,生态学家估计它在较好的自然环境下,年平均增长率仅为 1.94%,而在中等及较差的自然环境下年平均增长率分别为 -3.24% 和 -3.82%,即它将逐年减少. 假设在某自然保护区内开始时有 100 只沙丘鹤,请建立数学模型,描述其数量变化规律,并作数值计算.

人工孵化是挽救濒危物种的措施之一. 如果每年人工孵化 5 只沙丘鹤放入该保护区,问在三种自然环境下沙丘鹤的数量将如何变化?(参见文献[2]的实验 2.)

解答　首先讨论自然环境下沙丘鹤数量的演变. 记第 k 年沙丘鹤的数量为 x_k, 设自然环境下的年平均增长率为 r (相当于假设年增长率 r 为常数), 则列式得

$$x_{k+1} = (1+r)x_k, \quad k = 0,1,2,\cdots$$

其解为等比数列

$$x_k = x_0(1+r)^k, \quad k = 0,1,2,\cdots$$

在以下的 MATLAB 程序里, 分别取 $r=0.0194, -0.0324$ 和 -0.0382, 取初始值 $x_0=100$, 用循环语句按 (3.2.1) 式迭代计算出 20 年内不同自然环境下沙丘鹤的数量的演变过程, 将结果列表, 并绘图 (见图 3.2):

```
n=20;r=[.0194,-.0324,-.0382];x=[100,100,100];
for k=1:n
    x(k+1,:)=x(k,:).* (1+r);
end
disp('自然条件下(b=0)沙丘鹤数量的演变')%列表
disp('    年  较好  中等  较差')      %每列的项目名称
disp([(0:n)',round(x)])      %舍入为整数,列表
plot(0:n,x(:,1),'k^',0:n,x(:,2),'ko',0:n,x(:,3),'kv')
axis([-1,n+1,0,200])
legend('r=0.0194','r=-0.0324','r=-0.0382',2)
title('自然条件下(b=0)沙丘鹤数量的演变')
xlabel('第 k 年'),ylabel('沙丘鹤数量')
```

命令窗口显示的计算结果为

自然条件下(b=0)沙丘鹤数量的演变

年	较好	中等	较差
0	100	100	100
1	102	97	96
2	104	94	93
3	106	91	89
4	108	88	86
5	110	85	82
6	112	82	79
7	114	79	76
8	117	77	73
9	119	74	70
10	121	72	68
11	124	70	65

12	126	67	63
13	128	65	60
14	131	63	58
15	133	61	56
16	136	59	54
17	139	57	52
18	141	55	50
19	144	53	48
20	147	52	46

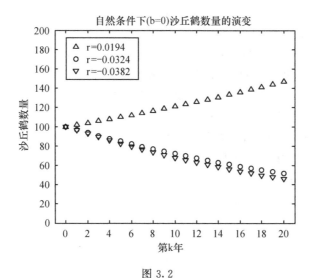

图 3.2

于是得到如下结论：

（1）在中等和较差的自然环境下，由于 $-1 < r < 0$ 且 $x_0 > 0$，所以 x_k 单调衰减趋于 0，即沙丘鹤将濒于灭绝；在 $-1 < r < 0$ 范围内，r 的绝对值越大，x_k 单调衰减得越快；

（2）在较好的自然环境下，由于 $r > 0$ 且 $x_0 > 0$，所以 x_k 单调增趋于无穷大，即沙丘鹤数量将无限增长.

接着，讨论人工孵化下沙丘鹤数量的演变. 在人工孵化条件下，设自然环境下的年平均增长率为 r，并且每年人工孵化的数量为 b 只，则列式得

$$x_{k+1} = (1+r)x_k + b, \quad k = 0, 1, 2, \cdots$$

其解为数列

$$x_k = \left(x_0 + \frac{b}{r}\right)(1+r)^k - \frac{b}{r}, \quad k = 0, 1, 2, \cdots$$

在以下的 MATLAB 程序里，分别取 $r=0.0194, -0.0324$ 和 -0.0382，取 $b=$

5,取初始值 $x_0 = 100$,用循环语句按(3.2.4)式迭代计算出 20 年内在人工孵化条件下、在不同自然环境下的沙丘鹤数量的演变过程,将结果列表,并绘图(见图 3.3):

```
n=20;r=[.0194,-.0324,-.0382];x=[100,100,100];b=5;
for k=1:n
    x(k+1,:)=x(k,:).*(1+r)+b;
end
disp('人工孵化下(b=5)沙丘鹤数量的演变')　%列表
disp('    年  较好  中等  较差')　%每列的项目名称
disp([(0:n)',round(x)])　%舍入为整数,列表
plot(0:n,x(:,1),'k^',0:n,x(:,2),'ko',0:n,x(:,3),'kv')
axis([-1,n+1,90,280])
legend('r=0.0194','r=-0.0324','r=-0.0382',2)
title('人工孵化下(b=5)沙丘鹤数量的演变')
xlabel('第 k 年'),ylabel('沙丘鹤数量')
```

命令窗口显示的计算结果为

人工孵化下(b=5)沙丘鹤数量的演变

年	较好	中等	较差
0	100	100	100
1	107	102	101
2	114	103	102
3	121	105	103
4	129	107	104
5	136	108	105
6	144	110	106
7	152	111	107
8	159	113	108
9	168	114	109
10	176	115	110
11	184	117	111
12	193	118	112
13	202	119	112
14	210	120	113
15	219	121	114
16	229	122	114
17	238	123	115

18	248	124	116
19	258	125	116
20	268	126	117

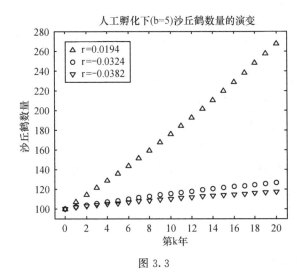

图 3.3

于是得到如下结论:

(1) 在中等和较差的自然环境下,因为$-1<r<0$,经过验算得知 $x_0=100<-b/r$,所以 x_k 单调增趋于 $-b/r$,即沙丘鹤数量将增加并趋于稳定值;

(2) 在较好的自然环境下,因为 $r>0$ 且 $x_0>0>-b/r$,所以 x_k 单调增趋于正无穷大,即沙丘鹤数量将无限增长.

说明 MATLAB 函数 disp 用于在命令窗口显示数组或文本(字符串).

3.2.4 按揭贷款

1. 问题提出

购买商品房,首付至少两成,余款作按揭贷款,如何设计合适的按揭计划.

2. 问题分析

通过在互联网上检索,可以了解到商业银行或公积金管理中心办理个人住房按揭贷款通常有两种分期还本付息方式,一种是等额本息还款法,即贷款期每月以相等的额度平均偿还贷款本息,每月还款计算公式为

$$每月还款额 = 贷款本金×月利率×(1+月利率)^{还款月数}/[(1+月利率)^{还款月数}-1]$$

另一种是等额本金还款法(利随本清法),即每月等额偿还贷款本金,贷款利息随本金逐月递减,每月还款额计算公式为

每月还款额 ＝ 贷款本金 / 贷款期月数 ＋（本金 － 已归还本金累计额）× 月利率

下面分别研究这两种还款法的数学模型和计算公式.

3. 模型一（等额本息还款法）

记贷款年利率为 r，设 r 为已知并保持不变，则月利率为 $r/12$. 记贷款本金总额为 x_0 元（按照有关规定，首付至少两成，即本金总额不能超过商品房总价的 80％），作 n 年按揭，月供（即每月支付本息）b 元，办理按揭之后第 k 月剩余本金为 x_k 元，则根据等额本息还款的算法，

$$每月利息 ＝ 本月剩余本金 \times 贷款月利率$$
$$每月本金 ＝ 本月剩余本金 － 下月剩余本金$$
$$每月月供额 ＝ 每月本金 ＋ 每月利息$$

列式得

$$x_{k+1} = \left(1 + \frac{r}{12}\right)x_k - b, \quad k = 0,1,2,\cdots,12n \tag{3.2.6}$$

作 n 年按揭，即 $x_{12n} = 0$.

由（3.2.6）式解得

$$x_k = \left(x_0 - \frac{12b}{r}\right)\left(1 + \frac{r}{12}\right)^k + \frac{12b}{r}, \quad k = 0,1,2,\cdots,12n$$

由于月利率 $r/12$，月供 b 和本金总额 x_0 必然满足 $x_0 < 12b/r$（见（3.2.9）式）且 $r > 0$，所以 x_k 单调衰减，而且衰减得越来越快，直到 $x_{12n} = 0$ 为止. $x_{12n} = 0$ 即

$$\left(x_0 - \frac{12b}{r}\right)\left(1 + \frac{r}{12}\right)^{12n} + \frac{12b}{r} = 0 \tag{3.2.7}$$

如果已知本金总额 x_0 和月供 b，想知道需要作多少年按揭，则由（3.2.7）式推知

$$n = \left[\ln\left(\frac{12b}{r}\right) - \ln\left(\frac{12b}{r} - x_0\right)\right] \Big/ \left[12\ln\left(1 + \frac{r}{12}\right)\right] \tag{3.2.8}$$

由于 $x_0 < 12b/r$，所以（3.2.8）式的自然对数的真数都大于 0.

如果已知按揭年数 n 和月供 b，想知道本金总额是多少，则由（3.2.7）式推知

$$x_0 = \frac{12b}{r}\left[\left(1 + \frac{r}{12}\right)^{12n} - 1\right] \Big/ \left(1 + \frac{r}{12}\right)^{12n}$$

如果已知本金总额 x_0 和按揭年数 n，想知道月供多少，则由（3.2.7）式推知

$$b = \frac{x_0 r}{12}\left(1 + \frac{r}{12}\right)^{12n} \Big/ \left[\left(1 + \frac{r}{12}\right)^{12n} - 1\right] \tag{3.2.9}$$

（3.2.9）式即前文提到的从互联网检索到的公式. 由（3.2.9）式可知累计还款总

额为

$$12nb = x_0 nr \left(1 + \frac{r}{12}\right)^{12n} \bigg/ \left[\left(1 + \frac{r}{12}\right)^{12n} - 1\right]$$

累计支付利息为

$$12nb - x_0 = x_0 nr \left(1 + \frac{r}{12}\right)^{12n} \bigg/ \left[\left(1 + \frac{r}{12}\right)^{12n} - 1\right] - x_0 \qquad (3.2.10)$$

所以累计支付利息占本金总额的比例为

$$\frac{12nb - x_0}{x_0} = nr \left(1 + \frac{r}{12}\right)^{12n} \bigg/ \left[\left(1 + \frac{r}{12}\right)^{12n} - 1\right] - 1 \qquad (3.2.11)$$

很明显,累计支付利息占本金总额的比例由贷款年利率 r 和按揭年数 n 共同决定.利率越高,或者年数越长,都会导致要付出越多的利息.另外,平均每月支付利息为

$$\frac{12nb - x_0}{12n} = \frac{x_0 r}{12} \left(1 + \frac{r}{12}\right)^{12n} \bigg/ \left[\left(1 + \frac{r}{12}\right)^{12n} - 1\right] - \frac{x_0}{12n}.$$

实践中,一般先根据家庭财产状况和规定的最低首付成数确定本金总额 x_0,再根据月供不超过家庭月均收入三分之一的原则确定大约的月供额 b,然后代入 (3.2.8) 式计算大约的按揭年数 n.最后将确定下来的本金总额 x_0 和按揭年数 n 代入 (3.2.9) 式计算准确的月供额 b.

但是,对于中老年人,一般不应该在退休之后仍未还清贷款,所以要先根据年龄确定按揭年数 n,根据家庭月均收入确定大约的月供额 b,然后代入 (3.2.8) 式计算可以承受的本金总额 x_0,再根据家庭财产状况和规定的最低首付成数来选定合适的购买对象,并制定按揭计划.

4. 模型二(等额本金还款法)

记贷款年利率为 r,设 r 为已知并保持不变,则月利率为 $r/12$.记贷款本金总额为 x_0 元,作 n 年按揭,记办理按揭之后第 k 月还本付息金额为 b_k 元,则根据等额本金还款的算法

每月还本付息金额 = 每月本金 + 每月利息

每月本金 = 本金总额 / 还款月数

每月利息 = (本金总额 − 累计已还本金) × 月利率

列式得

$$b_k = \frac{x_0}{12n} + \left(1 - \frac{k-1}{12n}\right)\frac{x_0 r}{12}, \quad k = 1, 2, \cdots, 12n$$

所以累计还款总额为

$$\sum_{k=1}^{12n} b_k = x_0 + \frac{x_0 r}{12}\left(6n + \frac{1}{2}\right) = x_0\left(1 + \frac{nr}{2} + \frac{r}{24}\right)$$

而累计支付利息为

$$\sum_{k=1}^{12n} b_k - x_0 = \frac{x_0 r}{12}\left(6n + \frac{1}{2}\right) = x_0\left(\frac{nr}{2} + \frac{r}{24}\right) \tag{3.2.12}$$

所以累计支付利息占本金总额的比例为

$$\frac{\sum_{k=1}^{12n} b_k - x_0}{x_0} = \frac{r}{12}\left(6n + \frac{1}{2}\right) = \frac{nr}{2} + \frac{r}{24} \tag{3.2.13}$$

5. 模型比较分析

首先,等额本息还款法的数学模型是关于第 k 月剩余本金 x_k 的一阶线性常系数非齐次差分方程,本质上是等比数列(令 $y_k = x_k - 12b/r$,则$\{y_k\}$是以 $1 + r/12$ 为公比的等比数列);等额本金还款法的数学模型是关于第 k 月还本付息金额 b_k 的等差数列(公差是每月本金乘以月利率的相反数 $-(x_0/12n)(r/12)$).

其次,容易验证等额本金还款法的累计支付利息比等额本息还款法更少.事实上,用无穷小估计法比较(3.2.11)式和(3.2.13)式,因为月利率 $r/12$ 往往小于 1%,而 n 通常不超过 20,所以

$$(1 + r/12)^{12n} \approx e^{nr} \approx 1 + nr$$

因此,(3.2.11)式约等于 nr,大于(3.2.13)式.

最后,分析两种还款法的适用对象.虽然等额本金还款法的累计支付利息更少,但是由于还本付息金额逐月下降,计算麻烦,特别是刚开始还款的阶段,每月要支付数额相当大的还本付息金额,适合财力较为雄厚的人士,却不一定适合月收入稳定的工薪阶层.等额本息还款法的累计支付利息更多一些,但是每月月供额固定不变,容易操作,有利于合理安排每月的开支,适合月收入稳定的工薪阶层.

3.3 二阶线性常系数齐次差分方程及其应用

3.3.1 二阶线性常系数齐次差分方程

二阶线性常系数齐次差分方程的一般形式为

$$x_{k+2} = a x_{k+1} + b x_k, \quad k = 0, 1, 2, \cdots \tag{3.3.1}$$

其中 a 和 b 为常数,$b \neq 0$.为了讨论方便起见,还假设 $a^2 + 4b \neq 0$.

如果等比数列$\{\lambda^k\}$($\lambda \neq 0$)是(3.3.1)式的解,则 λ 必满足一元二次方程

$$\lambda^2 - a\lambda - b = 0 \qquad (3.3.2)$$

(3.3.2)式及其根分别称为(3.3.1)式的特征方程和特征根. 因为 $a^2 + 4b \neq 0$, 所以 (3.3.2)式有两个互异的根(一对实根, 或者一对共轭复根) λ_1 和 λ_2. 又因为 $b \neq 0$, 所以 $\lambda_1 \neq 0$ 且 $\lambda_2 \neq 0$.

于是(3.3.1)式的一般解为

$$x_k = c_1 \lambda_1^k + c_2 \lambda_2^k, \quad k = 0, 1, 2, \cdots$$

其中 c_1 和 c_2 为任意实数. 给定初始值 x_0 和 x_1 以后, 由代数方程组

$$\begin{cases} x_0 = c_1 + c_2 \\ x_1 = c_1 \lambda_1 + c_2 \lambda_2 \end{cases}$$

可以唯一地确定常数 c_1 和 c_2, 使数列 $\{x_k\}$ 是(3.3.1)式在给定初始值 x_0 和 x_1 之后的唯一解.

如果 $a + b \neq 1$, 则(3.3.1)式有且仅有平衡点 $x = 0$. 容易证明当 $|\lambda_1| < 1$ 且 $|\lambda_2| < 1$ 时, 平衡点 $x = 0$ 是渐近稳定的. 平衡点 $x = 0$ 的渐近稳定性也属于全局渐近稳定性.

3.3.2 斐波那契数列

问题 在一年之初把一对一雌一雄新生的兔子放入围栏, 从第二个月开始, 母兔每月生出一对一雌一雄的小兔; 每对新生的兔子也从它们第二个月开始, 每月生出一对一雌一雄的小兔. 求一年后围栏内有多少对兔子?

解答 令 f_n 表示在第 n 个月开始时围栏内的兔子对数, 则 f_n 满足二阶差分方程

$$f_{n+2} = f_{n+1} + f_n \qquad (3.3.3)$$

以及初始条件

$$f_0 = 0, \quad f_1 = 1 \qquad (3.3.4)$$

容易计算出 $f_2 = 1, f_3 = 2, f_4 = 3, f_5 = 5, f_6 = 8, f_7 = 13, f_8 = 21, f_9 = 34, f_{10} = 55,$ $f_{11} = 89, f_{12} = 144, f_{13} = 233, \cdots$. 也就是说, 在第二年年初, 围栏内共有 233 对兔子.

下面求解(3.3.3)式的一般解和满足初始条件(3.3.4)的特解.

(3.3.3)式的特征方程为 $\lambda^2 - \lambda - 1 = 0$, 其特征根为 $\lambda_{1,2} = (1 \pm \sqrt{5})/2$, 因此, (3.3.3)式的一般解为

$$f_n = c_1 \left(\frac{1 + \sqrt{5}}{2} \right)^n + c_2 \left(\frac{1 - \sqrt{5}}{2} \right)^n$$

其中 c_1 和 c_2 是任意常数. 为了满足初始条件(3.3.4), 必须有

$$\begin{cases} c_1 + c_2 = 0 \\ \left(\dfrac{1+\sqrt{5}}{2}\right)c_1 + \left(\dfrac{1-\sqrt{5}}{2}\right)c_2 = 1 \end{cases}$$

解得 $c_{1,2} = \pm 1/\sqrt{5}$，于是(3.3.3)式满足初始条件(3.3.4)的特解为

$$f_n = \frac{1}{\sqrt{5}}\left(\frac{1+\sqrt{5}}{2}\right)^n - \frac{1}{\sqrt{5}}\left(\frac{1-\sqrt{5}}{2}\right)^n$$

因为 $\lambda_1 \approx 1.618 > 1$，$|\lambda_2| \approx 0.618 < 1$，所以 $\lim\limits_{n \to +\infty} f_n = +\infty$，平衡点 0 不稳定.

3.3.3　市场经济中的蛛网模型

1. 问题提出

在市场上常见到这样的现象：一段时期猪肉供过于求，销售不畅致使价格下跌，生产者发现养猪赔钱，转而经营其他农副业；过一段时间，猪肉上市量大减，供不应求，价格上涨，生产者看到有利可图又重操旧业. 这样下一个时期又会重现供过于求，价格下跌. 如果没有外来干预，这种现象将如此循环下去，参见文献[6]的第 7 章.

2. 问题分析

商品在市场上的数量和价格出现反复的振荡是由消费者和生产者的需求-供应关系决定的. 一方面，价格取决于上市量，上市量越多，价格越低；另一方面，下一时期的上市量又取决于上一时期的价格，价格越低，上市量越少.

进一步观察还发现，上市量和价格的振荡有两种完全不同的形式，一种是振幅逐渐减小趋向平衡；另一种是振幅越来越大，如果没有外界干预，将导致经济崩溃.

3. 模型一(蛛网模型)

把时间离散成时段，一个时段相当于一个生产周期. 记商品在第 k 时段的上市量为 x_k，价格为 y_k. 按照经济规律，价格 y_k 取决于上市量 x_k，记作

$$y_k = f(x_k)$$

f 反映消费者的需求关系，称为需求函数. 其函数图像是一条下降曲线，称为需求曲线. 因为上市量越大，价格就越低.

下一时段的上市量 x_{k+1} 由上一时段的价格 y_k 决定，记作 $x_{k+1} = h(y_k)$，或记作

$$y_k = g(x_{k+1})$$

其中 g 是 h 的反函数，反映生产者的供应关系，称为供应函数. 其函数图像是一条上升曲线，称为供应曲线. 因为价格越高，生产量(下一时期的上市量)就越大.

通常根据各个时段的消费品数量和价格的统计资料得到需求曲线 f 和供应

曲线 g. 需求曲线 f 与消费者的需求程度和消费水平有关,当消费者收入增加时,需求曲线 f 将上移;供应曲线 g 取决于生产者的生产能力和经营水平,当生产能力技术水平提高时,供应曲线 g 将右移.

在直角坐标系中画出需求曲线和供应曲线,两条曲线相交于点 $P_0(x_0, y_0)$,称为平衡点.一旦第 k 时段的上市量 $x_k = x_0$,则 $y_k = y_0, x_{k+1} = x_0, y_{k+1} = y_0, \cdots$,即以后的上市量和价格永远保持在平衡点 P_0. 但是实际上,由于种种干扰,使得上市量和价格不可能保持在平衡点 P_0. 不妨设 x_1 偏离 x_0,利用需求曲线和供应曲线分析 x_k 和 y_k 的变化趋势,人们形象地将此模型称为蛛网模型.平衡点 P_0 有渐近稳定或不渐近稳定两种情况,详见图 3.4.

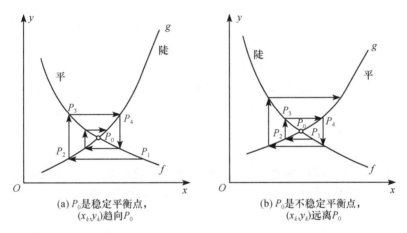

(a) P_0 是稳定平衡点,   (b) P_0 是不稳定平衡点,
(x_k, y_k) 趋向 P_0 (x_k, y_k) 远离 P_0

图 3.4 蛛网模型示意图

由图 3.4 可以找出平衡点稳定的条件.平衡点 P_0 是否稳定由需求曲线 f 和供应曲线 g 在 P_0 附近的形状决定.用 K_f 和 K_g 分别记曲线 f 和 g 在 P_0 的斜率的绝对值,则当 $K_f < K_g$ 时,P_0 稳定;当 $K_f > K_g$ 时,P_0 不稳定.

4. 模型二(差分方程模型)

另外,还可以建立差分方程模型讨论平衡点 P_0 稳定的条件.在 P_0 附近用直线近似表示需求曲线和供应曲线,于是需求函数 f 在 P_0 附近可以用一次函数近似表示为

$$y_k - y_0 = -\alpha(x_k - x_0) \tag{3.3.5}$$

而供应函数 g 在 P_0 附近也可以用一次函数近似表示为

$$x_{k+1} - x_0 = \beta(y_k - y_0) \tag{3.3.6}$$

联立(3.3.5)式与(3.3.6)式,得到差分方程组

$$\begin{cases} x_{k+1} - x_0 = \beta(y_k - y_0) \\ y_k - y_0 = -\alpha(x_k - x_0) \end{cases} \qquad (3.3.7)$$

其中 $\alpha > 0, \beta > 0, k = 1, 2, \cdots$. 从(3.3.7)式中消去 $(y_k - y_0)$ 可得

$$x_{k+1} - x_0 = -\alpha\beta(x_k - x_0) \qquad (3.3.8)$$

(3.3.8)式是一阶线性常系数差分方程. 给定初始值 x_1, (3.3.8)式的解为

$$x_k = x_0 + (-\alpha\beta)^{k-1}(x_1 - x_0) \qquad (3.3.9)$$

将(3.3.9)式代入(3.3.7)式解得

$$y_k = y_0 + (-\alpha)^k \beta^{k-1}(x_1 - x_0) \qquad (3.3.10)$$

(3.3.9)式和(3.3.10)式合起来给出了(3.3.7)式在给定初始值 x_1 之后的解.

在(3.3.7)式中, 令 $x_{k+1} = x_k = x, y_k = y$, 即可求得平衡点. 由于 $\alpha > 0, \beta > 0$, 所以(3.3.7)式有且仅有平衡点 (x_0, y_0), 即蛛网模型的平衡点 P_0.

由于 $\alpha > 0, \beta > 0$, 所以当 $\alpha\beta < 1$ 时, 平衡点 P_0 渐近稳定; 当 $\alpha\beta > 1$ 时, 平衡点 P_0 不稳定. 由于 $K_f = \alpha, K_g = 1/\beta$, 所以差分方程模型的结果与蛛网模型完全一致.

5. 结果解释

α 表示当商品上市量减少一个单位时价格的上涨幅度, 反映消费者需求的敏感程度; β 表示当商品价格上涨一个单位时下一时段的商品上市量增加的幅度, 反映生产者对价格的敏感程度.

当 β 固定时, α 越小, 即需求曲线越平, 表明消费者对需求的敏感程度越小; 当 α 固定时, β 越小, 即供应曲线越陡, 表明生产者对价格的敏感程度越小.

α 或 β 越小, 条件 $\alpha\beta < 1$ 越容易满足, 有利于经济的稳定; α 或 β 越大, 会导致条件 $\alpha\beta > 1$ 成立, 经济不稳定.

基于以上分析, 当经济趋向不稳定时, 政府有如下两种干预办法:

(1) 使 α 尽量小, 极端情况是 $\alpha = 0$, 需求曲线水平, 于是不管供应曲线如何, 即不管 β 有多大, 条件 $\alpha\beta < 1$ 总成立, 经济总是稳定的, 相当于政府控制价格, 命令价格不得改变;

(2) 使 β 尽量小, 极端情况是 $\beta = 0$, 供应曲线竖直, 于是不管需求曲线如何, 即不管 α 有多大, 条件 $\alpha\beta < 1$ 也总成立, 经济总是稳定的, 相当于政府通过收购或调拨, 控制商品上市量.

6. 模型改进

如果生产经营者的管理水平较高, 当决定产量 x_{k+2} 时, 不仅根据价格 y_{k+1}, 而且考虑前一阶段的价格 y_k. 简单地设 x_{k+2} 由 y_{k+1} 与 y_k 的平均值决定, 则建立差分

方程组模型

$$\begin{cases} y_k - y_0 = -\alpha(x_k - x_0) \\ x_{k+2} - x_0 = \beta\left(\dfrac{y_{k+1} + y_k}{2} - y_0\right) \end{cases} \quad (3.3.11)$$

其中 $\alpha > 0, \beta > 0, k = 1, 2, \cdots$. 从(3.3.11)式中消去 y_{k+1} 与 y_k 得

$$2(x_{k+2} - x_0) + \alpha\beta(x_{k+1} - x_0) + \alpha\beta(x_k - x_0) = 0$$

引入变量替换 $z_k = x_{k+1} - x_0$ 得

$$2z_{k+2} + \alpha\beta z_{k+1} + \alpha\beta z_k = 0, \quad k = 0, 1, 2, \cdots$$

其特征方程为

$$2\lambda^2 + \alpha\beta\lambda + \alpha\beta = 0 \quad (3.3.12)$$

特征根为

$$\lambda_{1,2} = \frac{-\alpha\beta \pm \sqrt{(\alpha\beta)^2 - 8\alpha\beta}}{4} \quad (3.3.13)$$

省略(3.3.11)式在给定初始值 x_1 和 x_2 之后的特解的表达式,直接讨论平衡点稳定的条件. 在(3.3.11)式中,令 $x_{k+2} = x_k = x, y_{k+1} = y_k = y$,即可求得平衡点. 由于 $\alpha > 0, \beta > 0$,所以(3.3.11)式有且仅有平衡点 (x_0, y_0),即仍是 P_0.

在(3.3.13)式中,如果 $\alpha\beta < 8$(参数 α 和 β 的实际值一般都满足这个条件),则特征根 $\lambda_{1,2}$ 是一对共轭复数,根据韦达定理和(3.3.12)式有 $\lambda_1\lambda_2 = \alpha\beta/2$,所以

$$|\lambda_{1,2}| = \sqrt{\lambda_1\lambda_2} = \sqrt{\alpha\beta/2}$$

于是平衡点 P_0 渐近稳定当且仅当 $\alpha\beta < 2$. 与之前的稳定条件 $\alpha\beta < 1$ 相比,参数的范围放大了,对经济稳定更有利.

3.3.4 一年生植物的繁殖

1. 问题提出

一年生植物春季发芽,夏季开花,秋季产种,有一部分种子可以活过冬天,其中的一部分能在第二年春季发芽,然后开花、产种,剩下的种子虽然未发芽,但如果又能活过第二年冬天,则其中的一部分还能在第三年春季发芽,然后开花、产种,如此继续. 一年生植物只能活一年,假设种子最多能活过两个冬天,建立数学模型研究该植物的数量变化规律,以及它能一直繁殖下去的条件(参见文献[2]的实验2).

2. 模型假设

先引入以下符号:

x_k～该一年生植物在第 k 年的数量;

c～每棵植物秋季产种的平均数, $c>0$;

a_1～一岁的种子能在春季发芽的比例, $0<a_1<1$;

a_2～两岁的种子能在春季发芽的比例, $0<a_2<1$;

b_0～零岁的种子能活过冬天的比例, $0<b_0<1$;

b_1～一岁的种子能活过冬天的比例, $0<b_1<1$;

b～种子能活过一个冬天的比例, $0<b<1$.

以下是模型假设:

(1) 假设 $a_1>a_2$;

(2) 假设 $b_0=b_1=b$;

(3) 假设 a_1,a_2,b 和 c 均为常数.

3. 模型建立和求解

根据模型假设,列式得

$$x_1 = a_1 bc x_0 \tag{3.3.14}$$

$$x_k = a_1 bc x_{k-1} + a_2 b(1-a_1)bc x_{k-2}, \quad k=2,3,\cdots \tag{3.3.15}$$

令

$$p = a_1 bc \tag{3.3.16}$$

$$q = a_2(1-a_1)b^2 c \tag{3.3.17}$$

则 $p>0,q>0$ 均为常数,并且(3.3.14)式和(3.3.15)式可以改写为

$$x_1 = px_0 \tag{3.3.18}$$

$$x_k = px_{k-1} + qx_{k-2}, \quad k=2,3,\cdots \tag{3.3.19}$$

(3.3.18)式给出初始值 x_0 和 x_1 之间满足的递推关系.

(3.3.19)式为二阶线性常系数齐次差分方程,特征方程为

$$\lambda^2 - p\lambda - q = 0$$

特征根为

$$\lambda_{1,2} = (p \pm \Delta)/2$$

其中

$$\Delta = \sqrt{p^2 + 4q} \tag{3.3.20}$$

因为 $p>0,q>0$,所以 $\lambda_1 > -\lambda_2 > 0$.

在给定初始值 x_0,并由(3.3.18)式确定 x_1 之后,可以求得(3.3.19)式的解为

$$x_k = \frac{x_0}{\Delta}(\lambda_1^{k+1} - \lambda_2^{k+1}), \quad k=0,1,2,\cdots \tag{3.3.21}$$

为了找到一年生植物能一直繁殖下去的条件,由(3.3.21)式考察极限 $\lim\limits_{k \to +\infty} x_k$. 因为 $x_0 > 0, \Delta > 0, \lambda_1 > -\lambda_2 > 0$,所以

(1) $\lim\limits_{k \to +\infty} x_k = 0$ 当且仅当 $\lambda_1 < 1$,即 $\Delta + p < 2$;

(2) $\lim\limits_{k \to +\infty} x_k = \dfrac{x_0}{\Delta}$ 当且仅当 $\lambda_1 = 1$,即 $\Delta + p = 2$;

(3) $\lim\limits_{k \to +\infty} x_k = +\infty$ 当且仅当 $\lambda_1 > 1$,即 $\Delta + p > 2$.

可见一年生植物能一直繁殖下去的充分必要条件是

$$\Delta + p \geqslant 2 \tag{3.3.22}$$

把(3.3.16)式、(3.3.17)式和(3.3.20)式代入(3.3.22)式得

$$\{\sqrt{a_1^2 c^2 + 4a_2(1-a_1)c} + a_1 c\}b \geqslant 2 \tag{3.3.23}$$

(3.3.23)式启发我们,为了简便起见,可以设 a_1, a_2 和 c 固定,而 b 可在 $(0,1)$ 范围内变化. 记

$$b^* = \frac{2}{\sqrt{a_1^2 c^2 + 4a_2(1-a_1)c} + a_1 c} \tag{3.3.24}$$

则一年生植物能一直繁殖下去的充分必要条件是 $b^* \leqslant b < 1$.

4. 数值实验

取 $a_1 = 0.5, a_2 = 0.25, c = 10$,由(3.3.24)式计算临界值 b^*,然后取 $x_0 = 100$,分别在 $b > b^*$,$b = b^*$ 和 $b < b^*$ 三种不同情况下(使 b 与 b^* 之间只有微小的误差),用循环语句计算一年生植物的数量在 20 年内的演变过程,将结果列表,并绘图(见图 3.5).

MATLAB 程序如下:

```
a1=0.5;a2=0.25;c=10;
bs=2/(sqrt((a1.*c).^2+4.*a2.*(1-a1).*c)+a1.*c)%临界值
b=bs+bs.*[.01,0,-.01]
p=a1.*c.*b;q=a2.*(1-a1).*c.*b.^2;
x=[100,100,100];x(2,:)=p.*x(1,:);n=20;
for k=2:n
    x(k+1,:)=p.*x(k,:)+q.*x(k-1,:);
end
disp('在 b>b* ,b=b* ,b<b* 三种情况下一年生植物数量的演变')
disp('    年   b>b* b= b* b<b*')       %每列的项目名称
disp([(0:n)',round(x)])       %计算结果舍入为整数,列表
```

```
plot(0:n,x(:,1),'k^',0:n,x(:,2),'ko',0:n,x(:,3),'kv')
axis([-1,n+1,0,200])
legend('b>b*','b=b*','b<b*',2)
title('一年生植物数量的演变')
xlabel('第 k 年'),ylabel('一年生植物的数量')
```

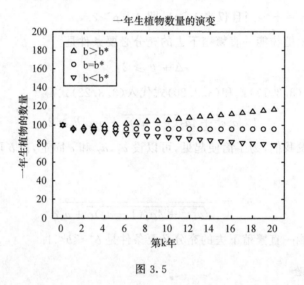

图 3.5

命令窗口显示的计算结果为

bs=

    0.19089

b=

    0.1928   0.19089   0.18898

在 b>b*,b=b*,b<b* 三种情况下一年生植物数量的演变

年	b>b*	b=b*	b<b*
0	100	100	100
1	96	95	94
2	98	96	94
3	99	96	93
4	100	96	92
5	101	96	91
6	102	96	90
7	103	96	89
8	104	96	88

9	105	96	87
10	106	96	86
11	107	96	86
12	108	96	85
13	109	96	84
14	110	96	83
15	111	96	82
16	112	96	81
17	113	96	81
18	114	96	80
19	116	96	79
20	117	96	78

结果分析：

(1) 当 $b > b^*$ 时，$\lim\limits_{k \to +\infty} x_k = +\infty$，即一年生植物数量将无限增长；

(2) 当 $b = b^*$ 时，$\lim\limits_{k \to +\infty} x_k = \dfrac{x_0}{\Delta}$，即一年生植物数量将趋于稳定值；

(3) 当 $b < b^*$ 时，$\lim\limits_{k \to +\infty} x_k = 0$，即一年生植物将濒于灭绝.

3.4　离散阻滞增长模型及其应用

阻滞增长模型又称为逻辑斯谛（logistic）模型，由比利时生物数学家 P. F. Verhulst(1804—1849)在 1838 年提出. 许多表面上不相同的事物根据其内在机理作出合理的简化假设之后都能构建出阻滞增长模型，因此，它被广泛地应用于数学、生物学、经济学、管理学等众多领域，是最常用的数学模型之一，而且在其基础上又发展出很多其他的数学模型，所以其重要性不言而喻. 阻滞增长模型有连续和离散两种形式，本节介绍离散阻滞增长模型的性质和应用，而连续形式的阻滞增长模型的性质与应用留待第 4 章再详细介绍.

3.4.1　离散阻滞增长模型

离散形式的阻滞增长模型就是一阶非线性差分方程

$$\Delta x_k = r x_k \left(1 - \frac{x_k}{N}\right), \quad k = 0, 1, 2, \cdots \tag{3.4.1}$$

即

$$x_{k+1} = x_k + r x_k \left(1 - \frac{x_k}{N}\right), \quad k = 0, 1, 2, \cdots \tag{3.4.2}$$

在 3.2 节,曾经学习过一阶线性常系数齐次差分方程模型. 当研究种群数量演变时,记 x_k 为种群在第 k 时段的数量,如果假设用前差公式计算的增长率为常数 r,即假设(3.2.2)式:

$$\frac{x_{k+1} - x_k}{x_k} \equiv r, \quad k = 0, 1, 2, \cdots$$

则建立一阶线性常系数齐次差分方程模型(3.2.1):

$$x_{k+1} = (1 + r)x_k, \quad k = 0, 1, 2, \cdots$$

模型(3.2.1)的解为等比数列,即(3.2.3):

$$x_k = x_0(1 + r)^k, \quad k = 0, 1, 2, \cdots$$

如果 $r > 0$,按照模型(3.2.1)就得出结论:种群数量将随时间单调增长,增长越来越快,趋于无穷大. 也可以这样说,种群数量将按指数规律随时间无限增长(等比数列本质上就是指数函数).

但是由于受有限的资源环境的制约,种群数量不可能无限增长,种群数量的增长率也不可能一直保持不变,而是会随着种群数量的增加而逐渐减小. 人们把有限的资源环境对种群数量增长的制约作用称为"阻滞作用".

假设由于受有限的资源环境的制约,用前差公式计算的增长率随着种群数量的增加而线性递减,即假设

$$\frac{x_{k+1} - x_k}{x_k} = r\left(1 - \frac{x_k}{N}\right), \quad k = 0, 1, 2, \cdots \tag{3.4.3}$$

模型假设(3.4.3)即是离散阻滞增长模型(3.4.2).

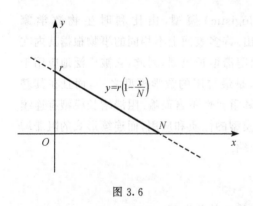

图 3.6

下面解释离散阻滞增长模型的参数 r 和 N 的意义. 分别记 x 和 y 是同一时段的种群数量和用前差公式计算的增长率,则在直角坐标平面内,直线方程

$$y = r(1 - x/N) \tag{3.4.4}$$

的纵截距为 r,横截距为 N(见图 3.6).

参数 r 称为"固有增长率". 既然 r 是直线方程(3.4.4)的纵截距,所以 r 在理论上是当种群数量 $x = 0$ 时的增长率. 实际上,r 是当种群数量 x 很小时的增长率.

参数 N 称为"最大容量". 既然 N 是直线方程(3.4.4)的横截距,所以 N 在理论上是当增长率 $y = 0$ 时的种群数量. 实际上,N 是有限的资源和环境所能容纳的种群的最大数量. 随着种群数量 x 的增加,有限的资源和环境对种群数量增长的阻滞作用越来越显著. 按照模型假设(3.4.3)以及直线方程(3.4.4),当种群数量

$x=N$ 时,就有增长率 $y=0$,种群停止增长;当种群数量 $x>N$ 时,就有增长率 $y<0$,种群数量将会减少.

在离散阻滞增长模型(3.4.2)中,等号右边的因子 rx_k 体现了种群数量按指数规律的自然增长(当 $r>0$ 时,自然增长也称为固有增长)或自然衰减(当 $-1<r<0$ 时,自然衰减也称为固有衰减);而因子 $(1-x_k/N)$ 则体现了有限的资源和环境对种群增长的阻滞作用,称为"阻滞作用因子".随着种群数量 x_k 的增加,阻滞作用因子越来越小,趋向于零.

离散阻滞增长模型还有如下其他的等价形式:
$$x_{k+1} = x_k + px_k(N-x_k), \quad k=0,1,2,\cdots$$
$$x_{k+1} = x_k + rx_k - px_k^2, \quad k=0,1,2,\cdots$$
其中参数 r 和 N 的意义同前,至于 p,容易看出 $p=r/N$.

下面讨论离散阻滞增长模型(3.4.2)的平衡点及稳定性.在(3.4.2)式中,令 $x_{k+1}=x_k=x$,则得到代数方程
$$rx(1-x/N) = 0 \tag{3.4.5}$$
从(3.4.5)式解得 $x=0$ 或 $x=N$,它们是(3.4.2)式的两个平衡点.不加证明地引用以下定理(参见文献[6]的第7章),说明了这两个平衡点的渐近稳定性的条件:

定理 3.4.1 离散阻滞增长模型(3.4.2)的平衡点 $x=0$ 是局部渐近稳定的当且仅当 $-2<r<0$,另一个平衡点 $x=N$ 是局部渐近稳定的当且仅当 $0<r<2$.

注 3.4.1 一般情况下,实际问题满足条件 $0<r<2$.

离散阻滞增长模型(3.4.2)难以写出解析解的表达式,可以按其给出的数列递推关系迭代计算出数值解.当 $r>0$ 且初始值 $x_0\in(0,N)$ 时,随着 r 的增大,(3.4.2)式的解会出现复杂的数学现象——单调收敛、振荡收敛、倍周期分岔和混沌(见图3.7).

绘制图3.7的MATLAB程序如下:

```
N=1;                        %最大容量
r=[.1;1.9;2.3;2.5;2.7;2.7]; %固有增长率
x=[.1;.1;.1;.1;.1;.10001];  %初始值
for k=1:100
    x(:,k+1)=x(:,k)+r.*x(:,k).*(1-x(:,k)./N);    %迭代计算
end
s{1}='0<r<1,x_k 单调收敛';
s{2}='1<r<2,x_k 振荡收敛';
s{3}='2<r<2.449,x_k 呈 2 周期轨道';
s{4}='2.449<r<2.544,x_k 呈 4 周期轨道';
s{5}='r>2.57,混沌(r=2.7,x_1=0.1)';
```

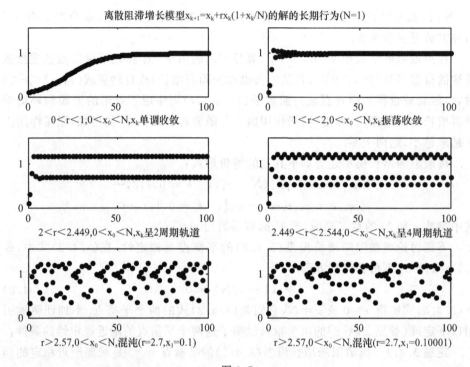

离散阻滞增长模型$x_{k+1}=x_k+rx_k(1+x_k/N)$的解的长期行为(N=1)

$0<r<1,0<x_0<N,x_k$单调收敛　　　　　　$1<r<2,0<x_0<N,x_k$振荡收敛

$2<r<2.449,0<x_0<N,x_k$呈2周期轨道　　$2.449<r<2.544,0<x_0<N,x_k$呈4周期轨道

$r>2.57,0<x_0<N,$混沌$(r=2.7,x_1=0.1)$　　$r>2.57,0<x_0<N,$混沌$(r=2.7,x_1=0.10001)$

图 3.7

```
s{6}='r>2.57,混沌(r=2.7,x_1=0.10001)';
for k=1:6
    subplot(3,2,k),plot(0:100,x(k,:),'k.')
    axis([0,100,0,1.6]),xlabel(s{k})
end
gtext('离散阻滞增长模型 x_{k+1}=x_k+rx_k(1+x_k/N)...
    的解的长期行为(N= 1)')
```

在数学建模实践中,一般会遇到$0<r<1$且$x_0\in(0,N)$的情况,这时,(3.4.2)式的解x_k关于k的散点沿 S 型曲线分布,x_k随着k单调增加,$\lim\limits_{k\to+\infty}x_k=N$.另外,根据(3.4.1)式,一阶差分$\Delta x_k$是$x_k$的二次函数,有随着$k$或$x_k$的增加而逐渐增大,然后逐渐减小的变化过程.

3.4.2　酵母培养物的增长

1. 问题提出

表 3.1 的数据是从测量酵母培养物增长的实验收集而来的,请建立数学模型,

模拟酵母培养物的增长过程.(参见文献[7]的第1章.)

表 3.1 酵母培养物增长的实验数据

时刻/小时	0	1	2	3	4	5	6	7	8	9
生物量/克	9.6	18.3	29.0	47.2	71.1	119.1	174.6	257.3	350.7	441.0

时刻/小时	10	11	12	13	14	15	16	17	18
生物量/克	513.3	559.7	594.8	629.4	640.8	651.1	655.9	659.6	661.8

2. 问题分析

记表 3.1 中的第 k 小时的酵母生物量为 x_k 克($k=0,1,\cdots,18$).为了构建数学模型,首先绘制 x_k 关于 k 的散点图(见图 3.8).

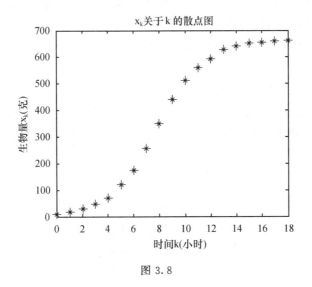

图 3.8

观察 x_k 关于 k 的散点图,可以发现 x_k 关于 k 的散点沿 S 型曲线分布,x_k 随着 k 单调增加,x_k 可能趋于稳定值,即 $\lim\limits_{k\to+\infty} x_k$ 可能存在.

S 型曲线说明一阶差分 $\Delta x_k = x_{k+1} - x_k (k=0,1,\cdots,17)$ 有随着 k 或 x_k 的增加而逐渐增大,然后逐渐减小的变化过程.计算 Δx_k 并填入表 3.2 的第 3 列,由计算结果可以发现 Δx_k 确实随着 k 或 x_k 的增加而先递增、然后递减.

表 3.2 生物量、差分及增长率

k	x_k	Δx_k	r_k	k	x_k	Δx_k	r_k
0	9.6	8.7	0.90625	2	29	18.2	0.62759
1	18.3	10.7	0.5847	3	47.2	23.9	0.50636

续表

k	x_k	Δx_k	r_k	k	x_k	Δx_k	r_k
4	71.1	48	0.67511	12	594.8	34.6	0.058171
5	119.1	55.5	0.46599	13	629.4	11.4	0.018112
6	174.6	82.7	0.47365	14	640.8	10.3	0.016074
7	257.3	93.4	0.363	15	651.1	4.8	0.0073721
8	350.7	90.3	0.25749	16	655.9	3.7	0.0056411
9	441	72.3	0.16395	17	659.6	2.2	0.0033354
10	513.3	46.4	0.090395	18	661.8	/	/
11	559.7	35.1	0.062712				

　　然后绘制 Δx_k 关于 k 的散点图(见图 3.9(1))以及 Δx_k 关于 x_k 的散点图(见图 3.9(2)),希望可以由图形发现 Δx_k 关于 k 或 x_k 的近似而简单的函数关系.观察 Δx_k 关于 k 的散点图,难以发现 Δx_k 关于 k 的近似而简单的函数关系.观察 Δx_k 关于 x_k 的散点图,发现 Δx_k 关于 x_k 的近似二次函数关系

$$\Delta x_k = -a_1 x_k^2 + a_2 x_k \qquad (3.4.6)$$

其中 $a_1 > 0, a_2 > 0$,即二次函数的图像为开口向下、经过原点的抛物线(按照问题的实际意义,当 $x_k = 0$ 时,理应有 $\Delta x_k = 0$).将数据拟合得到的二次函数具体表达式的图像也绘制在图 3.9(2)内.(3.4.6)式实质就是离散阻滞增长模型.

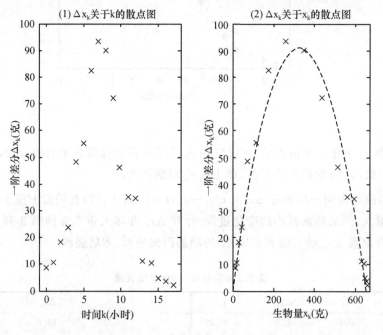

图 3.9

前面考虑的一阶差分 Δx_k 是酵母生物量在单位时段内的改变量,即生物量的变化率,或者说,是生物量增加的速度.下面转而考虑酵母生物量在单位时段内的相对改变量,即生物量的增长率,更详细地考察离散阻滞增长模型的模型假设.

用前差公式计算生物量的增长率

$$r_k = \frac{x_{k+1} - x_k}{x_k}, \quad k = 0, 1, \cdots, 17 \tag{3.4.7}$$

并将计算结果填入表 3.2 的第 4 列,可以发现 r_k 大致上是随着 k 或 x_k 的增加而递减的.

然后绘制 r_k 关于 k 的散点图(见图 3.10(1))以及 r_k 关于 x_k 的散点图(见图 3.10(2)),希望可以由图形发现 r_k 关于 k 或 x_k 的近似而简单的函数关系.观察 r_k 关于 k 的散点图,难以发现 r_k 关于 k 的近似而简单的函数关系.观察 r_k 关于 x_k 的散点图,发现 r_k 关于 x_k 近似线性递减关系(截距式,其中 $r>0, N>0$)

$$r_k = r(1 - x_k/N) \tag{3.4.8}$$

将数据拟合得到的一次函数具体表达式的图像也绘制在图 3.10(2)内.将(3.4.7)式代入(3.4.8)式,就建立了离散阻滞增长模型(3.4.2).

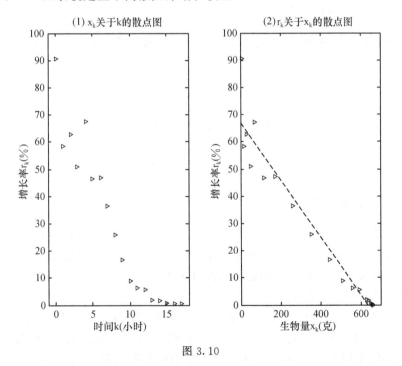

图 3.10

说明 在以上分析过程中,不应该仅仅为计算而计算、为绘图而绘图,而是需要进行机理分析.要思考,是什么因素造成增长率的递减?用数学语言描述就是:

如果 r_k 是递减函数,那么哪一个(些)量是它的自变量呢?

酵母培养的实验是在培养皿内放入酵母和培养基(营养物质),酵母在繁殖增长的过程中要消耗营养,所以培养基会随着酵母生物量的增加而减少,培养基的减少就会减慢酵母的增长,即造成增长率的递减.因此得出结论:在营养有限的环境下,生物量 x_k 的增加造成增长率 r_k 的递减,如果 r_k 是递减函数,那么 x_k 就是自变量,即 $r_k = f(x_k)$.至于函数 f 的具体形式,可以根据实验结果合理地简化假设为线性递减函数.据此模型假设即可建立描述酵母培养物增长的离散阻滞增长模型.

3. 符号说明

k～时刻(小时);

x_k～酵母培养物在第 k 小时的生物量(克);

r_k～用前差公式计算的生物量在第 k 小时的增长率;

r～生物量的固有增长率;

N～生物量的最大容量.

4. 模型假设和模型建立

在营养有限的环境下,假设用前差公式计算的增长率 r_k 随着生物量 x_k 的增加而线性递减,即

$$r_k = \frac{x_{k+1} - x_k}{x_k} = r\left(1 - \frac{x_k}{N}\right), \quad k = 0, 1, 2, \cdots \tag{3.4.9}$$

根据模型假设(3.4.9),即可建立离散阻滞增长模型

$$x_{k+1} = x_k + r x_k \left(1 - \frac{x_k}{N}\right), \quad k = 0, 1, 2, \cdots \tag{3.4.2}$$

5. 模型求解和模型检验

用循环语句按照离散阻滞增长模型(3.4.2)进行迭代计算,就可以算得(3.4.2)式的数值解,但是需要预先知道参数 r 和 N 以及初始值 x_0 的值.怎样得到参数 r 和 N 的估计值?怎样选取初始值 x_0?

下面讨论两种计算方法.

方法一　首先,根据表 3.2 中的 r_k 和 x_k 的数据多项式拟合出(3.4.9)式的参数 r 和 N(拟合效果图如图 3.10(1)所示);然后根据生物量的观测数据直接取 $x_0 = 9.6$,用循环语句按照(3.4.2)式进行迭代计算,算出第 $0 \sim 18$ 小时酵母生物量的模拟值,并计算误差平方和,绘制模拟效果图(见图 3.11(1))和模拟误差图(见图 3.11(2)).

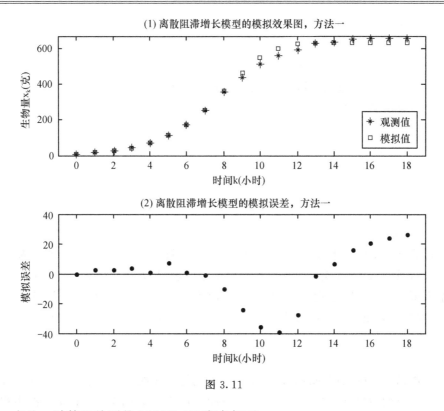

图 3.11

方法一计算和绘图的 MATLAB 脚本如下：

```
t=0:18;
x=[9.6,18.3,29.0,47.2,71.1,119.1,174.6,257.3,350.7,441.0,...
   513.3,559.7,594.8,629.4,640.8,651.1,655.9,659.6,661.8];
r=(x(2:19)-x(1:18))./x(1:18);
a1=polyfit(x(1:18),r,1);
r1=a1(2),N1=-a1(2)/a1(1)
x1=x(1);
for k=1:18
    x1(k+1)=x1(k)+r1 * x1(k) * (1-x1(k)/N1);
end
resd1=x-x1;sse1=sum(resd1.^2)
subplot(2,1,1),plot(t,x,'k * ',t,x1,'ks')
axis([-1,19,0,670]),legend('观测值','模拟值',4)
xlabel('时间 k(小时)'),ylabel('生物量 x_k(克)')
title('(1)离散阻滞增长模型的模拟效果图,方法一')
```

```
subplot(2,1,2),plot(t,resd1,'k.',[-1,19],[0,0],'k')
axis([-1,19,-40,40])
xlabel('时间 k(小时)'),ylabel('模拟误差')
title('(2)离散阻滞增长模型的模拟误差,方法一')
```

命令窗口显示的计算结果为

```
r1=
    0.66935
N1=
    635.71
sse1=
    6293.2
```

计算结果即固有增长率 $r=0.66935$,最大容量 $N=635.71$,误差平方和等于 6293.2.计算结果以及模拟效果图和模拟误差图表明,方法一能够用离散阻滞增长模型模拟酵母培养物生物量的变化趋势,前半段的误差很小,但后半段的误差很大,误差平方和很大.另外,最大容量 N 的估计值偏低.总之,方法一的模拟效果不够令人满意.

方法二　可以利用 MATLAB 统计工具箱的非线性拟合函数 nlinfit 计算参数 r 和 N 以及初始值 x_0 的值,使得误差平方和达到最小值.困难在于待拟合的函数模型不是熟悉的初等函数,而是数列递推关系,但是非线性拟合函数 nlinfit 仍然胜任.

方法二计算和绘图的 MATLAB 程序如下:

函数 M 文件 fun3_4_2. m:

```
%3.4.2 非线性拟合酵母生物量离散阻滞增长的函数
%b(1)=r,b(2)=N,b(3)=x_0
function y=fun3_4_2(b,x)
y=zeros(size(x));
y(1)=b(3);
for k=2:length(x)
    y(k)=y(k-1)+b(1).* y(k-1).* (1-y(k-1)./b(2));
end
```

脚本:

```
t=0:18;
x=[9.6,18.3,29.0,47.2,71.1,119.1,174.6,257.3,350.7,441.0,...
   513.3,559.7,594.8,629.4,640.8,651.1,655.9,659.6,661.8];
[a2,resd2]=nlinfit(t,x,@ fun3_4_2,[0.5,660,9.6])
```

```
sse2=sum(resd2.^2)
subplot(2,1,1)
plot(t,x,'k*',t,fun3_4_2(a2,t),'ks')
axis([-1,19,0,670])
legend('观测值','模拟值',4)
xlabel('时间 k(小时)'),ylabel('生物量 x_k(克)')
title((1)'离散阻滞增长模型的模拟效果图,方法二')
subplot(2,1,2)
plot(t,resd2,'k.',[-1,19],[0,0],'k')
axis([-1,19,-40,40])
xlabel('时间 k(小时)'),ylabel('模拟误差')
title((2)'离散阻滞增长模型的模拟误差,方法二')
```

命令窗口显示的计算结果为

```
a2=
    0.56037      652.46       15
resd2=
  Columns 1 through 5
    -5.3997     -4.9118     -6.7562     -7.4948     -11.675
  Columns 6 through 10
    -4.1746     -4.7021      5.1341      11.841      10.873
  Columns 11 through 15
     1.0384     -14.244     -17.849     -4.1982     -3.064
  Columns 16 through 19
     2.4807      5.1393      7.8876      9.6673
sse2=
    1353.5
```

计算结果即固有增长率 $r=0.56037$,最大容量 $N=652.46$,初始值 $x_0=15$,误差平方和等于 1353.5.计算结果以及模拟效果图和模拟误差图(见图 3.12)表明,方法二能够更好地用离散阻滞增长模型模拟酵母培养物生物量的变化趋势,误差平方和比方法一明显下降.另外,最大容量 N 的估计值也比方法一更合理.总之,方法二的模拟效果比较令人满意.今后计算差分方程的数据拟合问题,一般都采用这种非线性拟合方法.

注 3.4.2 方法一和方法二的误差都存在共同的现象——分布不够随机,连续多个误差都取相同的符号,这在时间序列分析中称为误差的正相关性,有关概念和处理方法请参见文献[9].

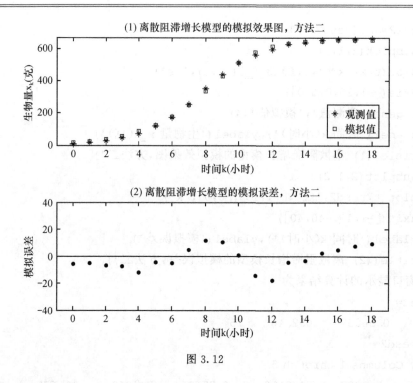

(1) 离散阻滞增长模型的模拟效果图，方法二

(2) 离散阻滞增长模型的模拟误差，方法二

图 3.12

3.4.3　人口预报

1. 问题提出

建立人口增长模型，根据表 3.3 的数据预报 2010 年和 2020 年的美国人口，并进行模型检验.

年份	1790	1800	1810	1820	1830	1840	1850	1860	1870	1880	1890
人口	3.9	5.3	7.2	9.6	12.9	17.1	23.2	31.4	38.6	50.2	62.9
年份	1900	1910	1920	1930	1940	1950	1960	1970	1980	1990	2000
人口	76.0	92.0	106.5	123.2	131.7	150.7	179.3	204.0	226.5	251.4	281.4

表 3.3　美国人口统计数据　　　　　　　　　（单位：百万）

2. 问题分析

从 1790 至 2020 年，每隔 10 年的美国人口数量分别记为 $x_k (k=1,2,\cdots,24)$（百万），其中 $x_1,x_2,\cdots,x_{22}$ 为已知的统计数据，x_{23} 和 x_{24} 待预测.

首先，绘制人口数量 x_k 随年份变化的散点图（见图 3.13(1)），然后计算美国人口每隔 10 年的增长量 $\Delta x_k = x_{k+1} - x_k (k=1,2,\cdots,21)$，绘制 10 年增长量 Δx_k 随人口数量 x_k 变化的散点图（见图 3.13(2)）.结果表明

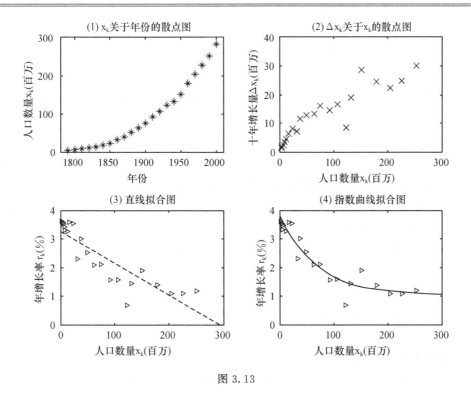

图 3.13

(1) 从 1790 年至 1850 年, 这 10 年增长量增加得比较快;

(2) 1860 年以后 10 年增长量的增加有所放缓;

(3) 因为 1930 年至 1940 年经历经济大萧条和第二次世界大战爆发, 所以 Δx_{15} 较小;

(4) 从 1950 年至 2000 年, 这 10 年增长量保持在两千万到三千万之间.

接着, 用前差公式

$$r_k = \frac{x_{k+1} - x_k}{10 x_k}, \quad k = 1, 2, \cdots, 21 \tag{3.4.10}$$

计算美国人口的年增长率, 绘制年增长率 r_k 随人口数量 x_k 变化的散点图 (见图 3.13(3) 和图 3.13(4)).

根据 r_k 关于 x_k 的散点图, 提出如下 r_k 关于 x_k 的近似函数关系的两种假设:

(1) 线性递减函数 $r_k = r(1 - x_k/N)$;

(2) 指数衰减函数 $r_k = a_1 e^{-a_2 x_k} + a_3$.

将 r_k 关于 x_k 的拟合直线和拟合指数曲线分别添加到图 3.13(3) 和图 3.13(4).

3. 模型一

在资源和环境有限的条件下, 假设用前差公式计算的年增长率 r_k 随着人口数

量 x_k 的增加而线性递减,即

$$r_k = \frac{x_{k+1} - x_k}{10x_k} = r\left(1 - \frac{x_k}{N}\right), \quad k = 1, 2, \cdots \tag{3.4.11}$$

其中 r 为固有增长率,N 为最大容量. 模型假设(3.4.11)即离散阻滞增长模型

$$x_{k+1} = x_k + 10rx_k\left(1 - \frac{x_k}{N}\right), \quad k = 1, 2, \cdots \tag{3.4.12}$$

利用 MATLAB 统计工具箱的非线性拟合函数 nlinfit 计算(3.4.12)式的参数 r 和 N 以及初始值 x_1 的值,使得误差平方和达到最小值.

模型一计算和绘图的 MATLAB 程序如下:

函数 M 文件 fun3_4_3_1. m:

```
%3. 4. 3 非线性拟合美国人口离散阻滞增长的函数
%b(1)=r,b(2)=N,b(3)=x_0
function y=fun3_4_3_1(b,x)
y=zeros(size(x));
y(1)=b(3);
for k=2:length(x)
    y(k)=y(k-1)+10.*b(1).*y(k-1).*(1-y(k-1)./b(2));
end
```

脚本:

```
t=1790:10:2000;
x=[3.9,5.3,7.2,9.6,12.9,17.1,23.2,31.4,38.6,50.2,62.9,76.0,...
    92.0,106.5,123.2,131.7,150.7,179.3,204.0,226.5,251.4,281.4];
[b1,resd1]=nlinfit(t,x,@ fun3_4_3_1,[0.03,400,3.9])
sse1=sum(resd1.^2)
x1=fun3_4_3_1(b1,[t,2010,2020])
(x1(23:24)- x1(22:23))./x1(22:23)./10.* 100
subplot(2,1,1)
plot(t,x,'k * ',...
    t,x1(1:end- 2),'ks',...
    [2010,2020],x1(end-1:end),'kp')
axis([1780,2030,0,350])
legend('统计值','模拟值','预测值',2)
xlabel('年份')
ylabel('人口数量 x_k(百万)')
```

```
title('非线性拟合美国人口离散阻滞增长的效果图')
subplot(2,1,2)
plot(t,resd1,'k.',[1780,2030],[0,0],'k')
axis([1780,2030,-10,10])
xlabel('年份'),ylabel('模拟误差')
title('非线性拟合美国人口离散阻滞增长的模拟误差图')
```

命令窗口显示的计算结果为

```
b1=
    0.023372      413.2       7.9998
resd1=
  Columns 1 through 5
    -4.0998     -4.5333     -4.8768     -5.2169     -5.2558
  Columns 6 through 10
    -5.1127     -3.9253     -1.6488     -1.5552      1.5717
  Columns 11 through 15
     4.2438      5.5807      7.9271      6.7755      5.793
  Columns 16 through 20
    -5.3506     -7.758      -1.9906     -1.0718     -2.714
  Columns 16 through 22
    -1.6684      5.4093
sse1=
    489.93
x1=
  Columns 1 through 5
     7.9998      9.8333     12.077      14.817      18.156
  Columns 6 through 10
    22.213      27.125      33.049      40.155      48.628
  Columns 11 through 15
    58.656      70.419      84.073      99.724     117.41
  Columns 16 through 20
   137.05      158.46      181.29      205.07      229.21
  Columns 21 through 24
   253.07      275.99      297.41      316.89
ans=
    0.77612      0.65496
```

计算结果即固有年增长率 $r=0.023372$,最大容量 $N=413.2$ 百万,初始值 $x_1=7.9998$ 百万,误差平方和等于 489.93,预测 2010 年美国人口为 297.41 百万,2020 年美国人口为 316.89 百万. 经过计算得知预测 2000 年至 2010 年和 2010 年至 2020 年的年增长率分别为 0.77612% 和 0.65496%.

计算结果以及模拟效果图和模拟误差图(见图 3.14)表明

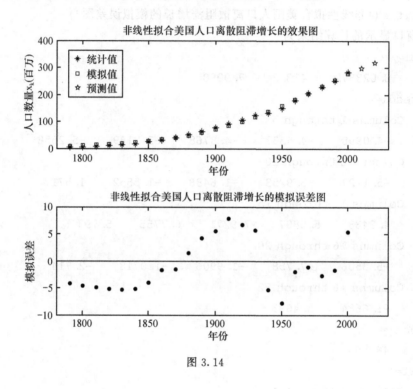

图 3.14

(1) 模拟效果基本令人满意. 本模型能够很好地模拟 1790 年至 2000 年美国人口的演变过程,误差平方和不算大;

(2) 预测值基本合理,可能偏低. 按照美国最近几十年的人口统计数据,一般推断未来 20 年美国的人口年增长率大约是 1%,甚至更低. 现在模型一得到的 2000 年的模拟值比实际值小 5.4093 百万,预测 2000 年至 2020 年的年增长率约为 0.7%,所以模型一对 2010 年和 2020 年的人口预报有可能偏低了一点.

4. 模型二

有人担心模型一的假设太强,希望为 r_k 和 x_k 找一个更好的近似函数,根据 r_k 关于 x_k 的散点图,很容易想到指数衰减函数 $r_k=a_1\mathrm{e}^{-a_2x_k}+a_3$,其中 a_1,a_2,a_3 均为正数. 事实上,由 x_k 和 r_k 的数据最小二乘拟合一次多项式的误差平方和是

0.00047468,而拟合指数衰减函数的误差平方和只有 0.00019316,前者是后者的 2.5 倍(见图 3.13(3)和图 3.13(4)).指数衰减函数还有如下好处:

(1) 当 $x_k=0$ 时有 $r_k=a_1+a_3$,即 a_1+a_3 相当于离散阻滞增长模型的固有增长率 r;

(2) 当 $x_k \rightarrow +\infty$ 时有 $r_k \rightarrow a_3$,即 a_3 是人口数量充分大之后年增长率趋于的稳定值,而 r_k 的计算结果表明美国在 20 世纪 50 年代以后的人口年增长率的确有稳定在 1% 左右的趋势.

所以,提出如下的模型假设:假设年增长率 r_k 随着人口数量 x_k 的增加而按指数函数衰减,即

$$r_k = \frac{x_{k+1}-x_k}{10x_k} = a_1 \mathrm{e}^{-a_2 x_k} + a_3, \quad k=1,2,\cdots \tag{3.4.13}$$

其中 a_1,a_2,a_3 均为正数.模型假设(3.4.13)即一阶非线性差分方程

$$x_{k+1} = x_k + 10x_k(a_1 \mathrm{e}^{-a_2 x_k} + a_3), \quad k=1,2,\cdots \tag{3.4.14}$$

利用 MATLAB 统计工具箱的非线性拟合函数 nlinfit 计算(3.4.14)式的参数 a_1,a_2,a_3 以及初始值 x_1 的值,使得误差平方和达到最小值.

模型二计算和绘图的 MATLAB 程序如下:

函数 M 文件 fun3_4_3_2. m:

```
%3.4.3 非线性拟合美国人口增长离散模型二的函数
%假设年增长率是关于人口的指数衰减函数
%b(1)=a_1,b(2)=a_2,b(3)=a_3,b(4)=x_0
function y=fun3_4_3_2(b,x)
y=zeros(size(x));
y(1)=b(4);
for k=2:length(x)
    y(k)=y(k-1)+10.*y(k-1).*(b(1).*exp(-b(2).*y(k-1))+b(3));
end
```

脚本:

```
t=1790:10:2000;
x=[3.9,5.3,7.2,9.6,12.9,17.1,23.2,31.4,38.6,50.2,62.9,76.0,...
    92.0,106.5,123.2,131.7,150.7,179.3,204.0,226.5,251.4,281.4];
[b2,resd2]=nlinfit(t,x,@ fun3_4_3_2,[0.03,0.02,0.01,3.9])
sse2=sum(resd2.^2),x2=fun3_4_3_2(b2,[t,2010,2020])
(x2(23:24)-x2(22:23))./x2(22:23)./10.*100
subplot(2,1,1)
```

```
plot(t,x,'k*',...
    t,x2(1:end-2),'ks',...
    [2010,2020],x2(end-1:end),'kp')
axis([1780,2030,0,400])
legend('统计值','模拟值','预测值',2)
xlabel('年份'),ylabel('人口数量 x_k(百万)')
title('非线性拟合美国人口增长离散模型二的效果图')
subplot(2,1,2),plot(t,resd2,'k.',[1780,2030],[0,0],'k')
axis([1780,2030,-10,10])
xlabel('年份'),ylabel('模拟误差')
title('非线性拟合美国人口增长离散模型二的模拟误差图')
```

命令窗口显示的计算结果为

```
b2=
    0.033421    0.021616    0.011962    3.2017
resd2=
    Columns 1 through 5
    0.69833    0.71686    0.68136    0.40933    0.091737
    Columns 6 through 10
    -0.48582    -0.50821    0.10951    -1.7507    -0.61481
    Columns 11 through 15
    0.34462    0.55376    2.5927    2.072    2.6286
    Columns 16 through 20
    -6.2683    -6.1087    1.9665    4.1715    1.8794
    Columns 21 through 22
    -0.67409    -1.1894
sse2=
    127.22
x2=
    Columns 1 through 5
    3.2017    4.5831    6.5186    9.1907    12.808
    Columns 6 through 10
    17.586    23.708    31.29    40.351    50.815
    Columns 11 through 15
    62.555    75.446    89.407    104.43    120.57
    Columns 16 through 20
```

　　137.97　　156.81　　177.33　　199.83　　224.62

　Columns 21 through 24

　　252.07　　282.59　　316.6　　354.59

ans=

　　1.2036　　1.1998

　　计算结果即 $a_1 = 0.033421, a_2 = 0.021616, a_3 = 0.011962$,初始值 $x_1 = 3.2017$ 百万,误差平方和等于 127.22,预测 2010 年美国人口为 316.6 百万,2020 年美国人口为 354.59 百万,经过计算得知预测 2000 年至 2010 年和 2010 年至 2020 年的年增长率分别为 1.2036％和 1.1998％.

　　计算结果以及模拟效果图和模拟误差图(见图 3.15)表明

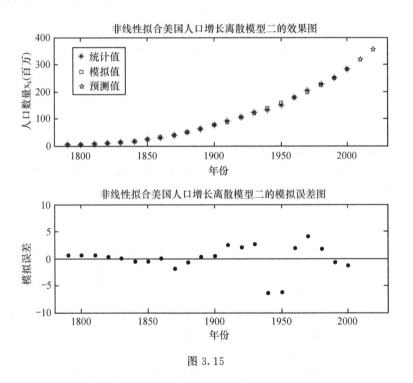

图 3.15

　　(1) 模拟效果令人满意.本模型能够很好地模拟 1790 年至 2000 年美国人口的演变过程,误差平方和很小;

　　(2) 预测值基本合理,可能偏高.按照美国最近几十年的人口统计数据,一般推断未来 20 年美国的人口年增长率大约是 1％,甚至更低.现在模型二得到的 2000 年的模拟值比实际值大 1.1894 百万,预测 2000 年至 2020 年的年增长率约为 1.2％,所以模型二对 2010 年和 2020 年的人口预报有可能偏高了一点.

5. 模型评价

模型一是离散阻滞增长模型,通过美国人口预报问题,可以说明:

(1) 在理论上,离散阻滞增长模型的解具有很好的性质,并且已被人们清楚地掌握(回顾:当 $0 < r < 1$ 且 $x_0 \in (0, N)$ 时,离散阻滞增长模型(3.4.2)的解 x_k 关于 k 的散点沿 S 型曲线分布,x_k 随着 k 单调增加,$\lim\limits_{k \to +\infty} x_k = N$).

(2) 在实践中,离散阻滞增长模型(采用非线性拟合的计算方法)的模拟和预测效果也很不错,而且能估计人口的固有增长率 r 和最大容量 N,成功地刻画人口增长的阻滞作用.

(3) 离散阻滞增长模型是强健的.回顾离散阻滞增长模型的模型假设——"r_k 为 x_k 的线性递减函数",这是很强的简化假设,观察图 3.13(3),会发现这个模型假设不是很符合 200 多年来美国人口年增长率的变化趋势,特别是 1990 年和 2000 年,按模型假设计算(由 x_k 和 r_k 的数据最小二乘拟合一次多项式)得到的年增长率的理论值比实际值小很多,误差较大.所以有人会担心既然模型假设对实际信息作了很强的简化,那么模型解答与实际信息相比会不会误差很大呢?事实说明离散阻滞增长模型是强健的模型,虽然模型假设作出了很强的简化,但是模型解答仍然是对实际对象的足够好的近似.

(4) 离散阻滞增长模型适合用于人口演变的中长期预报,但必须认识到由于人口增长是十分复杂的系统,采用离散阻滞增长模型,由于忽略了很多重要因素,所以预报的精确度是有限的.

虽然模型二(采用非线性拟合的计算方法)的模拟效果比模型一更好,但人们宁愿采用模型一,原因如下:

(1) 模型二是一阶非线性差分方程,它的解的性质在一般的文献中很少有记载.考察它的平衡点,如果 a_1, a_2, a_3 均为正数,则只有唯一的平衡点 $x = 0$;进一步,假设初始值 $x_0 > 0$,则容易证明 $\lim\limits_{k \to +\infty} x_k = +\infty$.仅从这些对模型二的性质的有限认识来看,模型二作为人口预报模型,只适合用于短期预报,而不适合用于中长期预报.因为人口数量较大时,模型二近似于假设人口年增长率为常数,没有考虑阻滞作用,将导致预测值显著偏大.

(2) 模型二的模型假设适合美国人口预报问题,是因为模型二假设 r_k 随着 x_k 的增加而指数式衰减,趋于稳定值,这样能合理刻画美国作为接受移民的最发达的国家,在过去和未来的几十年内,人口还将保持低速增长的发展趋势;对于其他人口预报问题或种群数量演变问题,模型二的模型假设却可能比离散阻滞增长模型的假设更不符合实际信息,导致模型解答产生更大的误差.

习　题　3

1. 编写绘图的 MATLAB 程序,以图形说明一阶线性常系数非齐次差分方程 $x_{k+1} = (1 +$

$r)x_k+b$ 的解的长期行为(其中 r 和 b 是非零常数).

2. 某种山猫在较好、中等及较差的自然环境下,年平均增长率分别为 1.68%,0.55% 和 −4.5%.假设开始时有 100 只山猫,按以下情况分别讨论山猫数量逐年变化的过程及趋势:

(1) 三种自然环境下 25 年的变化过程,结果要列表并图示;

(2) 如果每年捕获三只,山猫数量将如何变化? 会灭绝吗? 如果每年只捕获一只呢?

(3) 在较差的自然环境下,如果要使山猫数量稳定在 60 只左右,每年要人工繁殖多少只?

3. 请编写关于住房按揭贷款的计算程序,分别按等额本息还款法和等额本金还款法计算月供款金额、累计支付利息等,并且给出以下情况的计算结果:本金总额为 60 万元,还款期为 15 年,贷款年利率为 6%.

4. 某成功人士向学院捐献 20 万元设立优秀本科生奖学金,学院领导打算将这笔捐款以整存整取一年定期的形式存入银行,第二年一到期就支取,取出一部分作为当年的奖学金,剩下的继续以整存整取一年定期的形式存入银行……请研究这个问题,并向学院领导写一份报告.

5. 有一位老人 60 岁时将养老金 10 万元以整存零取方式(指本金一次存入,分次支取本金的一种储蓄)存入,从第一个月开始每月支取 1000 元,银行每月初按月利率 0.3% 把上月结余额孳生的利息自动存入养老金.请你计算老人多少岁时将把养老金用完? 如果想用到 80 岁,问 60 岁时应存入多少钱?

* 6. 中国人民银行在 2007 年曾经 6 次调整金融机构存贷款年利率,其中 9 月 15 日和 12 月 21 日两次调整的部分情况如表 3.4 所示.

表 3.4　金融机构存款年利率

项　目	9 月 15 日	12 月 21 日
	年利率(%)	
(一) 活期存款	0.81	0.72
(二) 整存整取定期存款		
三个月	2.88	3.33
半年	3.42	3.78
一年	3.87	4.14
二年	4.50	4.68
三年	5.22	5.40
五年	5.76	5.85

以上调整均为即日起生效.不考虑利息税,请回答以下问题:

(1) 整存整取定期存款是否存期越长,利息越多?

(2) 请研究 2007 年 9 月 15 日至 12 月 20 日存入的整存整取定期存款在 12 月 21 日之后的某一天值不值得提前支取并转存?

7. 学院宿舍有 N 个学生,有个别学生患上流行性感冒,假设所有人对该病都是易感染者,已感染者和易感染而尚未感染者之间存在某种相互作用使疾病得以传播,建立数学模型,描述已感染者数量的变化过程.

8. 社会学家研究一种称为社会扩散的现象:在人群中传播信息、技术或文化时尚.人群可分成两类:已知道该信息的人和不知道该信息的人.建立数学模型,描述已知道该信息的人数的变化过程.

9. 如果鲸鱼的数量降低至最小生存水平 m,则鲸鱼将灭绝;如果鲸鱼的数量超过环境的容纳量 M,则鲸鱼的数量将下降.建立数学模型,描述鲸鱼数量的变化.

10. 继续考虑 3.4.3 小节的"人口预报"案例,用前差公式计算美国人口的年增长率,假设人口年增长率是人口数量的二次函数,重新建模、求解和分析.

11. 继续考虑 3.4.3 小节的"人口预报"案例,保持模型一和模型二的模型假设不变,但是用中点公式计算美国人口的年增长率,重新建模、求解和分析.

第 4 章　常微分方程模型

4.1　一级动力学反应模型

4.1.1　一级动力学反应模型及其性质

所谓一级动力学反应是指反应速率与系统中反应物含量的一次方成正比的反应,其数学模型为微分方程

$$\frac{\mathrm{d}x}{\mathrm{d}t} = -kx \tag{4.1.1}$$

其中 t 为时间,$x = x(t)$ 为时刻 t 系统中反应物的含量,一阶导数 $\mathrm{d}x/\mathrm{d}t$ 是反应速率,比例系数 k 是反应速率常数,$k > 0$,负号表示反应物的含量在衰减.

在初始时刻 t_0,设反应物的含量为 x_0.(4.1.1)式满足初始条件 $x(t_0) = x_0$ 的特解为

$$x(t) = x_0 \mathrm{e}^{-k(t-t_0)} \tag{4.1.2}$$

(4.1.2)式表明系统中反应物的含量按指数规律随时间衰减.

半衰期是指某种特定物质的含量经过某种反应降低到初始值的一半所消耗的时间,记为 τ 或 $t_{1/2}$(见图 4.1).

在(4.1.2)式中,令 $\tau = t - t_0$ 且 $x(t) = x_0/2$,则 $x_0/2 = x_0 \mathrm{e}^{-k\tau}$,所以

$$k\tau = \ln 2 \tag{4.1.3}$$

因此,一级动力学反应的半衰期是一个与初始状态无关的常数.

一级动力学反应的数学模型(4.1.1)有很多应用,如放射性衰变、加热或冷却、人体内药物的吸收与排除、污染物降解等.

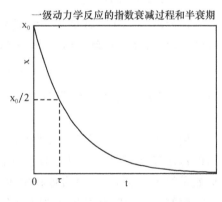

图 4.1

4.1.2　碳-14 定年法

当人们看见一件很古老的东西时,最常见的疑问是"这是多少年前的东西?".考古学家一直在努力发展新技术来考证古物的年代.随着科技的日新月异,考证古物年代的技术越来越多,也越来越精确,但是在诸多的方法之中,以"碳-14 定年

法"最为普遍. 它的原理是根据生物体死亡之后, 体内碳-14 衰减的速率来估计年代. 美国化学家威拉得·法兰克·利比因在 20 世纪 40 年代发明碳-14 定年法而于 1960 年获得诺贝尔化学奖.

　　碳是一种很常见的非金属元素, 以多种形式广泛存在于大气和地壳之中. 常见的碳单质有石墨和金刚石, 碳的一系列化合物——有机物是生命的根本. 自然界中存在三种碳的同位素(同位素是具有相同原子序数的同一化学元素的两种或多种原子之一, 其原子具有相同数目的电子和质子, 但却有不同数目的中子), 分别为碳-12, 碳-13 及碳-14, 其中以碳-12 所占的比例最高(98.9%), 而碳-14 的比例则极少. 碳-12 和碳-13 属稳定型, 碳-14 具有放射性(放射性是指元素从不稳定的原子核自发地放出射线而衰变形成稳定的元素. 有放射性的同位素被称为放射性同位素). 碳-14 是由宇宙射线撞击空气中的氮原子而产生, 衰变方式为 β 衰变, 碳-14 原子转变为氮原子. 碳-14 的半衰期长达 5730 年, 考古学家就是根据碳-14 的半衰期计算年代(放射性同位素的衰变属于一级动力学反应, 即衰变速率与放射性同位素的含量成正比, 所以放射性同位素都具有非常稳定的半衰期).

　　碳-14 与氧结合成二氧化碳, 散布在大气之中, 生物体经由呼吸或光合作用, 随时补充衰变掉的碳-14, 并与大气中的碳-14 维持恒定. 但是一旦生物体死亡, 体内的碳-14 无法补充, 每隔 5730 年就会减少一半, 所以只要能测出死亡的生物体(如骨头、木炭、贝壳、谷物)内残存的碳-14 浓度, 就可以推算出生物体于何时停止补充碳-14, 也就是生物体已死亡多久的时间. 碳-14 定年法只适用于测定距今70000 年内的生物所属的年代.

　　因为碳-14 的半衰期为 $\tau = 5730$ 年, 所以根据(4.1.3)式可计算得到 $k = 0.000121$, 由此可知碳-14 的衰变服从公式

$$x(t) = x_0 e^{-0.000121(t-t_0)} \tag{4.1.4}$$

其中 $x = x(t)$ 是古物中的碳-14 在时刻 t 的剩余量, $x_0 = x(t_0)$.

　　例 4.1.1　辽东半岛的古莲籽. 在我国辽东半岛普兰店附近的泥炭层中发掘出的古莲籽, 至今大部分还能发芽开花. 现测得出土的古莲籽中碳-14 的剩留量占原始量的 87.9%, 试推算古莲籽生活的年代.

　　解答　记发掘出古莲籽的时间为 t 年, 古莲籽生活的年代为 t_0 年, 则根据测量结果有

$$x(t) = 0.879 x(t_0) \tag{4.1.5}$$

由(4.1.4)式和(4.1.5)式有

$$e^{-0.000121(t-t_0)} = 0.879$$

所以 $t-t_0=1065.9$，即古莲籽生活的年代大约在发掘时间之前 1066 年.

例 4.1.2 巴比伦的木炭. 1950 年, 在巴比伦发现一根刻有汉穆拉比王朝字样的木炭, 当时测定, 其碳-14 原子的衰减速度为 4.09 个/(g・min), 而新砍伐烧成的木炭中碳-14 原子的衰减速度为 6.68 个/(g・min). 请估算出汉穆拉比王朝所在的年代.

解答 记发现汉穆拉比王朝木炭的时间为 $t=1950$ 年, 汉穆拉比王朝所在的年代为 t_0 年, 根据微分方程(4.1.1)有

$$\frac{\mathrm{d}x}{\mathrm{d}t}\Big|_{t=1950}=-k \cdot x(1950), \qquad \frac{\mathrm{d}x}{\mathrm{d}t}\Big|_{t=t_0}=-k \cdot x(t_0)$$

而根据测量结果有

$$\frac{\mathrm{d}x/\mathrm{d}t \mid_{t=1950}}{\mathrm{d}x/\mathrm{d}t \mid_{t=t_0}}=\frac{4.09}{6.68}$$

所以

$$\frac{x(1950)}{x(t_0)}=\frac{4.09}{6.68}$$

再根据(4.1.4)式有

$$\mathrm{e}^{-0.000121 \cdot (1950-t_0)}=\frac{4.09}{6.68}$$

解得 $t_0=-2104.3$(年), 即汉穆拉比王朝大约在公元前 21 世纪.

4.1.3 牛顿冷却定律

物体在常温下的温度变化可以用牛顿冷却定律来描述: 物体温度对时间的变化率与物体温度和它周围介质温度之差成正比.

记物体在时刻 t 的温度为 $x=x(t)$, 它周围介质的温度为 A, 设 A 保持不变, 则根据牛顿冷却定律建立微分方程模型

$$\frac{\mathrm{d}x}{\mathrm{d}t}=-k(x-A) \tag{4.1.6}$$

其中比例系数 $k>0$.

微分方程(4.1.6)满足初始条件 $x(t_0)=x_0$ 的特解为

$$x(t)=A+(x_0-A)\mathrm{e}^{-k(t-t_0)} \tag{4.1.7}$$

(提示: 可作变量替换 $y(t)=x(t)-A$).

根据(4.1.7)式, 当 $x_0=A$ 时有 $x(t)\equiv A$, 即微分方程(4.1.6)的常数解; 当 $x_0>$

A 时有 $x(t)>A$ 且 $\lim\limits_{t\to+\infty} x(t)=A$；当 $x_0<A$ 时有 $x(t)<A$ 且 $\lim\limits_{t\to+\infty} x(t)=A$（见图 4.2）.

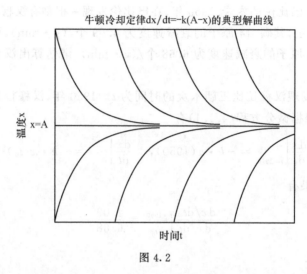

图 4.2

在 (4.1.6) 式中，令 $\mathrm{d}x/\mathrm{d}t=-k(x-A)=0$，解得 $x=A$，这是微分方程 (4.1.6) 唯一的临界点（即平衡点）. 以上分析说明临界点 $x=A$ 是渐近稳定的.

例 4.1.3 热茶水的冷却. 现有一杯 95℃ 的热茶，放置在 15℃ 的房间中，如果 2 分钟后，茶水温度降到 80℃，问从开始冷却算起，多长时间之后茶水温度降到 37℃？茶水会不会冷却到 12℃？

解答 由题意有 $x_0=95℃$，$A=15℃$，设 $t_0=0$，由 (4.1.7) 式，茶水在时刻 t（分钟）的温度（℃）为

$$x(t)=15+80\mathrm{e}^{-kt}$$

从开始冷却算起，2 分钟后，茶水温度降到 80℃，即

$$15+80\mathrm{e}^{-2k}=80 \tag{4.1.8}$$

如果茶水在时刻 t 的温度是 37℃，则

$$15+80\mathrm{e}^{-kt}=37 \tag{4.1.9}$$

联立 (4.1.8) 式和 (4.1.9) 式，可以解得 $k=0.10382$，$t=12.435$，即从开始冷却算起，12 分 26 秒后茶水温度降到 37℃.

根据前面对 (4.1.7) 式的讨论知，如果室温保持在 15℃ 不变，茶水不可能冷却到 12℃.

4.1.4　海拔与大气压

为什么攀登珠穆朗玛峰的登山运动员需要携带氧气瓶呢？

人体从大气吸入氧气的能力主要依赖于大气压. 当大气压低于 0.65×10^5 Pa 时, 人体吸入的氧气就会显著下降. 地球海拔 6000 米以上的地区没有永久性居民, 人类在海拔更高的地方仅能短暂生存, 这都是因为大气压随着海拔增高而下降.

根据物理学知识, 可以假设大气压对海拔的变化率与大气压成正比, 因此, 在海拔 y 米处, 大气压 p 满足微分方程初值问题

$$\frac{\mathrm{d}p}{\mathrm{d}y} = -kp, \quad p(0) = p_0 \tag{4.1.10}$$

其中比例系数

$$k = \frac{Mg}{RT} \tag{4.1.11}$$

T 为海拔 y 米处的气温(单位: K), 常数 $M = 28.8 \times 10^{-3}$ kg/mol, $g = 9.8$ m/s^2, $R = 8.315$ J/mol·K.

1. 模型一

假设在任何海拔气温都是 $T_1 = 273$ K(即 0℃), 海平面大气压为 p_0 个标准大气压(1 个标准大气压等于 1.013×10^5 Pa), 并且忽略海拔对重力加速度 g 的影响, 则初值问题(4.1.10)改写为

$$\frac{\mathrm{d}p}{\mathrm{d}y} = -\frac{Mg}{RT_1}p, \quad p(0) = p_0$$

所以

$$p = p_0 \mathrm{e}^{-\frac{Mg}{RT_1}y} \tag{4.1.12}$$

根据模型一的假设和(4.1.12)式, 如果 $p_0 = 1$, 可以计算得在珠穆朗玛峰顶海拔 8844 米, 大气压只有 0.333 标准大气压, 空气非常稀薄, 于是结果解释了登山运动员需要携带氧气瓶的原因. 但是模型一假设大气温度不随海拔升高而变化, 明显不符合实际, 可能会导致计算有一定偏差.

2. 模型二

仍假设海平面大气压为 p_0 个标准大气压, 并且忽略海拔对重力加速度 g 的影响. 在平流层, 也就是从地面到海拔约 11 千米之间的大气层, 大气温度 T 随着海拔 y 的增加而递减, 可以简单地假设成

$$T = T_0 - \alpha y \tag{4.1.13}$$

其中设海平面气温 $T_0 = 293$ K(即 20℃), 下降率 $\alpha = 0.006$ K/m(即 $\alpha = 6$℃/km, α 因大气条件不同而变化, 这里取平均值).

将(4.1.13)式代入(4.1.11)式得

$$k = \frac{Mg}{R\ (T_0 - \alpha y)}$$

初值问题(4.1.10)也就变为

$$\frac{\mathrm{d}p}{\mathrm{d}y} = \frac{Mgp}{R(\alpha y - T_0)}, \quad p(0) = p_0 \tag{4.1.14}$$

初值问题(4.1.14)可以用分离变量法解得

$$p = p_0 \left(1 - \frac{\alpha}{T_0} y \right)^{\frac{Mg}{R\alpha}} \tag{4.1.15}$$

根据模型二的假设和(4.1.15)式,如果 $p_0 = 1$,则可以计算得在珠穆朗玛峰顶大气压只有 0.32293 个标准大气压,和模型一的计算结果很接近.

3. 强健性分析

执行以下 MATLAB 程序,绘图观察(4.1.12)式和(4.1.15)式的计算结果之间的差别:

```
M=28.8e-3;g=9.8;R=8.315;a=0.006;T1=273;T0=293;
p1=@(y)exp(-M.*g./R./T1.*y);
p2=@(y)(1-a./T0.*y).^(M.*g./R./a);
[p1(8844),p2(8844)]    %珠峰峰顶的大气压
y=0:10000;plot(y,p1(y),'k:',y,p2(y),'k')
legend('设气温不变,海面 0^oC','设气温线性递减,海面 20^oC')
title('大气压和海拔的两个模型的比较')
xlabel('海拔/m'),ylabel('大气压/标准大气压')
```

命令窗口显示的计算结果为

```
ans=

    0.333 0.32293
```

由绘得的图形(见图 4.3)可知,在整个平流层,(4.1.12)式和(4.1.15)式的计算结果之间的差别一直都很小. 其实,如果在(4.1.12)式和(4.1.15)式中有 $T_1 = T_0$,则当 $\alpha \to 0$ 时,(4.1.15)式就退化为(4.1.12)式. 现在 $\alpha = 0.006\text{K/m}$,是很小的数;另外,虽然 $T_1 \neq T_0$,然而 $T_0 = 293\text{K}$ 且 $T = T_0 - \alpha y$,在平流层平均起来也和 $T_1 = 273\text{K}$ 比较接近(而且两个模型结果的差别比当 $T_1 = T_0$ 的情况更小),所以两个模型的计算结果相当近似.

虽然模型一建立在不太符合实际的较强的简化假设上,但是通过以上的检验和分析,可以认为模型一是强健的模型.

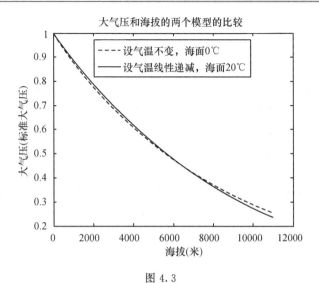

图 4.3

4.1.5　是真迹还是赝品

1. 历史背景

荷兰画家梅格伦(Han van Meegeren 1889—1947)是 20 世纪最著名的艺术品伪造者之一,在自己的创作遭到评论家非议的情况下,为了证明自己的才能同时骗取金钱,他发明出十分高明的伪造技术,伪造了一批 17 世纪荷兰著名画家的作品,其中最著名的一桩案件是他在 1937 年伪造 17 世纪荷兰著名画家维米尔(Jan Vermeer,1632—1675)的作品《以马午斯的门徒》(*The Disciples at Emmaus*),并假冒真迹出售,骗取了约 30 万美元(大约相当于现在的 400 万美元).第二次世界大战期间,梅格伦的另一幅假冒维米尔真迹的赝品辗转被德国纳粹元帅戈林收藏.德国战败后,经过盟军的追查,梅格伦于 1945 年 5 月在荷兰因涉嫌诈骗罪和通敌罪被逮捕入狱.他为了洗脱通敌罪名,很快就供认那幅被戈林收藏的画其实是他伪造的赝品,并在狱中绘制了他伪造的最后一幅赝品,向由专家组成的陪审团展示他的伪造技术,后于 1946 年 4 月被释放.法庭组织了由多名专家组成的国际专家组作为陪审团,判定梅格伦确实伪造了多幅赝品,于 1947 年 11 月宣判他伪造和诈骗罪名成立,判入狱一年.半个月后,他在服刑期满前夕突然心脏病发作,不久之后死于医院.虽然梅格伦死了,但是还有一些声称是维米尔真迹的油画需要鉴别真伪,包括前面提到的那幅《以马午斯的门徒》.直到 1967 年,位于美国匹兹堡卡内基·梅隆大学的科学家借助"放射性测定年龄法"才证实那幅《以马午斯的门徒》是梅格伦伪造的赝品.

2. 模型建立和求解[10]

梅格伦知道 17 世纪的荷兰画家使用白铅作为颜料的原料之一, 所以他在伪造名画时也用了白铅. 白铅含有放射性的铅-210 (^{210}Pb) 和镭-226 (^{226}Ra), 它们都是铀-238 (^{238}U) 的系列蜕变产生的放射性同位素, 并且镭-226 会经过系列蜕变产生铅-210. 已知镭-226 的半衰期为 1602 年, 铅-210 的半衰期为 22.3 年.

设 $x(t)$ 是单位质量白铅中的铅-210 在时刻 t 的含量, x_0 为单位质量白铅中的铅-210 在画作绘制时刻 t_0 的含量. 记 $r(t)$ 是在时刻 t 单位时间内单位质量的白铅中镭-226 蜕变成的铅-210 的数量, 因为只对 300 年左右的时间感兴趣, 而镭-226 的半衰期长达 1602 年, 所以可以简化 $r(t)$ 为一常数 r. 于是列式得

$$\frac{\mathrm{d}x}{\mathrm{d}t} = -kx + r, \quad x(t_0) = x_0$$

解得 (提示: 可作变量替换 $y(t) = kx(t) - r$)

$$kx(t) - r = (kx_0 - r)\mathrm{e}^{-k(t-t_0)} \tag{4.1.16}$$

其中 $k = (\ln 2)/22.3 = 0.031083$.

现在将卡内基·梅隆大学的科学家测量待鉴别画作的有关指标的时刻仍记为 t. 如果画作是真迹, 已有约 300 年的历史, 则将 $k = 0.031083$ 及 $t - t_0 = 300$ 代入 (4.1.16) 式中得

$$kx_0 = (kx(t) - r)\mathrm{e}^{9.3248} + r$$

经过测量, 待鉴别画作的镭-226 的衰变率为 $r = 0.8$, 铅-210 的衰变率为 $kx(t) = 8.5$ (均按每克铅白每分钟蜕变的原子数来计算), 所以

$$kx_0 = (8.5 - 0.8)\mathrm{e}^{9.3248} + 0.8 = 86338$$

也就是说, 如果假设画作为真迹, 则推算出在画作绘制时铅-210 的衰变率 kx_0 高得出奇, 不可能! 于是可以判定其必为赝品 (科学家可以根据铅-210 的衰变率计算白铅中的含铀量, 白铅的含铀量是很低的, 如果铅-210 的衰变率高于 3 万, 就可判定画作为赝品).

换一个角度来看, 如果画作为真迹, 则将 $k = 0.031083$ 及 $t - t_0 = 300$ 代入 (4.1.16) 式中得

$$kx(t) - r = 8.9185 \times 10^{-5} (kx_0 - r)$$

也就是说, 经过 300 年后, 铅-210 的衰变率 $kx(t)$ 与镭-226 的衰变率 r 之间的差 $kx(t) - r$ 不足 300 年前衰变率之差 $kx_0 - r$ 的万分之一, 即因为铅-210 的蜕变被镭-226 的蜕变所补足而得到平衡的缘故, $kx(t)$ 与 r 应该相当接近; 而如果画作为赝品, 则将 $k = 0.031083$ 及 $t - t_0 = 300$ 代入 (4.1.16) 式中得

$$kx(t) - r = 0.39358(kx_0 - r)$$

也就是说,只经过 30 年,$kx(t) - r$ 仍有 $kx_0 - r$ 的 39%. 一般来说,kx_0 应该与 r 相差较大,以至于 $kx(t)$ 与 r 仍然相差较大. 经过测量,待鉴别画作的镭-226 的衰变率为 $r = 0.8$,铅-210 的衰变率为 $kx(t) = 8.5$,相差较大,可以判定为赝品.

4.1.6 排污量的估计

1. 问题提出[①]

长江是我国第一、世界第三大河流. 近年来,由于长江及其支流沿途的工农业和生活污水的大量排放,长江干流的水污染程度日趋严重,令人担忧. 长江干流的主要污染物为高锰酸盐(CODMn)和氨氮(NH3-N). 表 4.1 给出了长江干流上的其中两个观测站在 2004 年 7 月的水流量、水流速、高锰酸盐浓度和氨氮浓度,这两个站点之间长江干流的长度为 395km. 通常认为一个观测站(地区)的水质污染主要来自于本地区的排污和上游的污水. 一般来说,江河自身对污染物都有一定的自然净化能力,即污染物在水环境中通过物理降解、化学降解和生物降解等使水中污染物的浓度降低,反映江河自然净化能力的指标称为降解系数. 事实上,长江干流的自然净化能力可以认为是近似均匀的,根据检测可知主要污染物高锰酸盐和氨氮的降解系数通常为 0.1~0.5,如可以考虑取 0.2(单位:1/天). 试根据表 4.1 的数据估计长江干流这一江段在 2004 年 7 月的主要污染物高锰酸盐和氨氮的排放量.

表 4.1 2004 年 7 月的数据

观测站点	水流量/(m³/s)	水流速/(m/s)	高锰酸盐/(mg/L)	氨氮/(mg/L)
湖北宜昌南津关	22700	1.4	3.2	0.16
湖南岳阳城陵矶	24100	1.5	4.2	0.36

2. 问题分析

水中污染物的降解过程可以简化成一级动力学反应,即假设每天污染物浓度的下降量与该污染物的浓度成正比,比例系数即降解系数.

由于水流速度为 1.4~1.5m/s,取平均值,即 1.45m/s,也就是每天约 125km,而江段长度为 395km,所以江水平均只需大约 3 天时间就可以从宜昌流到岳阳,因此,仅需要考虑两个站点在同一个月份测得的污染物指数.

由于不知道该江段内众多支流及排污口的位置和排污量,无法精确计算江段的总排污量. 但是,如果假设污染物集中在江段的开头,伴随着该江段新增加的水

---

① 由全国大学生数学建模竞赛 2005 年 A 题改编.

量,匀速地排放入长江干流,忽略污水和江水混合的时间,以污水和江水混合之后的污染物浓度作为初始条件,根据已知的该江段末尾的污染物浓度,反解出污染物的排放量.污染物集中在江段的开头排放入江,对该江段的污染影响最大,所以这样解得的是污染物排放量可能的最大值.

类似地,如果假设污染物集中在江段的末尾排放入江,则可以解得污染物排放量可能的最小值.最小值和最大值合起来就组成排放量可能的区间.

如果假设污染物集中在江段的中间排放入江,则可以解得污染物排放量可能的中间值,中间值应该接近上述排放量区间的中点.

3. 符号说明

$L = 395\text{km}$～长江干流从湖北宜昌南津关到湖南岳阳城陵矶的江段的长度;

$u = 1.45\text{m/s}$～以上江段的水流平均速度;

$k = 0.2/$天～高锰酸盐的降解系数;

$x = x(t)$～江水在时刻 t(天)的高锰酸盐浓度(mg/L);

$x_0 = 3.2\text{mg/L}$～2004 年 7 月湖北宜昌南津关的长江水的高锰酸盐浓度;

$x_1 = 4.2\text{mg/L}$～2004 年 7 月湖南岳阳城陵矶的长江水的高锰酸盐浓度;

$f_0 = 22700\text{m}^3/\text{s}$～2004 年 7 月湖北宜昌南津关的长江水流量;

$f_1 = 24100\text{m}^3/\text{s}$～2004 年 7 月湖南岳阳城陵矶的长江水流量;

$X_{\max}, X_{\text{mid}}, X_{\min}$～在集中排放于江段的开头、中间或末尾的假设下,高锰酸盐污染物的排放量(g/s).

4. 模型假设

模型假设如下:

(1) 假设长江干流在两个站点的水流量和污染物浓度、两个站点之间江段的江水流速在一个月内均分别为常数;

(2) 假设该江段的水量是守恒的,即末尾处的水流量与开始处的水流量之差等于单位时间内新增加的水量;

(3) 忽略污水和江水混合的时间;

(4) 仅考虑污染物排放和降解对浓度的影响,假设每天污染物浓度的下降量与该污染物的浓度成正比,比例系数即降解系数 $k = 0.2/$天;

(5) 假设污染物分别集中在江段的开头、中间或末尾,伴随着该江段新增加的水量,匀速地排放入长江干流,并在三种情况下,分别估计该江段污染物排放量可能的最大值、中间值和最小值.

5. 模型建立和求解

根据模型假设(4),在没有新的污染物排放入江段的情况下,江段内的高锰酸

盐浓度 $x=x(t)$ 满足微分方程

$$\frac{\mathrm{d}x}{\mathrm{d}t} = -kx \qquad (4.1.1)$$

如果假设高锰酸盐污染物集中在江段的末尾,伴随着该江段新增加的水量,匀速地排放入长江干流,则微分方程(4.1.1)满足初始条件 $x(0)=x_0$,特解为 $x(t)=x_0\mathrm{e}^{-kt}$,进而有

$$X_{\min} = x_1 f_1 - x_0 f_0 \mathrm{e}^{-kL/u} \qquad (4.1.17)$$

$X_{\min}$ 是该江段高锰酸盐排放量可能的最小值.将具体数据代入(4.1.17)式,计算得 $X_{\min} = 6.26 \times 10^4 \mathrm{g/s} = 5.41 \times 10^3$ 吨/天.将以上计算结果除以江段的长度,得到每公里江段每天的高锰酸盐排放量可能的最小值为 13.7 吨.

如果假设高锰酸盐污染物集中在江段的开头,伴随着该江段新增加的水量,匀速地排放入长江干流,则微分方程(4.1.1)的初始条件应该变成污水在江段的开头和江水混合后的高锰酸盐浓度

$$x(0) = (x_0 f_0 + X_{\max})/f_1 \qquad (4.1.18)$$

联立(4.1.1)式和(4.1.18)式,求解初值问题可得在江段的末尾,高锰酸盐的浓度为

$$x_1 = \frac{x_0 f_0 + X_{\max}}{f_1} \mathrm{e}^{-kL/u}$$

所以

$$X_{\max} = x_1 f_1 \mathrm{e}^{kL/u} - x_0 f_0 \qquad (4.1.19)$$

$X_{\max}$ 是该江段高锰酸盐排放量可能的最大值.将具体数据代入(4.1.19)式,计算得 $X_{\max} = 1.18 \times 10^5 \mathrm{g/s} = 1.02 \times 10^4$ 吨/天.将以上计算结果除以江段的长度,得到每公里江段每天的高锰酸盐排放量可能的最大值为 25.8 吨.

这样,可以得到该江段在 2004 年 7 月的高锰酸盐排放量可能的区间,即 [13.7, 25.8](吨/天/公里),该区间的中点为 19.75.

如果假设高锰酸盐污染物集中在江段的中间,伴随着该江段新增加的水量,匀速地排放入长江干流,则微分方程(4.1.1)的初始条件应该变成在江段的中间,污水和江水混合后的高锰酸盐浓度

$$x\left(\frac{L}{2u}\right) = \frac{x_0 f_0 \mathrm{e}^{-\frac{kL}{2u}} + X_{\mathrm{mid}}}{f_1} \qquad (4.1.20)$$

联立(4.1.1)式和(4.1.20)式,可以计算得到在江段的末尾,高锰酸盐的浓度为

$$x_1 = \left(\frac{x_0 f_0 \mathrm{e}^{-\frac{kL}{2u}} + X_{\mathrm{mid}}}{f_1}\right) \mathrm{e}^{-\frac{kL}{2u}}$$

所以

$$X_{\text{mid}} = x_1 f_1 \mathrm{e}^{\frac{kL}{2u}} - x_0 f_0 \mathrm{e}^{-\frac{kL}{2u}} \qquad (4.1.21)$$

X_{mid} 是该江段高锰酸盐排放量可能的中间值. 将具体数据代入(4.1.21)式,计算得 $X_{\text{mid}} = 8.59 \times 10^4 \, \text{g/s} = 7.42 \times 10^3$ 吨/天. 将以上计算结果除以江段的长度,得到每公里江段每天的高锰酸盐排放量可能的中间值为 18.8 吨,与前面计算的最小值和最大值的平均数 19.75 比较接近.

无论怎样计算,都发现该江段含高锰酸盐污染物的排放已经很严重了. 类似的方法可以估计该江段氨氮的排放量.

4.1.7　饮酒驾车

1. 问题提出[①]

据报载,2003 年全国道路交通事故死亡人数为 10.4372 万,其中因饮酒驾车造成的占有相当大的比例. 针对这种严重的道路交通事故情况,国家质量监督检验检疫局于 2004 年 5 月 31 日发布了新的《车辆驾驶人员血液、呼气酒精含量阈值与检验》国家标准. 新标准规定,车辆驾驶人员血液中的酒精含量大于或等于 20 毫克/百毫升,小于 80 毫克/百毫升为饮酒驾车(原标准是小于 100 毫克/百毫升),血液中的酒精含量大于或等于 80 毫克/百毫升为醉酒驾车(原标准是大于或等于 100 毫克/百毫升).

大李在中午 12 点喝了一瓶啤酒,下午 6 点被检查时符合新的驾车标准,紧接着他在吃晚饭时又喝了一瓶啤酒,为了保险起见,他呆到凌晨 2 点才驾车回家,又一次遭遇检查时却被定为饮酒驾车,这让他既懊恼又困惑,为什么喝同样多的酒,两次检查结果会不一样呢?

请参考下面给出的数据(见表 4.2),建立饮酒后血液中酒精含量的数学模型,并对大李碰到的情况作出解释.

表 4.2　酒精含量测量数据

时间/小时	0.25	0.5	0.75	1	1.5	2	2.5	3	3.5	4	4.5	5
酒精含量/(毫克/百毫升)	30	68	75	82	82	77	68	68	58	51	50	41
时间/小时	6	7	8	9	10	11	12	13	14	15	16	
酒精含量/(毫克/百毫升)	38	35	28	25	18	15	12	10	7	7	4	

参考如下数据:

---

① 由全国大学生数学建模竞赛 2004 年 C 题改编.

（1）人的体液占人的体重的 $65\% \sim 70\%$，其中血液只占体重的 7% 左右，而药物（包括酒精）在血液中的含量与在体液中的含量大体是一样的；

（2）大李在短时间内喝下两瓶啤酒后，隔一定时间测量他的血液中的酒精含量（毫克/百毫升），得到数据如表 4.2 所示.

2. 问题分析

大李喝下啤酒后，酒精先从肠胃吸收进血液和体液中，然后从血液和体液向体外排除. 可以建立二室模型，将肠胃看成吸收室，将血液和体液看成中心室（见图 4.4）. 吸收和排除的过程都可以分别简化成一级反应来处理，加起来得到体内酒精吸收和排除过程的数学模型. 因为考虑到是短时间内喝酒，所以忽略喝酒的时间，可使初始条件得以简化.

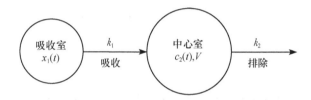

图 4.4　酒精的吸收和排除过程示意图

3. 符号说明

酒精量是指纯酒精的质量，单位是毫克；

酒精含量是指纯酒精的浓度，单位是毫克/百毫升；

$t \sim$ 时刻（小时）；

$x_1(t) \sim$ 在时刻 t 吸收室（肠胃）内的酒精量（毫克）；

$D_0 \sim$ 在短时间内喝下 2 瓶啤酒后吸收室内的酒精量（毫克）；

$c_2(t) \sim$ 在时刻 t 中心室（血液和体液）的酒精含量（毫克/百毫升）；

$V \sim$ 中心室的容积（百毫升）；

$k_1 \sim$ 酒精从吸收室吸收进中心室的速率系数；

$k_2 \sim$ 酒精从中心室向体外排除的速率系数；

$k_3 \sim$ 假如短时间内所喝入的酒精完全吸收进中心室却没有排除出体外，中心室的酒精含量将达到的最大值（毫克/百毫升）.

4. 模型假设

大李在短时间内喝下两瓶啤酒后，酒精先从吸收室（肠胃）吸收进中心室（血液和体液），然后从中心室向体外排除. 忽略喝酒的时间，根据生理学知识，假设

(1) 吸收室在初始时刻 $t=0$ 时,酒精量立即为 D_0;在任意时刻,酒精从吸收室吸收进中心室的速率(吸收室在单位时间内酒精含量的减少量)与吸收室的酒精含量成正比,比例系数为 k_1;

(2) 中心室的容积 V 保持不变;在初始时刻 $t=0$ 时,中心室的酒精含量为 0;在任意时刻,酒精从中心室向体外排除的速率(中心室在单位时间内酒精含量的减少量)与中心室的酒精含量成正比,比例系数为 k_2;

(3) 在大李适度饮酒没有酒精中毒的前提下,假设 k_1 和 k_2 都是常数,与饮酒量无关.

5. 模型建立和求解

根据假设(1),吸收室的酒精量 $x_1(t)$ 满足微分方程初值问题

$$\frac{\mathrm{d}x_1}{\mathrm{d}t} = -k_1 x_1, \quad x_1(0) = D_0$$

用分离变量法解得

$$x_1(t) = D_0 \mathrm{e}^{-k_1 t} \tag{4.1.22}$$

根据假设(2),中心室的酒精含量 $c_2(t)$ 满足微分方程初值问题

$$\frac{\mathrm{d}c_2}{\mathrm{d}t} = \frac{k_1 x_1}{V} - k_2 c_2, \quad c_2(0) = 0 \tag{4.1.23}$$

将(4.1.22)式代入(4.1.23)式得

$$\frac{\mathrm{d}c_2}{\mathrm{d}t} = -k_2 c_2 + k_1 k_3 \mathrm{e}^{-k_1 t}, \quad c_2(0) = 0 \tag{4.1.24}$$

其中 $k_3 = D_0/V$.(4.1.24)式是一阶线性常系数非齐次常微分方程的初值问题,当 $k_1 \neq k_2$ 时,用常数变易法解得

$$c_2(t) = \frac{k_1 k_3}{k_1 - k_2} (\mathrm{e}^{-k_2 t} - \mathrm{e}^{-k_1 t}) \tag{4.1.25}$$

6. 数据拟合和模型检验

可以用 MATLAB 统计工具箱函数 nlinfit,根据表 4.2 的数据拟合(4.1.25)式的参数 k_1, k_2 和 k_3.计算结果为

$$k_1 = 2.0079, \quad k_2 = 0.1855, \quad k_3 = 103.86$$

由图 4.5 可以看到数据拟合效果很好,拟合误差较小,分布均匀.这些说明引入的假设和建立的模型是适当的.

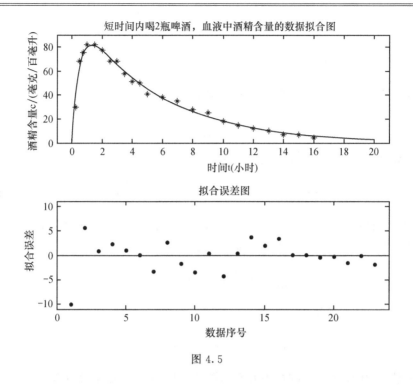

图 4.5

7. 模型应用

下面解释大李碰到的情况. 题目说"大李在中午 12 点喝了一瓶啤酒, 下午 6 点被检查时符合新的驾车标准". 与参考数据(在短时间内喝下两瓶啤酒)相比, 喝酒量减少一半, 所以参数 k_3 也减少一半, 即 $k_3 = D_0/(2V) = 51.93$. 根据模型假设 (3), k_1 和 k_2 保持不变. 记中午 12 点为 $t=0$(单位: 小时), 由(4.1.25)式, 大李的血液中酒精含量的经验公式为

$$c_2(t) = 57.216(\mathrm{e}^{-0.1855t} - \mathrm{e}^{-2.0079t}) \tag{4.1.26}$$

大李在下午 6 点被检查, 此刻 $t=6$, 代入(4.1.26)式, 可以算出此刻大李的血液中酒精含量为 18.799(毫克/百毫升), 不属于饮酒驾车.

题目说大李"紧接着在吃晚饭时又喝了一瓶啤酒, 为了保险起见, 他呆到凌晨 2 点才驾车回家, 又一次遭遇检查时却被定为饮酒驾车". 依题意, 大李在吃晚饭时又喝了一瓶啤酒, 假设这酒是在短时间内喝的, 于是参数 k_1, k_2 和 k_3 与解释中午喝酒的情况时是一样的. 但是微分方程模型的时间和初值都应该有所不同. 仍取 $t=0$ 表示中午 12 点, t 的单位为小时. 由于题目没有给出确定的晚饭喝酒时间, 所以设当 $t=s$ 时大李吃晚饭又喝了一瓶啤酒. 请注意 $s>6$, 因为大李不可能在下午 6 点被检查的同时就喝酒! 于是在晚饭喝酒之前, 大李的血液中酒精含量的变化可

以用函数

$$c_2(t) = \frac{k_1 k_3}{k_1 - k_2}(\mathrm{e}^{-k_2 t} - \mathrm{e}^{-k_1 t}), \quad 0 \leqslant t \leqslant s$$

来表示.特别地,当 $t = s$ 时,得到新的初始条件

$$c_2(s) = \frac{k_1 k_3}{k_1 - k_2}(\mathrm{e}^{-k_2 s} - \mathrm{e}^{-k_1 s}) \tag{4.1.27}$$

根据假设(1),当 $t \geqslant s$ 时,吸收室的酒精量 $x_1(t)$ 满足微分方程初值问题

$$\frac{\mathrm{d}x_1}{\mathrm{d}t} = -k_1 x_1, \quad x_1(s) = \frac{D_0}{2} + \frac{D_0}{2}\mathrm{e}^{-k_1 s} \tag{4.1.28}$$

因为 $s > 6$,所以 $\mathrm{e}^{-k_1 s} < \mathrm{e}^{-6 k_1} = 5.8584 \times 10^{-6}$,即可以认为中午所喝的啤酒已经全部吸收入中心室了,所以(4.1.28)式可以简化为

$$\frac{\mathrm{d}x_1}{\mathrm{d}t} = -k_1 x_1, \quad x_1(s) = \frac{D_0}{2} \tag{4.1.29}$$

初值问题(4.1.29)的解为

$$x_1(t) = \frac{D_0}{2}\mathrm{e}^{-k_1(t-s)}, \quad t \geqslant s$$

根据假设(2),当 $t \geqslant s$ 时,中心室的酒精含量 $c_2(t)$ 满足微分方程

$$\frac{\mathrm{d}c_2}{\mathrm{d}t} = -k_2 c_2 + k_1 k_3 \mathrm{e}^{-k_1(t-s)} \tag{4.1.30}$$

并且 $c_2(t)$ 满足初始条件(4.1.27).注意到 $k_1 \neq k_2$,可以用常数变易法求解由 (4.1.27)式和(4.1.30)式联立而得的初值问题,解得

$$c_2(t,s) = \frac{k_1 k_3}{k_1 - k_2}[(\mathrm{e}^{-k_2 s} - \mathrm{e}^{-k_1 s} + 1)\mathrm{e}^{-k_2(t-s)} - \mathrm{e}^{-k_1(t-s)}], \quad t \geqslant s > 6$$

依题意,大李在凌晨 2 点遭遇检查时被定为饮酒驾车,即 $20 \leqslant c_2(14,s) < 80$.

首先,用 MATLAB 函数 fplot 绘制函数 $f(s) = c_2(14,s)$ 在区间 $6 \leqslant s \leqslant 14$ 的函数图形(见图 4.6).由图 4.6 可知方程 $c_2(14,s) = 20$ 在 $s = 7$ 和 $s = 13.8$ 附近分别有一个零点,如果大李在这两个零点之间所表示的时段内很快地喝一瓶啤酒,然后在凌晨 2 点遭遇检查时,就会因血液内酒精含量超标被定为饮酒驾车.

然后用 MATLAB 函数 fzero 可算出方程 $c_2(14,s) = 20$ 在 $s = 7$ 附近的零点(数值解)为 $s_1 = 7.0416$,即大李在凌晨 2 点被定为饮酒驾车的最早喝酒时刻约为晚上 7 时 3 分;方程 $c_2(14,s) = 20$ 在 $s = 13.8$ 附近的零点(数值解)为 $s_2 = 13.816$,即大李在凌晨 2 点被定为饮酒驾车的最迟喝酒时刻约为凌晨 1 时 49 分(当然,大李不太可能这么晚才喝酒).

最后,还可以用 MATLAB 函数 fminbnd 算出函数 $f(s) = c_2(14,s)$ 在区间

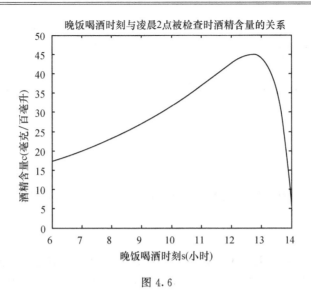

图 4.6

$6 \leqslant s \leqslant 14$ 的最大值点为 $s=12.693$,最大值为 45.012,从而说明如果大李只喝一瓶啤酒,那么无论什么时候喝,大李的血液酒精含量都不会在凌晨 2 点超过醉酒驾车的国家标准 80 毫克/百毫升.

解释大李碰到的情况的 MATLAB 脚本如下:

```
a=[2.0079,0.1855,2.0079 * 51.93/(2.0079-0.1855)]
fc=@(t)a(3).* (exp(-a(2).* t)-exp(-a(1).* t));
fc(6)                      %解释下午 6 点被检查时符合标准
t=14;
f=@(s)a(3).*((exp(-a(2).*s)-exp(-a(1).*s)+1).*exp(-a(2).*(t-s))-exp(-a(1).*(t-s)));
fplot(f,[6,14],'k')
title('晚饭喝酒时刻与凌晨 2 点被检查时酒精含量的关系')
xlabel('晚饭喝酒时刻 s(小时)')
ylabel('酒精含量 c(毫克/百毫升)')
g=@(s)f(s)-20;
s1=fzero(g,7)              %最早的喝酒时刻
s2=fzero(g,13.8)          %最晚的喝酒时刻
h=@(s)-f(s);
[smax,fval]=fminbnd(h,6,14)  %酒精含量最高值及喝酒时刻
```

4.2 单个种群的数量演变

4.2.1 自然增长方程

考察一个国家或地区的人口,记时刻 t 的人口为 $x=x(t)$,虽然 $x(t)$ 是整数,

但是为了利用微积分这一数学工具，可以设 $x(t)$ 是连续函数，并根据需要可以进一步假设 $x(t)$ 可导或分段可导. 在时间段 $[t, t+\Delta t]$ 内人口的改变量为

$$\Delta x = x(t + \Delta t) - x(t)$$

人口增长率函数 $\rho(t)$ 定义为时刻 t 每单位时间内每单位人口的改变量，即

$$\Delta x = \rho(t)x(t)\Delta t$$

令 $\Delta t \to 0$，则得到微分方程

$$\frac{\mathrm{d}x}{\mathrm{d}t} = \rho(t)x \tag{4.2.1}$$

如果假设人口增长率为常数 r，即假设 $\rho(t) \equiv r$，(4.2.1)式就退化为微分方程

$$\frac{\mathrm{d}x}{\mathrm{d}t} = rx \tag{4.2.2}$$

(4.2.2)式称为自然增长方程，又称为马尔萨斯模型（Malthus, 1766—1834，英国著名的经济学家、人口学家）. (4.2.2)式满足初始条件 $x(t_0) = x_0$ 的解为

$$x(t) = x_0 \mathrm{e}^{r(t-t_0)} \tag{4.2.3}$$

(4.2.3)式表明（见图 4.7）

（1）当 $r > 0$ 时，人口按指数规律随时间增长，增长得越来越快，趋于无穷大（这时，微分方程(4.2.2)或其特解(4.2.3)又称为指数增长模型）；

（2）当 $r = 0$ 时，人口停止增长，保持不变；

（3）当 $r < 0$ 时，人口按指数规律随时间衰减，衰减得越来越慢，趋于 0（这时，微分方程(4.2.2)或其特解(4.2.3)又称为指数衰减模型）.

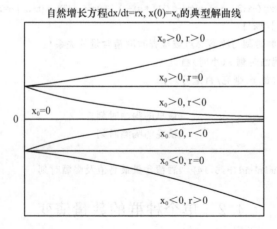

自然增长方程dx/dt=rx, x(0)=x₀的典型解曲线

图 4.7

下面应用自然增长方程来解决美国人口预报问题（问题和数据见 3.4.3 小

节).从 1790 年至 2020 年,每隔 10 年的美国人口数量分别记为 $x_k(k=1,2,\cdots,24)$(百万),其中 $x_1,x_2,\cdots,x_{22}$ 为已知数据,x_{23} 和 x_{24} 待预测.

首先,用精确度较高的中点公式

$$R_k = \frac{x_{k+1} - x_{k-1}}{20x_k}, \quad k = 2,3,\cdots,21$$

计算美国人口的年增长率 R_k(见表 4.3).

表 4.3 用中点公式计算的美国人口年增长率 （单位:%）

年　份	1800	1810	1820	1830	1840	1850	1860
年增长率	3.1132	2.9861	2.9688	2.907	3.0117	3.0819	2.4522
年　份	1870	1880	1890	1900	1910	1920	1930
年增长率	2.4352	2.4203	2.0509	1.9145	1.6576	1.4648	1.0227
年　份	1940	1950	1960	1970	1980	1990	
年增长率	1.044	1.5793	1.4863	1.1569	1.0464	1.0919	

由 R_k 的计算结果可以发现

(1) 从 1800 年至 1850 年,年增长率保持在 3% 左右,因此,可以假设从 1790～1860 年,美国人口年增长率为常数;

(2) 从 1860 年至 1940 年,美国人口的年增长率随年份(更确切地说,随人口数量的增加)而逐渐下降,从约 3% 下降到约 1%;

(3) 1950 年和 1960 年的年增长率升高到约 1.5%,这可能是因为第二次世界大战结束之后美国成为世界超级大国,经济和科技飞速发展,并且接受大量移民,加上战争刚结束,所以生育率升高;

(4) 从 1970 年至 1990 年,年增长率保持在 1.1% 左右,因此,又可以假设从 1960 年开始美国人口年增长率为常数.

下面分两种情况来讨论.

情况一(长期预报) 假设从 1790 年至 1860 年美国人口年增长率为常数 r,取定初始时刻 $t_0=1790$,r 和 x_0 待定,根据 1790 年至 1860 年的人口统计数据进行非线性拟合.MATLAB 脚本如下:

```
t=1790:10:2000;
x=[3.9,5.3,7.2,9.6,12.9,17.1,23.2,31.4,38.6,50.2,62.9,76.0,...
   92.0,106.5,123.2,131.7,150.7,179.3,204.0,226.5,251.4,281.4];
f1=@(b,t)b(2).*exp(b(1).*(t-1790));
[b1,r1]=nlinfit(t(1:8),x(1:8),f1,[0.03,3.9])
sse1=sum(r1.^2)
x1=f1(b1,[t,2010,2020])
figure(1)
```

```
subplot(2,1,1)
plot(t(1:8),x(1:8),'k*',t(9),x(9),'k+',1785:1875,f1(b1,1785:1875),'k:')
axis([1785,1875,0,50])
xlabel('年份'),ylabel('人口(百万)')
title('自然增长方程拟合美国人口(根据1790年至1860年数据)')
legend('用于拟合的实际数据','未用于拟合的实际数据',2)
subplot(2,1,2)
plot(t(1:8),r1,'k.',[1785,1875],[0,0],'k')
axis([1785,1875,-.2,.2])
xlabel('年份'),ylabel('拟合误差')
title('拟合误差图')
figure(2)
plot(t(1:8),x(1:8),'k*',t(9:22),x(9:22),'k+',...
    [2010,2020],x1(end-1:end),'kp',...
    1780:2020,f1(b1,1780:2020),'k:')
axis([1780,2030,-300,3700])
xlabel('年份'),ylabel('人口(百万)')
title('自然增长方程预报美国人口(根据1790年至1860年数据)')
legend('用于拟合的实际数据','未用于拟合的实际数据','预测值',2)
```

命令窗口显示的计算结果为

```
b1=
    0.029691    3.918
r1=
  Columns 1 through 5
    -0.01799    0.027607    0.105    0.052349    0.05184
  Columns 6 through 8
    -0.18962    -0.066429  0.090644
sse1=
    0.066123
x1=
  Columns 1 through 5
        3.918      5.2724      7.095      9.5477      12.848
  Columns 6 through 10
        17.29     23.266     31.309     42.133     56.697
  Columns 11 through 15
```

76.297	102.67	138.16	185.93	250.2

Columns 19 through 20

336.69	453.08	609.7	820.47	1104.1

Columns 21 through 24

1485.8	1999.4	2690.5	3620.6

根据计算结果和图 4.8 得知从 1790 年至 1860 年,平均年增长率 $r=0.029691$,初始值 $x_0=3.918$ 百万,误差平方和等于 0.066123,得到美国人口演变的经验公式为

$$x = 3.918\mathrm{e}^{0.029691(t-1790)} \tag{4.2.4}$$

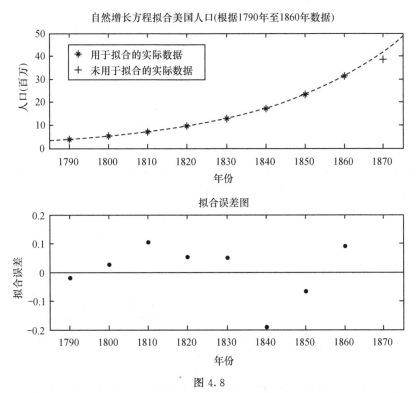

图 4.8

用(4.2.4)式进行人口预报,结果为 2010 年,2690.5 百万;2020 年,3620.6 百万.预报结果显然是过分夸大的,这是由假设年增长率保持约 3% 不变而导致的.实际上,年增长率在 1860 年以后逐渐下降,并非保持约 3% 不变.读者由图 4.9 就可以体会什么叫做"按指数规律随时间无限增长".

情况二(短期预报) 假设从 1960 年开始,美国人口年增长率为常数 r,取定初始时刻 $t_0=1960$,r 和 x_0 待定,根据 1960 年至 2000 年的人口统计数据进行非线

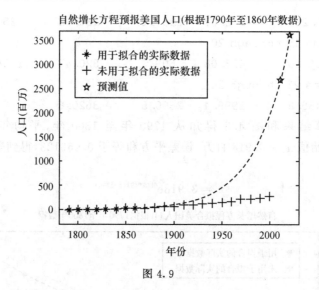

图 4.9

性拟合.计算结果为从 1960 年开始,平均年增长率 $r = 0.011039$,初始值 $x_0 =$ 181.04,误差平方和等于 7.4484,得到美国人口演变的经验公式为

$$x = 181.04e^{0.011039(t-1960)} \tag{4.2.5}$$

用 (4.2.5) 式进行人口预报,结果为 2010 年,314.4 百万;2020 年,351.1 百万,认为这是合理的预测值(见图 4.10 和图 4.11).

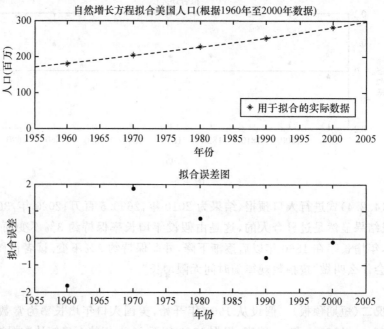

图 4.10

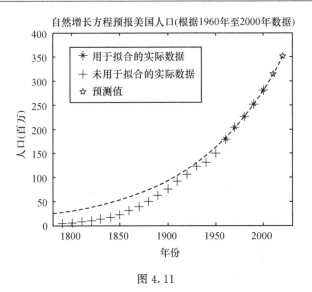

图 4.11

小结 一般认为自然增长方程(指数增长模型)适合短期人口预报,但是不适合长期人口预报.即使是短期预报,其效果也取决于增长率在短期内的实际变化趋势是否保持不变.

4.2.2 阻滞增长方程

人类历史表明,由于资源环境的有限和人类社会在政治、经济、科技和文化等方面的发展,随着人口数量的增加,虽然人均寿命延长,死亡率下降,但是出生率下降得更显著,导致人口增长率下降,这就是人口的阻滞增长现象.为了刻画人口的阻滞增长,在(4.2.1)式中,假设在时刻 t 人口增长率 $\rho(t)$ 为相应的人口数量 $x(t)$ 的线性递减函数,即

$$\rho(t) = r(1 - x(t)/N) \tag{4.2.6}$$

其中参数 $r>0$,称为人口固有增长率,即人口很少时(理论上当 $x=0$ 时)的人口增长率;参数 $N>0$,称为人口最大容量.另外,$N-x(t)$ 称为人口尚未实现部分,$1-x(t)/N$ 是人口尚未实现部分占最大容量的比例.(4.2.6)式表明,人口增长率与人口尚未实现部分成正比.模型假设(4.2.6)常常又被称为 Logistic 规律.

将模型假设(4.2.6)代入(4.2.1)式,就得到阻滞增长方程

$$\frac{\mathrm{d}x}{\mathrm{d}t} = rx\left(1 - \frac{x}{N}\right) \tag{4.2.7}$$

用分离变量法容易得到(4.2.7)式满足初始条件 $x(t_0)=x_0$ 的解为

$$x(t) = \frac{Nx_0}{x_0 + (N - x_0)\mathrm{e}^{-r(t-t_0)}} \tag{4.2.8}$$

微分方程(4.2.7)或其特解(4.2.8)又称为阻滞增长模型或 Logistic 模型. 阻滞增长模型是最常用的数学模型之一, 在应用中,(4.2.8)式常常写成如下更一般的形式:

$$x(t) = \frac{c}{1 + a\mathrm{e}^{-bt}}$$

其中 a, b 和 c 都是正数.

请注意以下事实:

(1) 在(4.2.7)式中令 $rx(1-x/N)=0$, 则解得 $x=0$ 和 $x=N$, 所以(4.2.7)式有且仅有 $x=0$ 和 $x=N$ 这两个临界点(平衡点).

(2) 当初值 $x_0=0$ 时,(4.2.8)式的函数图像为水平直线 $x=0$; 当初值 $x_0=N$ 时,(4.2.8)式的函数图像为水平直线 $x=N$, 所以 $x(t)\equiv 0$ 和 $x(t)\equiv N$ 是(4.2.7)式的常数解.

下面分析(4.2.7)式的临界点的渐近稳定性(见图 4.12). $x=N$ 是局部渐近稳定的临界点, 而 $x=0$ 是不稳定的临界点. 这是因为

阻滞增长方程dx/dt=rx(1-x/N)的典型解曲线

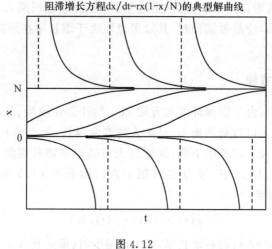

图 4.12

(1) 当 $x_0<0$ 时,(4.2.8)式的函数图像为单调下降曲线, 位于水平直线 $x=0$ 下方, 以 $x=0$ 为水平渐近线, 即 $\lim\limits_{t\to-\infty} x(t)=0$(因为当 $t\to-\infty$ 时,(4.2.8)式分母中的指数函数趋于 $+\infty$), 以

$$t = t_1 = t_0 + \frac{1}{r}\ln\frac{N-x_0}{-x_0}$$

为铅直渐近线(注意 $t_1>t_0$), 即 $\lim\limits_{t\to t_1^-} x(t)=-\infty$(因为当 $t<t_1$ 时,(4.2.8)式的分子为负数、分母为正数, 当 $t=t_1$ 时,(4.2.8)式的分母为零);

(2) 当 $0<x_0<N$ 时,(4.2.8)式的函数图像为 S 形的单调上升曲线, 位于水

平直线 $x=0$ 和 $x=N$ 之间,以 $x=0$ 和 $x=N$ 为水平渐近线,即 $\lim\limits_{t\to-\infty} x(t)=0$,$\lim\limits_{t\to+\infty} x(t)=N$(因为当 $t\to+\infty$ 时,(4.2.8)式分母中的指数函数趋于0);

(3) 当 $x_0>N$ 时,(4.2.8)式的函数图像为单调下降曲线,位于水平直线 $x=N$ 上方,以

$$t=t_2=t_0-\frac{1}{r}\ln\frac{x_0}{x_0-N}$$

为铅直渐近线(注意 $t_2<t_0$),即 $\lim\limits_{t\to t_2^+} x(t)=+\infty$(因为当 $t=t_2$ 时,(4.2.8)式的分母为零,当 $t>t_2$ 时,(4.2.8)式的分子、分母同为正数),以 $x=N$ 为水平渐近线,即 $\lim\limits_{t\to+\infty} x(t)=N$.

综上所述,当 $x_0\in(0,+\infty)$ 时,$x=N$ 为阻滞增长方程(4.2.7)的局部渐近稳定的临界点.由于在任何时刻 t,人口数量 $x(t)\in(0,+\infty)$,所以对实际问题而言,$x=N$ 为全局渐近稳定的临界点.

下面详细分析当 $0<x_0<N$ 时,(4.2.8)式的函数图像——S形曲线(见图4.13).S形曲线左边是下凹的,说明 $\mathrm{d}x/\mathrm{d}t$ 先逐渐增加;右边是上凸的,说明 $\mathrm{d}x/\mathrm{d}t$ 后来又逐渐减小.(4.2.7)式表明 $\mathrm{d}x/\mathrm{d}t$ 是 x 的二次函数,当 $x=0$ 和 $x=N$ 时都有 $\mathrm{d}x/\mathrm{d}t=0$,所以当 $x=N/2$(人口 x 达到人口容量 N 的一半)时,$\mathrm{d}x/\mathrm{d}t$ 达到最大值(人口增长最快),而且S形曲线的拐点为 $(t_{N/2},N/2)$,其中人口增长最快的时刻为

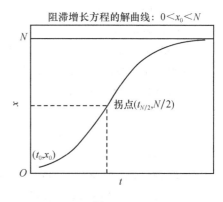

图 4.13

$$t_{N/2}=t_0+\frac{1}{r}\ln\left(\frac{N}{x_0}-1\right)$$

下面接续 4.2.1 小节,用阻滞增长方程预报美国人口(问题及数据见 3.4.3 小节,用中点公式计算的美国人口年增长率见表 4.3).为了引入模型假设(4.2.6),首先绘制表 4.3 的年增长率 R_k 关于人口数量 $x_k(k=2,3,\cdots,21)$ 的散点图(见图4.14),观察图形可以发现从 1800 年至 1940 年的 15 个数据点很符合模型假设"增长率是人口的线性递减函数",而 1800 年至 1990 年的全部数据点只是勉强符合这一模型假设.将相应的拟合直线图形添加到散点图上.

情况一 假设从 1790 年至 1950 年美国人口年增长率是人口数量的线性递减函数,取定初始时刻 $t_0=1790,r,N$ 和 x_0 待定,根据 1790 年至 1950 年的人口统计数据对(4.2.8)式进行非线性拟合.MATLAB 脚本如下:

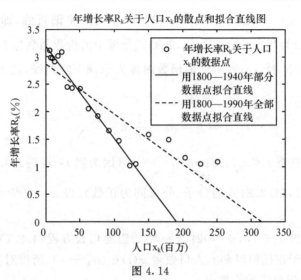

图 4.14

```
t =1790:10:2000;
x=[3.9,5.3,7.2,9.6,12.9,17.1,23.2,31.4,38.6,50.2,62.9,76.0,...
   92.0,106.5,123.2,131.7,150.7,179.3,204.0,226.5,251.4,281.4];
f=@(b,t)b(2).*b(3)./(b(3)+(b(2)-b(3)).*exp(-b(1).*(t-1790)));
[b1,r1]=nlinfit(t(1:17),x(1:17),f,[0.03,200,3.9])
sse1=sum(r1.^2)
x1=f(b1,[t,2010,2020])
subplot(2,1,1)
plot(t(1:17),x(1:17),'k* ',...
    t(18:22),x(18:22),'k+',...
    [2010,2020],x1(23:24),'kp',...
    1785:2025,f(b1,1785:2025),'k:')
axis([1785,2025,0,300])
legend('用于拟合的实际数据','未用于拟合的实际数据','预测值',2)
xlabel('年份'),ylabel('人口（百万）')
title('阻滞增长方程拟合和预报美国人口(根据 1790 年至 1950 年数据)')
subplot(2,1,2)
plot(t(1:17),r1,'k.',[1785,2025],[0,0],'k')
axis([1785,2025,-5,5])
xlabel('年份'),ylabel('拟合误差')
title('拟合误差图')
```

命令窗口显示的计算结果为

b1=

    0.030954   199.12   4.029

r1=

  Columns 1 through 5

    -0.12899   -0.1507   -0.15518 -0.2911   -0.34098

    Columns 6 through 10

    -0.51975   -0.065317   0.98335 -0.67521   0.25013

  Columns 10 through 15

     0.50669   -0.35   0.65707 -0.2207   1.4375

  Columns 16 through 17

     -4.1082   2.3334

sse1=

    27.273

x1=

  Columns 1 through 5

     4.029   5.4507   7.3552   9.8911   13.241

  Columns 6 through 10

     17.62   23.265   30.417 39.275   49.95

  Columns 11 through 15

     62.393   76.35   91.343 106.72   121.76

  Columns 16 through 20

     135.81   148.37   159.17 168.15   175.41

  Columns 21 through 24

     181.15   185.61   189.02 191.61

根据计算结果和图 4.15 得知从 1790 年至 1950 年,固有年增长率 $r=$ 3.0954%,人口最大容量 $N=199.12$ 百万,初始值 $x_0=4.029$ 百万,误差平方和等于 27.273,得到美国人口演变的经验公式为

$$x(t) = \frac{802.24}{4.029 + 195.09\mathrm{e}^{-0.030954(t-1790)}} \tag{4.2.9}$$

用(4.2.9)式进行人口预报,结果为 2010 年,189.02 百万;2020 年,191.61 百万,预报结果太低,不合理. 比较(4.2.9)式的 S 形曲线与美国人口统计数据(见图 4.15),可以看到(4.2.9)式能很好地模拟美国人口在 1950 年以前的演变过程,但是严重低估了 1950 年之后的人口数量.

情况二 假设从 1790 年至 2000 年美国人口年增长率是人口数量的线性递减函数,取定初始时刻 $t_0=1790$,r,N 和 x_0 待定,根据 1790 年至 2000 年的人口统计

数据对(4.2.8)式进行非线性拟合. 计算结果为 $r=2.1547\%$, $N=446.57$ 百万, $x_0=7.6981$ 百万, 误差平方和等于 457.74(见图 4.16), 得到美国人口演变的经验公式为

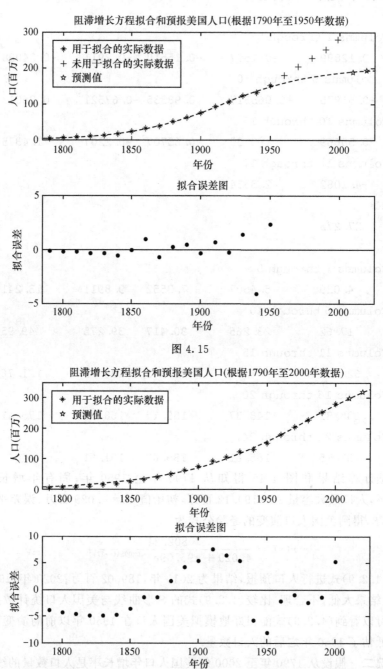

图 4.15

图 4.16

$$x(t) = \frac{3437.8}{7.6981 + 438.88 \mathrm{e}^{-0.021547(t-1790)}} \tag{4.2.10}$$

如果应用(4.2.10)式进行人口预报,结果为 2010 年,298.11 百万;2020 年,318.65 百万.经过计算得知预测 2000 年至 2010 年和 2010 年至 2020 年的年增长率分别为 0.79935% 和 0.68879%,再加上由(4.2.10)式得到的 2000 年的模拟值比实际值小 5.352 百万,所以由(4.2.10)式得到的预报值可能会偏低.

最后,比较(4.2.10)式(阻滞增长模型)和 3.4.3 小节的模型一(离散阻滞增长模型),发现两者的结果很接近,从误差平方和来看,属于连续模型的阻滞增长模型较优.

小结 一般认为阻滞增长方程(阻滞增长模型)适用于研究人口的长期演变过程,并用来作包括短期和中长期在内的人口预报,其预报的精确程度依赖于模型假设近似实际信息的精确程度.

4.3 常微分方程数值解和图形分析

4.3.1 常微分方程数值解的欧拉方法

读者在"常微分方程"课程中学习过精确求解多种类型的常微分方程(组)及其初(边)值问题的技巧,可以使用 Maple,Mathematica 等符号计算软件计算出这些精确解.MATLAB 软件的符号数学工具箱(Symbolic Math Toolbox)也可以求解微分方程的精确解,其计算引擎实际上是基于 Maple 软件的核心程序的,所以 MATLAB 符号数学工具箱的符号计算的功能不如 Maple 和 Mathematica 那样完善.读者可以通过查阅相关软件的帮助文档来学习怎样使用数学软件求解微分方程的精确解.

有很多非线性的常微分方程(组)明明是有解的,可是精确解是非初等函数,不能用基本初等函数经过有限次的四则运算或复合运算来表示,无论是运用在"常微分方程"课程中学习过的技巧,还是运用数学软件求这些方程(组)的初等函数显式解都是行不通的.这样的例子有

$$\frac{\mathrm{d}y}{\mathrm{d}x} = \mathrm{e}^{-x^2}$$

和

$$\begin{cases} \dfrac{\mathrm{d}x}{\mathrm{d}t} = rx - axy \\ \dfrac{\mathrm{d}y}{\mathrm{d}t} = -dy + bxy \end{cases}$$

研究这些方程(组)的一种替代方法是数值解,就是将微分方程(组)离散化,通过程序计算满足给定的初(边)值条件的解的数值逼近解.

微分方程数值解的基石是欧拉方法.为了给出微分方程

$$\frac{\mathrm{d}y}{\mathrm{d}x} = f(x,y) \tag{4.3.1}$$

的初值问题

$$\frac{\mathrm{d}y}{\mathrm{d}x} = f(x,y), \quad y(x_0) = y_0 \tag{4.3.2}$$

在闭区间$[a,b]$ $(a=x_0)$上的数值逼近解,欧拉(Euler,1707—1783)引入了如下迭代公式:

$$\begin{cases} x_{n+1} = x_n + h \\ y_{n+1} = y_n + hf(x_n, y_n) \end{cases} \tag{4.3.3}$$

其中$h>0, n=0,1,\cdots,\lfloor(b-a)/h\rfloor-1$($\lfloor x \rfloor$是不超过$x$的最大整数).

欧拉的思想是这样的:首先选择一个固定的(水平的)步长$h>0$,取定实数列$\{x_n\}$,其中$x_n=a+nh(n=0,1,\cdots,\lfloor(b-a)/h\rfloor)$.然后用$y_{n+1}=y_n+hf(x_n,y_n)$作为精确解$y(x_{n+1})(n=0,1,\cdots,\lfloor(b-a)/h\rfloor-1)$的数值逼近,其中$y_0=y(x_0)$.

欧拉方法从$(x_n y_n)$到(x_{n+1}, y_{n+1})的一步

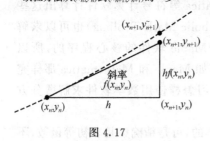

图 4.17

如图 4.17 所示,$f(x_n, y_n)$是微分方程(4.3.1)经过点(x_n, y_n)的积分曲线在点(x_n, y_n)的斜率,而$\tilde{y}_{n+1}$是(4.3.1)式满足初始条件$y(x_n)=y_n$的初值问题在$x=x_{n+1}$的精确解.欧拉方法从(x_n, y_n)到(x_{n+1}, y_{n+1})一步的局部误差是$\tilde{y}_{n+1}$与y_{n+1}之间的误差,即切线偏离积分曲线的距离.根据泰勒(Taylor)定理(即数学分析关于泰勒展开的中值定理)可以证明欧拉方法的局部误差对于h是二阶的,即$\tilde{y}_{n+1}-y_{n+1}=O(h^2)$.

欧拉方法从(x_0, y_0)到(x_{n+1}, y_{n+1})的累积误差,就是每一步局部误差的累积之和,即y_{n+1}与初值问题(4.3.2)的精确解$y(x_{n+1})$之间的误差.以下的定理(参见文献[11]的 2.5 节)指出欧拉方法的累积误差对于h是一阶的,所以称欧拉方法具有一阶精度.一般地,数值计算方法的精度是由局部误差对于h的阶定义的:如果一个方法的局部误差为$O(h^{p+1})$,就称该方法具有p阶精度.

定理 4.3.1[11] 假设初值问题(4.3.2)在闭区间$[a,b]$ $(a=x_0)$上有唯一解$y(x)$,并且$y(x)$在$[a,b]$上二阶连续可导.如果y_n是根据步长$h>0$的欧拉方法在$[a,b]$上计算得到的对精确值$y(x_n)$的逼近值,则存在与h无关的常数C,使得对$n=0,1,\cdots,\lfloor(b-a)/h\rfloor$都有

$$| y_n - y(x_n) | \leqslant Ch$$

进一步有

$$\lim_{h \to 0^+} \Big(\max_{n=0,1,\cdots,\lfloor (b-a)/h \rfloor} | y_n - y(x_n) | \Big) = 0$$

欧拉方法(4.3.3)可以进一步推广为求解常微分方程组初值问题的数值算法. 欧拉方法的明显缺点如下:

(1) 理论上,要获得越高的精确性,就需要越小的步长,但计算的时间就会越长;

(2) 实际上,除了欧拉方法本身的局部误差及累积误差,计算上还存在舍入误差. 如果步长太小,舍入误差会累积到不可接受的程度.

以下是用欧拉方法求解初值问题(4.3.2)(仅限于一个方程的情形)的 MAT-LAB 函数 M 文件:

```
function[X,Y]=euler(fun,x0,y0,x1,n)
%在[x0,x1]上计算 dy/dx=fun(x,y),y(x0)=y0 的数值解
%将[x0,x1]n 等分
h=(x1-x0)./n;
X=x0;
Y=y0;
for k =1:n
    Y(k+1)=Y(k)+h.* fun(X(k),Y(k));
    X(k+1)= X(k)+h;
end
```

例 4.3.1 用欧拉方法计算初值问题

$$\frac{\mathrm{d}y}{\mathrm{d}x} = \mathrm{e}^{-x^2}, \quad y(0) = 0$$

在区间[0,1]上的数值解.

解答 以下是计算程序(计算结果见表 4.4,使用 MATLAB 函数 ode45 的计算结果作为精确度较高的数值解参考值):

```
f=@(x,y)exp(-x.^2);
[x1,y1]=euler(f,0,0,1,100);    %h=0.01
[x2,y2]=euler(f,0,0,1,1000);   %h=0.001
[x3,y3]=euler(f,0,0,1,10000);  %h=0.0001
[x4,y4]=euler(f,0,0,1,100000); %h=0.00001
```

```
[x5,y5]=ode45(f,0:.1:1,0);
[0:.1:1;y1(1:10:101);y2(1:100:1001);...
y3(1:1000:10001);y4(1:10000:100001);y5.'].'
```

表 4.4 欧拉方法计算初值问题 $dy/dx = e^{-x^2}, y(0) = 0$

x	$h=0.01$	$h=0.001$	$h=0.0001$	$h=0.00001$	ode45
0	0	0	0	0	0
0.1	0.099716	0.099673	0.099668	0.099668	0.099668
0.2	0.19756	0.19738	0.19737	0.19737	0.19737
0.3	0.29166	0.29128	0.29124	0.29124	0.29124
0.4	0.38039	0.37973	0.37966	0.37965	0.37965
0.5	0.46238	0.46139	0.46129	0.46128	0.46128
0.6	0.53666	0.5353	0.53517	0.53516	0.53515
0.7	0.60262	0.60088	0.60071	0.60069	0.60069
0.8	0.66003	0.65791	0.65769	0.65767	0.65767
0.9	0.70901	0.70652	0.70627	0.70624	0.70624
1	0.74998	0.74714	0.74686	0.74683	0.74682

4.3.2 常微分方程数值解的 MATLAB 实现

在实践中广泛使用的精度更高的常微分方程数值方法是以两位德国数学家 Runge 和 Kutta 的姓氏命名的一系列方法,欧拉方法实际上就是一阶 Runge-Kutta 方法. MATLAB 实现微分方程数值解的最常用的函数 ode45 是基于 Runge-Kutta 方法而开发的.

MATLAB 有 7 个实现微分方程数值解的函数:ode23,ode45,ode113,ode15s, ode23s,ode23t 和 ode23tb,它们的语法格式是相同的,其中最常用的是 ode45,它被 MATLAB 帮助文档推荐为求解大多数常微分方程数值解的首选函数. ode45 可以求如下形式的常微分方程(组)初值问题的数值解:

$$\frac{dy}{dx} = f(x, y), \quad y(x_0) = y_0 \tag{4.3.4}$$

其中

$$y = (y_1(x), \cdots, y_n(x))^T, \quad y_0 = (y_{1,0}, \cdots, y_{n,0})^T, \quad \frac{dy}{dx} = \left(\frac{dy_1}{dx}, \cdots, \frac{dy_n}{dx}\right)^T$$

$$f(x, y) = (f_1(x, y_1, \cdots, y_n), \cdots, f_n(x, y_1, \cdots, y_n))^T$$

积分区间为 $[x_0, x_f]$ 或 $[x_f, x_0]$. ode45 的常用语法格式如下:

(1) [X,Y]=ode45(odefun,xspan,y0)

第一输入项 odefun 是(4.3.4)式的函数 $f(x, \boldsymbol{y})$ 的函数句柄,既可以由匿名函数创建,也可以用函数 M 文件实现,注意 odefun 的输出必须是列向量.

第二输入项 xspan 是自变量 x 的要计算数值解的区间,即 xspan=[x0, xf],或者是区间的划分,即 xspan=[x0, x1, ⋯, xf],不要求划分是均匀的,但必须单调增或者单调减.这里的 x0 和 xf 即积分区间的 x_0 和 x_f,不管是 $x_0 < x_f$ 还是 $x_0 > x_f$,xspan 都必须以 x_0 为第一个元素,以 x_f 为最后一个元素.

第三输入项 y0 即初始条件的 $\boldsymbol{y}_0$,虽然 $\boldsymbol{y}_0$ 是列向量,但 y0 也可以是行向量.

第一输出项 X 是自变量数组,X 是列向量.如果 xspan=[x0, xf],则 X 为 ode45 迭代计算数值解时产生的自变量 x 的数列(不一定是等差数列);如果 xspan=[x0, x1, ⋯, xf],则 X=xspan(:);

第二输出项 Y 是初值问题(4.3.4)在数组 X 处的数值解数组,Y 的第 i 列是 $y_i(x)$ 的数值解.特别地,如果 xspan=[x0, x1, ⋯, xf],则 Y 的第 i 列是 $y_i(x)$ 分别在 $x=$x0, $x=$x1, ⋯, $x=$xf 的数值解.

(2) opt=odeset('RelTol',100.* eps,'AbsTol',eps);

[X,Y]=ode45(odefun,xspan,y0,opt)

第四输入项是将常微分方程数值解法的选项 AbsTol(绝对误差精度,系统默认值为 1e-6)的值修改成 eps(双精度浮点数的 eps$=2^{-52}$,约等于 2.2204e-016),将另一个选项 RelTol(相对误差精度,系统默认值为 1e-3)修改成 100.* eps(系统规定的最小值,如果用户设定的 RelTol 的值小于 100.* eps,则系统自动将 RelTol 的值设定为 100.* eps).这样做能提高计算精确度,但是需要更长的耗用时间(elapsed time).

注 4.3.1 查看 MATLAB 执行某个(些)语句的耗用时间的方法如下:在这个(些)语句的开始前添加命令 tic,并在结束后添加命令 toc.MATLAB 会在命令窗口显示以秒为单位的耗用时间.重复执行同样的语句,会发现耗用时间有一定的随机性,并非每次都相同.

例 4.3.2 海上缉私.

海防某部缉私艇上的雷达发现正东方向 c 海里处有一艘走私船正以一定速度向正北方向行驶,缉私艇立即以最大速度前往拦截.用雷达进行跟踪时,可保持缉私艇的速度方向始终指向走私船.建立任意时刻缉私艇的位置和缉私艇航线的数学模型,确定缉私艇追上走私船的位置,求出追上的时间.(参见文献[2]的实验 4.)

1) 模型建立和解析解的推导

建立直角坐标系,设缉私艇在初始时刻 $t=0$ 时位于坐标原点,发现走私船位于 $(c, 0)$,正以速度 a 行驶,a 的方向始终为 y 轴正方向.缉私艇立即开始以最大速度

$b(b>a)$前往拦截,b 的方向始终指向走私船. 设缉私艇在任意时刻 t 位于点 $P(x,y)$,则走私船在同一时刻位于点 $Q(c,at)$,直线 PQ 与缉私艇航线相切. 列式得

$$\frac{\mathrm{d}x}{\mathrm{d}t} = \frac{b(c-x)}{\sqrt{(c-x)^2 + (at-y)^2}} \tag{4.3.5}$$

$$\frac{\mathrm{d}y}{\mathrm{d}t} = \frac{b(at-y)}{\sqrt{(c-x)^2 + (at-y)^2}} \tag{4.3.6}$$

$$x(0) = y(0) = 0 \tag{4.3.7}$$

由(4.3.5)式和(4.3.6)式联立的常微分方程组没有关于 $x=x(t)$ 和 $y=y(t)$ 的初等函数显式解,但是可以求得关于 $y=y(x)$ 的初等函数显式解,推导过程如下:

将(4.3.6)式除以(4.3.5)式,就可以消去 $\mathrm{d}t$ 以及 $b/\sqrt{(c-x)^2+(at-y)^2}$ 得

$$(c-x)\frac{\mathrm{d}y}{\mathrm{d}x} + y = at \tag{4.3.8}$$

为了消去(4.3.8)式的 t,注意缉私艇的速度 $b=\mathrm{d}s/\mathrm{d}t$,其中弧长微分 $\mathrm{d}s = \sqrt{(\mathrm{d}x)^2 + (\mathrm{d}y)^2}$,所以

$$\frac{\mathrm{d}t}{\mathrm{d}x} = \frac{\mathrm{d}t}{\mathrm{d}s}\frac{\mathrm{d}s}{\mathrm{d}x} = \frac{1}{b}\sqrt{1+\left(\frac{\mathrm{d}y}{\mathrm{d}x}\right)^2} \tag{4.3.9}$$

在(4.3.8)式的两边对 x 求导,并将(4.3.9)式代入得

$$(c-x)\frac{\mathrm{d}^2y}{\mathrm{d}x^2} = \frac{a}{b}\sqrt{1+\left(\frac{\mathrm{d}y}{\mathrm{d}x}\right)^2} \tag{4.3.10}$$

(4.3.10)式是关于 $y=y(x)$ 的二阶常微分方程,令 $z=\mathrm{d}y/\mathrm{d}x$,则可化为关于 $z=z(x)$ 的一阶常微分方程

$$(c-x)\frac{\mathrm{d}z}{\mathrm{d}x} = \frac{a}{b}\sqrt{1+z^2} \tag{4.3.11}$$

因为 $\mathrm{d}x/\mathrm{d}t|_{t=0}=b,\mathrm{d}y/\mathrm{d}t|_{t=0}=0$,所以 $\mathrm{d}y/\mathrm{d}x|_{x=0}=0$,根据(4.3.7)式,当 $t=0$ 时有 $x=0$ 且 $y=0$,因此,二阶微分方程(4.3.10)所满足的初始条件为 $y|_{x=0}=$ $\mathrm{d}y/\mathrm{d}x|_{x=0}=0$,于是一阶微分方程(4.3.11)所满足的初始条件为 $z(0)=0$.

用分离变量法可以求得(4.3.11)式满足初始条件 $z(0)=0$ 的特解为

$$z = \frac{1}{2}\left[c^{a/b}(c-x)^{-a/b} - c^{-a/b}(c-x)^{a/b}\right] \tag{4.3.12}$$

然后(4.3.12)式对 x 积分,并代入(4.3.10)式所满足的初始条件,最后解得

$$y = \frac{c}{2}\left[\frac{1}{p}\left(\frac{c-x}{c}\right)^p - \frac{1}{q}\left(\frac{c-x}{c}\right)^q\right] + \frac{abc}{b^2-a^2} \tag{4.3.13}$$

其中 $p=1+a/b, q=1-a/b$.

下面根据(4.3.13)式计算缉私艇从开始追赶到追上走私船所消耗的时间 T（T 称为追及时间）. 当缉私艇追上走私船时必有 $x=c$，于是 $y=abc/(b^2-a^2)$. 又因为对于走私船有 $y=aT$，从而算得追及时间为 $T=bc/(b^2-a^2)$. 例如，取 $a=35$ 海里/小时，$b=40$ 海里/小时，$c=15$ 海里，可以算得追及时间为 $T=1.6$ 小时，追上的位置坐标为 $(15,56)$（单位:海里）.

绘制图 4.18 的 MATLAB 程序如下：

```
a=35;b=40;c=15;p=1+a./b,q=2-p,T=b.*c/(b.^2-a.^2),Y=T.*a
y=@(x)c./2.*(1./p.*((c-x)./c).^p-1./q.*((c-x)./c).^q)+Y;
subplot(1,2,1),fplot(y,[0,c],'k'),hold on
plot([c,c],[0,Y],'k:'),axis([-1,c+1,-2,Y+2])
legend('缉私艇','走私船',2),title('缉私艇追走私船的航线')
xlabel('x'),ylabel('y'),hold off
subplot(1,2,2),fplot(y,[c-.01,c],'k'),hold on
plot([c,c],[y(c-.01),Y],'k:')
axis([c-.01,c+.0005,y(c-.01)-1,Y+1])
legend('缉私艇','走私船',2),title('航线的局部放大')
xlabel('x'),ylabel('y'),hold off
```

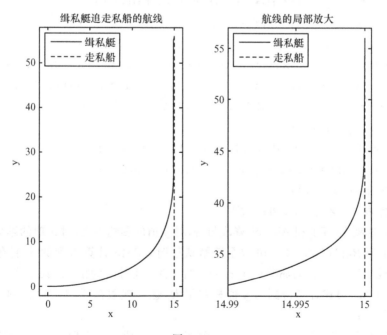

图 4.18

命令窗口显示的计算结果为

```
p=
        1.875
q=
        0.125
T=
        1.6
Y=
        56
```

2）数值解

根据图 4.18,在追逐的最后阶段,缉私艇的速度方向非常近似 y 轴正方向,其航线的 x 坐标非常近似 $c=15$,而 y 坐标继续随时间 t 增加.以下程序用 MAT-LAB 函数 ode45 计算由(4.3.5)～(4.3.7)式联立的初值问题的数值解,观察在追逐的最后阶段(从 $t=1.5$ 小时～$t=1.6$ 小时),MATLAB 函数 ode45 的计算精确度,并将由 ode45 计算得到的 y 值与由解析解(4.3.13)在相同的 x 值进行浮点计算得到的 y 值进行比较.程序如下(计算结果如表 4.5 和表 4.6 所示):

```
format long g,a=35;b=40;c=15;p=1+a./b;q=2-p;
T=b.*c/(b.^2-a.^2);Y=T.*a;
y=@(x)c./2.*(1./p.*((c-x)./c).^p-1./q.*((c-x)./c).^q)+Y;
F=@(t,x)[b.*(c-x(1))./sqrt((c-x(1)).^2+(a.*t-x(2)).^2);...
    b.*(a.*t-x(2))./sqrt((c-x(1)).^2+(a.*t-x(2)).^2)];
tic,[t1,x1]=ode45(F,[0,1.5:.01:1.6],[0,0]);toc
[t1,x1,y(x1(:,1))]
opt=odeset('RelTol',100.*eps,'AbsTol',eps);
tic,[t2,x2]=ode45(F,[0,1.5:.01:1.6],[0,0],opt);toc
[t2,x2,y(x2(:,1))]
```

对比表 4.5 和表 4.6 可以发现

(1) 选项 RelTol 和 AbsTol 修改与否,对 y 值的影响不大,对 x 值的影响很大;

(2) 当 RelTol 和 AbsTol 取系统默认值时,ode45 计算得到的 x 值有一些已经大于或等于 $c=15$,而那些小于 $c=15$ 的 x 值,其对应的由 ode45 计算得到的 y 值与由(4.3.13)式计算得到的 y 值相差很大,这些现象都说明此时 ode45 的计算误差比较大;

(3) 当 RelTol 修改成 100.*eps,AbsTol 修改成 eps 之后,ode45 计算得到的 x 值如果小于 $c=15$ 的,其对应的由 ode45 计算得到的 y 值与由(4.3.13)式计算

得到的 y 值几乎相等,剩下的少数大于或等于 $c=15$ 的 x 值,与 $c=15$ 之间的误差也非常微小,这些现象都说明此时 ode45 的计算误差很小;

(4) 选项 RelTol 和 AbsTol 修改后,ode45 的耗用时间是修改前的数十倍.

表 4.5　当 RelTol 和 AbsTol 取系统默认值时 ode45 的计算结果

t	x	ode45 计算的 y	(4.3.13)式计算的 y
1.5	15.0022588049341	52.0146351271786	复数(因 $x \geqslant 15$,下同)
1.51	14.9997166251448	52.4145617892555	40.5941733509272
1.52	14.993341245633	52.8139006963808	33.1406473238095
1.53	15.0039940223792	53.214901307076	复数
1.54	14.9982178311994	53.6143629605908	36.6130967198764
1.55	15.0009556649399	54.0153044441109	复数
1.56	15.000124936448	54.4168379841841	复数
1.57	15.018118689276	54.8081982308197	复数
1.58	14.9665584018591	55.2159749804848	28.0311210890384
1.59	14.9801688383898	55.5907310989191	29.7995894360955
1.6	14.9866441344808	55.9486373573209	31.0627410639107

注:耗用时间为 0.016429 秒.

表 4.6　当 RelTol=100.＊eps,AbsTol=eps 时 ode45 的计算结果

t	x	ode45 计算的 y	(4.3.13)式计算的 y
1.5	14.9999999941473	52	52.0000028138528
1.51	14.9999999974806	52.4	52.3999995632492
1.52	14.999999999018	52.8	52.79997912595
1.53	14.9999999996626	53.2	53.200034094345
1.54	14.9999999999017	53.6	53.5999091137358
1.55	14.9999999999772	54	54.0004153890967
1.56	14.9999999999961	54.4	54.3964423405123
1.57	14.9999999999996	54.8	54.8057670862163
1.58	15.0000000000003	55.2	复数
1.59	15	55.6	复数
1.6	15.0000000000006	55.9999999999988	复数

注:耗用时间为 0.489537 秒.

4.3.3　常微分方程(组)的图形分析

解曲线的图形能够帮助分析常微分方程(组)的性质.这里仅考虑以下两种形式的微分方程的初值问题的解曲线的图形:

(1) 关于未知函数 $x=x(t)$ 的单个方程

$$\frac{\mathrm{d}x}{\mathrm{d}t} = f(x) \tag{4.3.14}$$

(4.3.14)式的解曲线图形即为积分曲线图形.

(2) 关于未知函数 $x=x(t),y=y(t)$ 的方程组

$$\begin{cases} \dfrac{\mathrm{d}x}{\mathrm{d}t} = f(x,y) \\[2mm] \dfrac{\mathrm{d}y}{\mathrm{d}t} = g(x,y) \end{cases} \tag{4.3.15}$$

(4.3.15)式的解曲线图形有两种:积分曲线图形,相轨线图形.

如果一个常微分方程(组)可以得到初等函数显式解,那么可以由解函数的表达式用 MATLAB 函数 fplot 或者 plot 绘制解曲线的图形.

对于那些没有初等函数显式解的常微分方程(组),可以先用 MATLAB 函数 ode45 计算数值解,然后用 MATLAB 函数 plot 绘制解曲线的图形.困难在于事先不知道解曲线的分布和走向,因此,需要对初始点以及自变量变化范围的选取进行反复尝试.以下介绍的两种技巧既有助于提高绘制解曲线图形的效率,又有助于进行解曲线的图形分析.

1) 方向场图

对于(4.3.14)式,方向场是积分曲线的切向量场,可以证明起点在 (t,x) 的向量 $\boldsymbol{i}+f(x)\boldsymbol{j}$,即 $\{1,f(x)\}$,就是过点 (t,x) 的积分曲线在该点的一个切向量.

对于(4.3.15)式,方向场是相轨线的切向量场,可以证明起点在 (x,y) 的向量 $f(x,y)\boldsymbol{i}+g(x,y)\boldsymbol{j}$,即 $\{f(x,y),g(x,y)\}$,就是过点 (x,y) 的相轨线在该点的一个切向量.

根据方向场可以初步断定解曲线的分布和走向,从而选择合适的初始点,绘制出能够用来分析微分方程性质的解曲线图形.

MATLAB 函数 quiver(箭)用从起点指向终点的箭头表示向量,可以用于绘制二维方向场图形,语法格式如下:

(1) quiver(x,y,u,v)

如果 4 个输入项都是规模为 1×1 的数值,则 quiver 绘制起点位于 (x,y) 的向量 $\{u,v\}$;

如果 4 个输入项都是规模为 $m\times n$ 的数值数组,则 quiver 绘制由起点位于 $(x(i,j),y(i,j))$ 的向量 $\{u(i,j),\ v(i,j)\}$ $(i=1:m,j=1:n)$,总共 $m\times n$ 个向量组成的向量场;

如果第一输入项 x 是规模为 $n\times1$ 或 $1\times n$ 的数值数组,而第二输入项 y 是规

模为 $m×1$ 或 $1×m$ 的数值数组,那么第三、四输入项 u 和 v 必须是规模为 $m×n$ 的数值数组(即向量 x 的元素个数决定 u 和 v 的列数,而向量 y 的元素个数决定 u 和 v 的行数),并且 quiver(x,y,u,v) 相当于 [x,y]＝meshgrid(x,y);quiver(x,y, u,v)(MATLAB 函数 meshgrid 的用法参见 1.2.4 小节).

MATLAB 将按照默认方式自动调整向量的长度以避免互相重叠和覆盖.

(2) quiver(⋯,scale)

新增加的输入项 scale 是规模为 $1×1$ 的数值,是调整的向量长度的因子,如 scale＝2 使向量长度是原始的两倍,而 scale＝0.5 使向量长度是原始的一半.用 scale＝0 使得 quiver 绘制向量场时不自动调整长度.

(3) quiver(⋯,LineSpec)

新增加的输入项 LineSpec 是关于线型、标志符和颜色的格式字符串(与 MATLAB 函数 plot 关于格式字符串的语法规定相同,参见 1.5.1 小节),quiver 将标志符画在向量的起点.

2) 临界点和特征线

对于(4.3.14)式,临界点(即平衡点)就是满足 $f(x)=0$ 的点 $x=x^*$. 如果 $x=x^*$ 是(4.3.14)式的临界点,则 $x(t)\equiv x^*$ 为常数解.水平直线 $x=x^*$ 是特征线,因为它可能是其他积分曲线的水平渐近线.另外,积分曲线的铅直渐近线也是特征线.

对于(4.3.15)式,相平面上的临界点(即平衡点)就是满足 $f(x,y)=0$ 且 $g(x,y)=0$ 的点 $(x,y)=(x^*,y^*)$. 如果 (x^*,y^*) 是(4.3.15)式的临界点,则 $(x(t),y(t))\equiv(x^*,y^*)$ 为常数解.在一定区域出发的相轨线会趋向渐近稳定的临界点.相平面上的曲线 $f(x,y)=0$ 是特征线,如果相轨线和它相交,则相轨线在交点一定是铅直状的,即切向量是铅直的,这是因为在交点有 $dx/dt=f(x,y)=0$;相平面上的曲线 $g(x,y)=0$ 也是特征线,如果相轨线和它相交,则相轨线在交点一定是水平状的,即切向量是水平的,这是因为在交点有 $dy/dt=g(x,y)=0$.

临界点和特征线直接关系到微分方程的性质,所以绘制解曲线图形时,最好将临界点和特征线绘制出来.

例 4.3.3 Volterra 的被捕食者-捕食者模型.

考察两个物种的被捕食者-捕食者系统,捕食者(predator)以被捕食者(prey)为食物,而被捕食者以同一环境中可以获得的其他物种为食物.典型的例子有森林里的狐狸和兔子,狐狸吃兔子,兔子吃森林里的某些植物,所以狐狸是捕食者,兔子是被捕食者.其他的例子还有猫头鹰和田鼠、鲨鱼和食物鱼、瓢虫和蚜虫等.可以建立微分方程模型研究两个物种的被捕食者-捕食者系统,解释被捕食者和捕食者之间相互制约的生存方式.

两个物种的被捕食者-捕食者系统的古典数学模型是意大利数学家 V. Volterra (1860—1940)在 20 世纪 20 年代为了分析亚得里亚海的鲨鱼和食物鱼数量的周期变化而建立的.(参见文献[6]的 6.5 节.)

1) 问题提出

意大利生物学家 D'Ancona 曾致力于鱼类不同种群之间的相互关系的研究. 他从第一次世界大战期间亚得里亚海某港口捕获的鲨鱼占总捕获量的百分比的资料(见表 4.7)中发现,战争中鲨鱼的比例有明显的增加. D'Ancona 知道,捕获的各种鱼的比例基本上代表了地中海渔场中各种鱼的比例. 战争中捕获量大幅度下降, 应该使渔场中食物鱼(被捕食者)和以此为生的鲨鱼(捕食者)同时增加. 但是捕获量的下降为什么会使鲨鱼的比例增加,即对捕食者更加有利呢? 他无法解释这种现象,于是求助于他的朋友、著名的意大利数学家 Volterra. Volterra 建立了数学模型,回答了 D'Ancona 的问题.

表 4.7 鲨鱼占总捕获量的比例   (单位:%)

年 份	1914	1915	1916	1917	1918	1919	1920	1921	1922	1923
比例	11.9	21.4	22.1	21.2	36.4	27.3	16.0	15.9	14.8	10.7

2) 符号说明和模型假设

记被捕食者和捕食者在时刻 t 的数量分别为 $x(t)$ 和 $y(t)$. 作如下的简化假设:

(1) 如果没有捕食者,被捕食者数量增加的固有速度与被捕食者数量成正比, 比例系数为 $r>0$,即 $\mathrm{d}x/\mathrm{d}t=rx$;

(2) 如果没有被捕食者,捕食者数量减少的固有速度与捕食者数量成正比,比例系数为 $d>0$,即 $\mathrm{d}y/\mathrm{d}t=-dy$;

(3) 如果被捕食者和捕食者在同一环境共同存在,则捕食导致的被捕食者数量减少的速度、捕食者数量增加的速度都与被捕食者和捕食者相遇的频率成正比, 而被捕食者和捕食者相遇的频率又与被捕食者和捕食者数量的乘积成正比,于是捕食导致的被捕食者数量减少的速度为 $-axy(a>0)$,而捕食导致的捕食者数量增加的速度为 $bxy(b>0)$.

3) 模型建立和求解

根据以上假设,把固有速度和捕食导致的速度结合起来,就得到 Volterra 提出的被捕食者-捕食者模型

$$\begin{cases} \dfrac{\mathrm{d}x}{\mathrm{d}t} = rx - axy \\ \dfrac{\mathrm{d}y}{\mathrm{d}t} = -dy + bxy \end{cases} \tag{4.3.16}$$

其中 r,d,a 和 b 都是正数.

常微分方程组(4.3.16)没有关于 $x=x(t)$ 和 $y=y(t)$ 的初等函数显式解,但是可以求得关于 $y=y(x)$ 的初等函数显式解.将方程组(4.3.16)的第二式除以第一式,消去 dt 后得到常微分方程

$$\frac{dy}{dx} = \frac{y(-d+bx)}{x(r-ay)}$$

当 $x \neq 0$ 且 $y \neq 0$ 时,用分离变量法解得关于 $y=y(x)$ 的隐函数形式的解为

$$d\ln|x| + r\ln|y| - bx - ay = C \qquad (4.3.17)$$

其中任意常数 C 由初始条件来确定.

注意到实际问题的被捕食者数量 x 和捕食者数量 y 都是正数,所以根据(4.3.17)式可以得到在相平面第一象限内相轨线的隐函数形式的解为

$$x^d y^r e^{-bx-ay} = C \qquad (4.3.18)$$

其中任意常数 $C>0$ 由初始条件来确定.可以证明在相平面第一象限内,(4.3.18)式所表示的相轨线族是简单闭曲线族,而且 $0<C\leqslant(d/b)^d(r/a)^r e^{-d-r}$.随着 C 的增大,相轨线逐渐收缩,最后当 $C=(d/b)^d(r/a)^r e^{-d-r}$ 时,相轨线收缩成点 $P_1(d/b, r/a)$,该点就是在相平面第一象限内的相轨线族的中心.

在相平面第一象限内的相轨线族是简单闭曲线族,等价于 $x=x(t)$ 和 $y=y(t)$ 都是周期函数,并且周期相同.记 $x=x(t)$ 和 $y=y(t)$ 的最小正周期为 T,不同的相轨线会有不同的 T,T 的表达式很难推导,但是容易推导出 $x=x(t)$ 和 $y=y(t)$ 在一个周期 T 内的平均值,而且平均值与相轨线无关.根据方程组(4.3.16)得

$$x = \frac{d}{b} + \frac{dy}{by\,dt}$$

因为 $y(0)=y(T)$,所以 $x(t)$ 在一个周期 T 内的平均值为

$$\bar{x} = \frac{1}{T}\int_0^T \left(\frac{d}{b} + \frac{dy}{by\,dt}\right)dt = \frac{d}{b} + \frac{1}{T}\int_{y(0)}^{y(T)}\frac{dy}{by} = \frac{d}{b} \qquad (4.3.19)$$

同理,可得 $y(t)$ 在一个周期 T 内的平均值为

$$\bar{y} = r/a \qquad (4.3.20)$$

也就是说,$x=x(t)$ 和 $y=y(t)$ 在一个周期 T 内的平均值正好分别是中心点 $P_1(d/b, r/a)$ 的 x 坐标和 y 坐标.

4) 图形分析

在常微分方程组(4.3.16)中,令 $rx-axy=0$ 且 $-dy+bxy=0$,解得常微分方程组(4.3.16)有且仅有两个临界点:$P_0(0,0)$ 和 $P_1(d/b,r/a)$,其中 $P_0(0,0)$ 描述被捕食者和捕食者都灭绝的情形,$P_1(d/b,r/a)$ 描述被捕食者和捕食者共存的情

形.临界点的稳定性如何？$x=x(t)$ 和 $y=y(t)$ 的积分曲线图形是怎样的？$y=y(x)$ 的相轨线图形又是怎样的？下面取 $r=0.2,d=0.5,a=0.005,b=0.01$,运用前面学习的数值解、方向场、临界点和特征线等技巧,用 MATLAB 绘制(4.3.16)式的解曲线图形,并加以分析.

第 1 步　找出特征线.在(4.3.16)式中,由 $dx/dt=rx-axy=0$ 得到铅直线 $x=0$ 和水平线 $y=r/a$,起点位于这两条直线上(除了 P_0 和 P_1)的相轨线切向量一定是水平的;由 $dy/dt=-dy+bxy=0$ 得到水平线 $y=0$ 和铅直线 $x=d/b$,起点位于这两条直线上(除了 P_0 和 P_1)的相轨线切向量一定是铅直的.注意临界点 P_0 是铅直线 $x=0$ 和水平线 $y=0$ 的交点,临界点 P_1 是水平线 $y=r/a$ 和铅直线 $x=d/b$ 的交点.这 4 条特征线将相平面划分为 9 个区域,在每个区域,相轨线的切向量都有一定的方向.例如,在 4 条特征线围成的区域内部,所有相轨线的切向量都指向相平面的右下方,这是因为在这个区域内都有 $dx/dt>0$ 且 $dy/dt<0$,所以相轨线的切向量都指向 x 增大而 y 减小的方向.

第 2 步　用 MATLAB 函数 quiver 绘制(4.3.16)式的方向场图(见图 4.19).要注意三点：

(1) 坐标图的范围能将临界点和特征线包括在内,并且居中布局;

(2) 切向量的起点要选择均匀网格点,不太疏也不太密,而且正好有一部分起点就位于特征线和临界点上;

(3) 切向量的实际长度会随着起点不同而相差很大,为了绘出效果更好的方向场图,可以将切向量规范化成统一的长度.

绘制图 4.19 的 MATLAB 程序如下：

```
r=.2;d=.5;a=.005;b=.01;x1=d./b,y1=r./a
[X,Y]=meshgrid(-45:5:95,-45:5:95);DX=r.*X-a.*X.*Y;DY=-d.*Y+b.*X.*Y;
L=sqrt(DX.^2+DY.^2);DX=3.*DX./L;DY=3.*DY./L;
quiver(X,Y,DX,DY,0,'k'),hold on
u=[-50,x1;100,x1];v=[y1,-50;y1,100];plot(u,v,'k:',[0,x1],[0,y1],'k.')
title('Volterra 模型的方向场图'),xlabel('x'),ylabel('y'),hold off
```

命令窗口显示临界点 $P_1(d/b,r/a)$ 的坐标为

x1=

　　50

y1=

　　40

第 3 步　用 MATLAB 函数 ode45 计算(4.3.16)式的数值解,并且用 plot 函数绘制相轨线图(见图 4.20).相轨线的走向可以根据方向场图(见图 4.19)得知.要根据方向场图选择合适的初始点,并耐心地尝试积分区间,直到合适为止.

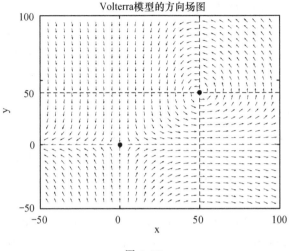

图 4.19

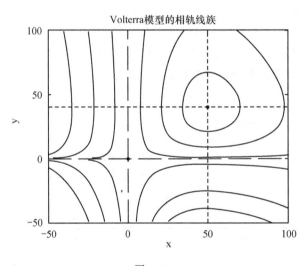

图 4.20

绘制图 4.20 的 MATLAB 程序如下：

```
r=.2;d=.5;a=.005;b=.01;x1=d./b;y1=r./a;
Vf=@(t,x)[r.*x(1)-a.*x(1).*x(2);-d.*x(2)+b.*x(1).*x(2)];
u1=[-50,x1;100,x1];v1=[y1,-50;y1,100];
u2=[-50,0;100,0];v2=[0,-50;0,100];
plot(u1,v1,'k:',u2,v2,'k--',[0,x1],[0,y1],'k.')
title('Volterra 模型的相轨线族')
xlabel('x'),ylabel('y'),hold on
```

```
ts=0:0.1:20.3;x0=[34,40];[t,x]=ode45(Vf,ts,x0);plot(x(:,1),x(:,2),'k')
ts=0:0.1:21.6;x0=[21,40];[t,x]=ode45(Vf,ts,x0);plot(x(:,1),x(:,2),'k')
ts=0:0.1:25.9;x0=[8,40];[t,x]=ode45(Vf,ts,x0);plot(x(:,1),x(:,2),'k')
ts=0:0.1:8.2;x0=[-10,99];[t,x]=ode45(Vf,ts,x0);plot(x(:,1),x(:,2),'k')
ts=0:0.1:6.5;x0=[-25,99];[t,x]=ode45(Vf,ts,x0);plot(x(:,1),x(:,2),'k')
ts=0:0.1:4;x0=[-40,99];[t,x]=ode45(Vf,ts,x0);plot(x(:,1),x(:,2),'k')
ts=0:0.1:6;x0=[-5,-49];[t,x]=ode45(Vf,ts,x0);plot(x(:,1),x(:,2),'k')
ts=0:0.1:4.4;x0=[-15,-49];[t,x]=ode45(Vf,ts,x0);plot(x(:,1),x(:,2),'k')
ts=0:0.1:2.2;x0=[-25,-49];[t,x]=ode45(Vf,ts,x0);plot(x(:,1),x(:,2),'k')
ts=0:0.1:11.5;x0=[5,-49];[t,x]=ode45(Vf,ts,x0);plot(x(:,1),x(:,2),'k')
ts=0:0.1:5.4;x0=[15,-49];[t,x]=ode45(Vf,ts,x0);plot(x(:,1),x(:,2),'k')
ts=0:0.1:3.2;x0=[25,-49];[t,x]=ode45(Vf,ts,x0);plot(x(:,1),x(:,2),'k')
axis([-50,100,-50,100]),hold off
```

第 4 步 选取 $x=x(t)$ 和 $y=y(t)$ 的初始值,如 $x(0)=60,y(0)=10$,用 MATLAB 函数 ode45 计算(4.3.16)式的数值解. 先用 plot 函数绘制 $y=y(x)$ 的相轨线图,估计周期 $T=21.5$(见图 4.21),然后用 plot 函数绘制 $x=x(t)$ 和 $y=y(t)$ 的具有三个周期的积分曲线图(见图 4.22).

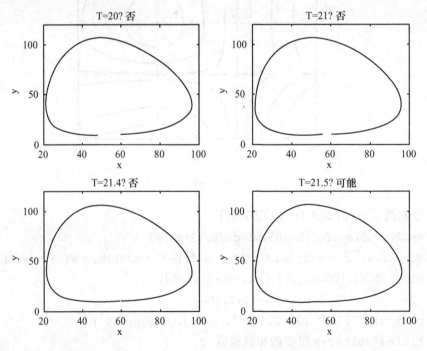

图 4.21

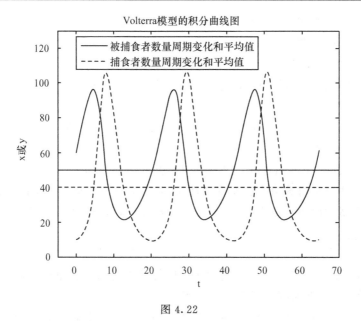

图 4.22

绘制图 4.21 和图 4.22 的 MATLAB 程序如下：

```
r=.2;d=.5;a=.005;b=.01;x1=d./b;y1=r./a;
Vf=@(t,x)[r.*x(1)-a.*x(1).*x(2);-d.*x(2)+b.*x(1).*x(2)];
figure(1),subplot(2,2,1)
ts=0:0.1:20;x0=[60,10];[t,x]=ode45(Vf,ts,x0);plot(x(:,1),x(:,2),'k')
axis([20,100,0,120]),xlabel('x'),ylabel('y'),title('T=20?否.')
subplot(2,2,2)
ts=0:0.1:21;x0=[60,10];[t,x]=ode45(Vf,ts,x0);plot(x(:,1),x(:,2),'k')
axis([20,100,0,120]),xlabel('x'),ylabel('y'),title('T=21?否.')
subplot(2,2,3)
ts=0:0.1:21.4;x0=[60,10];[t,x]=ode45(Vf,ts,x0);plot(x(:,1),x(:,2),'k')
axis([20,100,0,120]),xlabel('x'),ylabel('y'),title('T=21.4?否.')
subplot(2,2,4)
ts=0:0.1:21.5;x0=[60,10];[t,x]=ode45(Vf,ts,x0);plot(x(:,1),x(:,2),'k')
axis([20,100,0,120]),xlabel('x'),ylabel('y'),title('T=21.5?可能.')
figure(2),ts=0:0.1:(3.*21.5);x0=[60,10];[t,x]=ode45(Vf,ts,x0);
plot(t,x(:,1),'k',t,x(:,2),'k:',[-5,70],[x1,x1],'k',[-5,70],[y1,y1],'k:')
axis([-5,70,0,130]),xlabel('t'),ylabel('x or y')
legend('被捕食者数量周期变化和平均值','捕食者数量周期变化和平均值')
title('Volterra 模型的积分曲线图')
```

最后,综合方向场图、相轨线图和积分曲线图,可以发现常微分方程组 (4.3.16)具有以下性质:

(1) (4.3.16)式在相平面第一象限内的相轨线是以临界点 $P_1(d/b,r/a)$ 为中心的简单闭曲线,P_1 不是渐近稳定的(在常微分方程定性理论中,临界点 P_1 属于被称为"中心"的类型);

(2) 另一个临界点 $P_0(0,0)$ 也不是渐近稳定的(在常微分方程定性理论中,临界点 P_0 属于被称为"鞍点"的类型);

(3) $x=x(t)$ 和 $y=y(t)$ 都是周期函数,并且周期相同.

虽然这些只是由数值实验发现的性质,是否成立还有待于严格的理论证明,但是通过这个案例说明数值实验对于数学模型的求解和分析起到很重要的作用.

5) 模型应用

回到 D'Ancona 向 Volterra 求助的问题:战争期间捕获量的下降为什么会使鲨鱼的比例增加,即对捕食者更加有利呢?

根据对 Volterra 被捕食者-捕食者模型(4.3.16)的分析,给定初始条件,被捕食者和捕食者的数量将按相同的周期 T 进行周期性变化,它们的数量都可以用一个周期内的平均值来衡量. 由(4.3.19)式有 $\bar{x}=d/b$,说明被捕食者的数量 $\bar{x}$ 与捕食者的固有死亡率 d 成正比,与被捕食者供养捕食者的能力 b 成反比. 由(4.3.20)式有 $\bar{y}=r/a$,说明捕食者的数量 $\bar{y}$ 与被捕食者的固有增长率 r 成正比,与捕食者掠取被捕食者的能力 a 成反比. 也就是说,如果 a 和 b 保持不变,那么被捕食者固有增长率 r 的升高,可以使捕食者的数量 $\bar{y}$ 增大,捕食者固有死亡率 d 的降低,可使被捕食者的数量 $\bar{x}$ 减小,结果捕食者所占的比例会增加. 那么战争期间鲨鱼(捕食者)的比例增加又该怎样解释呢?

为了考虑捕获的影响,可以引入表示捕获能力的系数 s,相当于被捕食者的固有增长率由 r 降低到 $r-s$,而且捕食者的固有死亡率由 d 上升到 $d+s$. 在这种情况下,食用鱼(被捕食者)和鲨鱼(捕食者)的数量变成 $\bar{x}_1=(d+s)/b$ 和 $\bar{y}_1=(r-s)/a$. 在战争期间,捕获量下降,假设捕获能力系数为 $s'<s$,于是食用鱼和鲨鱼的数量又变成 $\bar{x}_2=(d+s')/b$ 和 $\bar{y}_2=(r-s')/a$,显然,$\bar{x}_2<\bar{x}_1$,而 $\bar{y}_2>\bar{y}_1$,这样就解释了为什么战争期间鲨鱼的比例会增加.

习 题 4

1. 估算 4.1.6 小节的"排污量的估计"案例中氨氮污染物的排放量.

2. 继续考虑 4.1.7 小节的"饮酒驾车"案例,大李在喝了三瓶啤酒后多长时间内驾车就会违反新的国家标准? 分别在以下两种情况下回答:

(1) 酒是在很短时间内喝的;

(2) 酒是在较长一段时间(如 2 小时)内喝的.

3. 继续考虑 3.4.2 小节的"酵母培养物的增长"案例,建立微分方程模型,模拟酵母培养物的增长.

4. 研究将鹿群放入草场后,草和鹿两个种群的相互作用.草的生长服从 Logistic 规律,年固有增长率 0.8,最大密度为 3000 个密度单位.在草最茂盛时,每只鹿每年吃掉 1.6 个密度单位的草.若没有草,鹿群的年死亡率高达 0.9,而在草最茂盛的时候草对鹿的死亡的补偿率为 1.5.

(1) 建立差分方程组模型,比较将 100 只鹿放入密度为 1000 和密度为 3000 的两种草场的情况下,草和鹿两个种群的数量演变过程;

(2) 建立常微分方程组模型,重做以上问题;

(3) 说明以上两个模型的解的联系和区别.

*5[11]. 爆炸-灭绝方程适合用作研究某些动物种群数量演变的数学模型,如鳄鱼种群.假设某个鳄鱼种群在单位时间内雌性和雄性相遇而繁殖后代的次数与雌雄两性数量的乘积成比例.又假设死亡率为常数,请根据该假设建立微分方程模型,并研究这个方程的解的性质,以及应用该模型于鳄鱼种群所得到的结论.

*6[6]. 通过大量的医疗实践发现肿瘤细胞的生长有以下现象:当肿瘤细胞数超过 10^{11} 时才是临床可观察的;在肿瘤生长初期,几乎每经过一定时间肿瘤细胞就增加一倍;由于各种生理条件限制,在肿瘤生长后期,肿瘤细胞数目趋于某个稳定值.请分析以下两个微分方程模型哪一个更适合用作肿瘤生长模型:

(1) Logistic 模型: $\mathrm{d}x/\mathrm{d}t = rx(1 - x/N)$;

(2) Gompertz 模型: $\mathrm{d}x/\mathrm{d}t = rx\ln(N/x)$.

*7[6]. 考虑池塘、湖泊中鱼群的数量,假设在无捕捞条件下的鱼群数量服从 Logistic 规律,又假设单位时间捕捞量与鱼群数量成正比(比例常数 k 称为捕捞强度,即单位时间捕捞率),建立微分方程模型,研究方程的解的性质,并讨论以下问题:

(1) 给出适量捕捞的条件,并说明在此条件下鱼群数量的变化趋势;

(2) 给出过量捕捞的条件,并说明在此条件下鱼群数量的变化趋势;

(3) 在什么条件下可以获得最大持续产量?

*8[6]. 将第 7 题的假设作如下修改:假设在无捕捞条件下鱼群数量服从 Logistic 规律,又假设单位时间捕捞量为常数 h. 请重新研究第 7 题提出的全部问题.

*9[6]. 将第 7 题的假设作如下修改:假设在无捕捞条件下鱼群数量服从 Gompertz 模型,又假设单位时间捕捞量与鱼群数量成正比.请重新研究第 7 题提出的全部问题.

*10[6]. 解释给农作物长期施放杀虫剂的效果可能会事与愿违.

*11[2]. 在自然界中存在着许多寄生现象,寄主通常依靠自然资源为生,而寄生物完全依靠寄主为生.假设寄主的数量演变服从 Logistic 规律,又假设寄生使寄主数量减少的速度以及使寄生物数量增加的速度都与两者的数量乘积成正比,请建立常微分方程组模型,并运用数值解和图形分析的技巧分析这个方程组的解的性质.

*12[6]. 多数被捕食者-捕食者系统都观察不到 Volterra 模型显示的那种周期振荡,而是趋向某种平衡状态,即系统存在渐近稳定的平衡点.实际上,只要在 Volterra 模型中加入考虑自身阻滞作用的 Logistic 项,就可以得到如下形式的常微分方程组:

$$\begin{cases} \dfrac{\mathrm{d}x_1}{\mathrm{d}t} = r_1 x_1 \left(1 - \dfrac{x_1}{N_1}\right) - a_1 x_1 x_2 \\ \dfrac{\mathrm{d}x_2}{\mathrm{d}t} = r_2 x_2 \left(-1 - \dfrac{x_2}{N_2}\right) + a_2 x_1 x_2 \end{cases}$$

从而可以描述这种现象,其中 x_1, r_1 和 N_1 分别是被捕食者的数量、固有增长率和最大容量,x_2,r_2 和 N_2 分别是捕食者的数量、固有死亡率和最大容量,a_1 表示捕食者掠取被捕食者的能力,a_2 表示被捕食者供养捕食者的能力. 请运用数值解和图形分析的技巧分析这个方程组的解的性质.

*13[6]. 研究在同一个自然环境中生存的两个种群之间的竞争关系. 假设两个种群独自在这个自然环境中生存时数量演变都服从 Logistic 规律,又假设当它们相互竞争时都会减慢对方数量的增长,增长速度的减小都与它们数量的乘积成正比. 按照这样的假设建立的常微分方程组模型为

$$\begin{cases} \dfrac{\mathrm{d}x_1}{\mathrm{d}t} = r_1 x_1 \left(1 - \dfrac{x_1}{N_1}\right) - a_1 x_1 x_2 \\ \dfrac{\mathrm{d}x_2}{\mathrm{d}t} = r_2 x_2 \left(1 - \dfrac{x_2}{N_2}\right) - a_2 x_1 x_2 \end{cases}$$

请运用数值解和图形分析的技巧分析这个方程组的解的性质.

*14[6]. 研究在同一个自然环境中生存的两个种群之间的依存关系. 假设种群甲能独自在这个自然环境中生存,而种群乙从种群甲获得食物,没有甲的存在就会灭亡,但种群乙的存在对种群甲有益. 假设两个种群的数量演变都服从 Logistic 规律,又假设它们相互促进对方的增长且所带来的增长速度的增加都与它们数量的乘积成正比. 按照这样的假设建立的常微分方程组模型为

$$\begin{cases} \dfrac{\mathrm{d}x_1}{\mathrm{d}t} = r_1 x_1 \left(1 - \dfrac{x_1}{N_1}\right) + a_1 x_1 x_2 \\ \dfrac{\mathrm{d}x_2}{\mathrm{d}t} = r_2 x_2 \left(-1 - \dfrac{x_2}{N_2}\right) + a_2 x_1 x_2 \end{cases}$$

请运用数值解和图形分析的技巧分析这个方程组的解的性质.

第5章　数值逼近模型

5.1　一维插值方法

5.1.1　引言

常用的数值逼近方法有拟合、插值、数值积分和数值微分.

插值,通俗地说,就是在若干已知的函数值插入计算一些未知的函数值.插值在工程技术和数据处理等领域都有直接的应用,插值还是数值积分、数值微分等数值计算方法的基础.

一维插值问题如下:已知 $n+1$ 个结点 (x_j, y_j),其中 $j=0,1,\cdots,n$,x_j 互不相同,求任意插值点 x^* 处的插值 y^*.

求解一维插值问题的思想如下:假设这 $n+1$ 个结点是由未知的连续函数 $g(x)$ 产生,即 $g(x_j)=y_j(j=0,1,\cdots,n)$,构造相对简单的函数 $f(x)$ 来逼近 $g(x)$,使得 $f(x)$ 经过这 $n+1$ 个结点,即满足 $f(x_j)=y_j(j=0,1,\cdots,n)$,然后用 $f(x)$ 计算插值点 x^* 处的插值,即 $y^*=f(x^*)$.

在本节,将学习以下三种一维插值方法:

(1) 多项式插值(polynomial interpolation)——$f(x)$ 为至多 n 次多项式;

(2) 分段线性插值(piecewise linear interpolation)——$f(x)$ 为分段线性函数;

(3) 三次样条插值(cubic spline interpolation)——$f(x)$ 为二阶连续可导的分段三次多项式.

5.1.2　多项式插值

已知结点 $(x_j, y_j)(j=0,1,\cdots,n)$,并且 $x_0,x_1,\cdots,x_n$ 是互异的实数,构造至多 n 次插值多项式

$$p_n(x) = a_1 x^n + a_2 x^{n-1} + \cdots + a_n x + a_{n+1} \tag{5.1.1}$$

满足 $p_n(x_j)=y_j(j=0,1,\cdots,n)$,然后用 $p_n(x)$ 计算插值点 x^* 处的插值 $y^* = p_n(x^*)$.以下定理保证了插值多项式的存在性和唯一性:

定理 5.1.1　如果 $x_0,x_1,\cdots,x_n$ 是互异的实数,那么对于任意的实数 $y_0,y_1,\cdots,y_n$ 都存在唯一的至多 n 次多项式 $p_n(x)$,使得 $p_n(x_j)=y_j(j=0,1,\cdots,n)$.

证明　设 $p_n(x)$ 如(5.1.1)式的形式,记

$$X = \begin{pmatrix} x_0^n & x_0^{n-1} & \cdots & x_0 & 1 \\ x_1^n & x_1^{n-1} & \cdots & x_1 & 1 \\ \vdots & \vdots & & \vdots & \vdots \\ x_n^n & x_n^{n-1} & \cdots & x_n & 1 \end{pmatrix}_{(n+1) \times (n+1)}, \quad a = \begin{pmatrix} a_1 \\ a_2 \\ \vdots \\ a_n \\ a_{n+1} \end{pmatrix}_{(n+1) \times 1}, \quad y = \begin{pmatrix} y_0 \\ y_1 \\ \vdots \\ y_n \end{pmatrix}_{(n+1) \times 1}$$

则 $p_n(x_j) = y_j \, (j = 0, 1, \cdots, n)$ 即为线性方程组

$$Xa = y \tag{5.1.2}$$

(5.1.2)式恰好有 $n+1$ 个未知数和 $n+1$ 个方程. 由于(5.1.2)式的系数矩阵 X 是范德蒙德(Vandermonde)矩阵,而且 $x_0, x_1, \cdots, x_n$ 是互异的实数,所以行列式 $\det(X) \neq 0$. 于是对于任意的实数 $y_0, y_1, \cdots, y_n$,(5.1.2)式都有唯一解 $a = X^{-1} y$. 证毕.

根据定理 5.1.1 的证明,在理论上只要计算 $a = X^{-1} y$ 就可以得到 $p_n(x)$ 的系数 $a_1, \cdots, a_{n+1}$. 但是在数值计算上,由于范德蒙德矩阵是"病态"的,计算 $a = X^{-1} y$ 可能得不到精确值,而且计算量过大,不是理想的途径.

构造插值多项式的常用方法有拉格朗日(Lagrange)法和牛顿法两种,在此介绍拉格朗日法.

对于 $n+1$ 个结点 $(x_j, y_j) \, (j = 0, 1, \cdots, n)$,设插值多项式的形式为

$$L_n(x) = \sum_{i=0}^n y_i l_i(x) \tag{5.1.3}$$

其中基函数 $l_i(x)$ 是经过 $n+1$ 个特殊结点 $(x_0, 0), \cdots, (x_{i-1}, 0), (x_i, 1), (x_{i+1}, 0), \cdots, (x_n, 0)$ 的 n 次插值多项式. 可以证明

$$l_i(x) = \prod_{j=0, j \neq i}^n \frac{x - x_j}{x_i - x_j} \tag{5.1.4}$$

其中 $i = 0, 1, \cdots, n$.

由(5.1.4)式可见 $l_i(x)$ 都是 n 次多项式,只依赖于 $x_j \, (j = 0, 1, \cdots, n)$,不依赖于 $y_j \, (j = 0, 1, \cdots, n)$,并且满足以下两个性质.

(1) 基性质:

$$l_i(x_j) = \delta_{ij} = \begin{cases} 1, & i = j \\ 0, & i \neq j \end{cases}$$

(2) 单位分解性质:

$$\sum_{i=0}^n l_i(x) = 1, \quad \forall x \in (-\infty, \infty)$$

将(5.1.4)式代入(5.1.3)式,得到对结点 $(x_j, y_j) \, (j = 0, 1, \cdots, n)$ 插值的至多 n 次多项式的具体表达式为

$$L_n(x) = \sum_{i=0}^{n} \left(y_i \prod_{j=0, j \neq i}^{n} \frac{x - x_j}{x_i - x_j} \right) \tag{5.1.5}$$

容易验证 $L_n(x_j) = y_j \, (j=0,1,\cdots,n)$. $L_n(x)$ 称为拉格朗日型至多 n 次插值多项式.

以下是按照 (5.1.5) 式编写的计算多项式插值的 MATLAB 函数 M 文件(它不是 MATLAB 自带的文件,而是用户自己创建的文件),其中 x,y 分别为结点横、纵坐标的向量,长度相同;xi 为待插值点的向量,yi 是求得的插值的向量,yi 与 xi 同型:

```
function yi=polyinterp(x,y,xi)
n=length(x);m=length(xi);
for k=1:m
  z=xi(k);s=0;
  for i=1:n
    p=1;
    for j=1:n
      if j~=i
            p=p*(z-x(j))/(x(i)-x(j));
      end
    end
    s=p*y(i)+s;
  end
  yi(k)=s;
end
```

例 5.1.1 已知 $(0,3),(1,1),(3,2),(6,0),(8,2)$ 和 $(9,4)$ 共 6 个结点,利用以上 MATLAB 函数 M 文件,绘制 6 个拉格朗日型多项式插值基函数 $l_0(x)$, $l_1(x),\cdots,l_5(x)$ 以及插值多项式 $L_5(x) = \sum\limits_{i=0}^{5} y_i l_i(x)$ 的函数图像.

解答 以下为用来绘图的 MATLAB 脚本:

```
x=[0,1,3,6,8,9];y=[3,1,2,0,2,4];xi=-1:.01:10;yi=zeros(size(xi));
figure(1)
for k=1:6
    w=zeros(1,6);w(k)=w(k)+1;
    wi=polyinterp(x,w,xi);    %基函数
    yi=yi+y(k).*wi;            %插值多项式
    subplot(3,2,k),plot(x,w,'ko',xi,wi,'k'),axis([-1,10,-1,2])
```

```
end
figure(2),plot(x,y,'ko',xi,yi,'k'),axis([-1,10,-1,12])
title('Lagrange插值多项式 L_5=3*l_0+1*l_1+2*l_2+2*l_4+4*l_5')
```

函数图像见图 5.1、图 5.2.

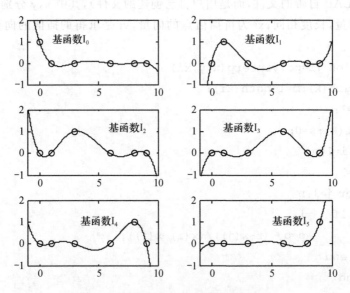

图 5.1   拉格朗日多项式插值的基函数

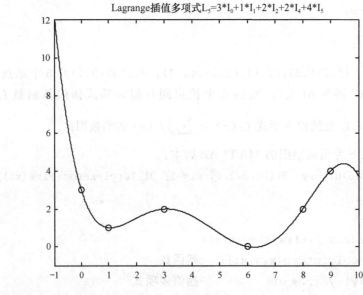

图 5.2

　　MATLAB 没有提供专门用于多项式插值的函数,但是函数 polyfit 和 polyval 合用能够实现多项式插值:

```
n=length(x)-1;yi=polyval(polyfit(x,y,n),xi)
```

其中 x,y 分别为已知结点的横、纵坐标向量,长度都是 n+1;xi 为待插值点的数组,yi 是求得的插值的数组,yi 与 xi 是同型数组.

　　例如,在例 5.1.1 的 MATLAB 脚本中,命令 wi=polyinterp(x,w,xi)可以替换成 wi=polyval(polyfit(x,w,5),xi),也能计算出相同结果,而且不需要用户预先准备好函数 M 文件 polyinterp. m.

　　多项式插值的误差估计有如下结论:

　　定理 5.1.2　设 $g(x)$ 在 $[a,b]$ 上 $n+1$ 阶连续可导,$a=x_0<x_1<\cdots<x_n=b$,$L_n(x)$ 是在 $x_0,x_1,\cdots,x_n$ 逼近 $g(x)$ 而得到的至多 n 次插值多项式,那么对任意 $x\in[a,b]$,都存在 $\xi\in(a,b)$,使得逼近的误差

$$R_n(x) = g(x) - L_n(x) = \frac{g^{(n+1)}(\xi)}{(n+1)!}\prod_{j=0}^{n}(x-x_j) \tag{5.1.6}$$

记 $M_{n+1} = \sup\limits_{a\leqslant x\leqslant b}|g^{(n+1)}(x)|$,则

$$|R_n(x)| \leqslant \frac{M_{n+1}}{(n+1)!}\prod_{j=0}^{n}|x-x_j| \tag{5.1.7}$$

　　证明　首先证明(5.1.6)式.任取一点 $x\in[a,b]$,

当 $x=x_j(j=0,1,\cdots,n)$ 时,(5.1.6)式是自然满足的;

当 $x\neq x_j(j=0,1,\cdots,n)$ 时,作辅助函数

$$\phi(t) = g(t) - L_n(t) - \frac{R_n(x)}{\omega_n(x)}\omega_n(t)$$

其中 $\omega_n(x) = \prod\limits_{j=0}^{n}(x-x_j)$. 显然,$\phi(t)$ 在 $[a,b]$ 上 $n+1$ 次可导,并且有 $n+2$ 个零点 $(x_0,x_1,\cdots,x_n$ 以及 $x)$,由罗尔(Rolle)定理,$\phi^{(n+1)}(t)$ 在 (a,b) 内至少有一个零点 ξ,从而(5.1.6)式得证.由(5.1.6)式,立即得到(5.1.7)式.证毕.

　　注 5.1.1　定理 5.1.2 给出的多项式插值的误差估计在理论上很有用,如 5.2 节关于复化梯形求积公式、数值微分三点公式等的误差估计.但是,由定理 5.1.2 并不能立即得到多项式插值的收敛性的结论,即对给定的某一点 $x\in[a,b]$,不能断言 $\lim\limits_{n\to+\infty}R_n(x)=0$ 是否成立.实际上,高次的插值多项式可能会发生严重的振荡,尤其是在区间 $[a,b]$ 的左右端点附近.所以在实际应用中,多项式插值一般仅适合于结点数目较少,也就是多项式次数较低的情况.

20 世纪初,德国数学家龙格(Runge)曾给出一个插值多项式振荡现象的例子.

例 5.1.2(Runge 现象)   考虑函数

$$g(x) = \frac{1}{1+x^2}, \quad x \in [-5, 5]$$

对任意正整数 n,取划分 $-5 = x_0 < x_1 < \cdots < x_n = 5$ 将区间 $[-5, 5]$ n 等分,并记 $L_n(x)$ 是在 $x_0, x_1, \cdots, x_n$ 逼近 $g(x)$ 而得到的 n 次插值多项式,则随着 n 的增加, $L_n(x)$ 在 $x_0 = -5$ 和 $x_n = 5$ 附近会出现越来越严重的振荡.

首先,编写以下 MATLAB 函数 M 文件:

```
function Runge(n)
x=linspace(-5,5,n+1);y=1./(1+x.^2);%n+1 个结点
xi=linspace(-5,5,101);z=1./(1+xi.^2);%待插值点
yi=polyval(polyfit(x,y,n),xi);%n 次多项式插值
s=strcat('Runge 现象:',num2str(n),'次多项式插值');
plot(x,y,'ko',xi,yi,'k:',xi,z,'k'),title(s),axis([-5,5,-1,2])
```

然后,分别取 $n = 4, 6, 8, 10$(偶数),执行 Runge(n),观察程序绘制的图形(见图 5.3).由图形可以观察到,随着插值多项式 $L_n(x)$ 的次数的增加,一方面,在原点附近,$L_n(x)$ 与 $g(x)$ 的误差越来越小;另一方面,在 $x = -5$ 和 $x = 5$ 附近,$L_n(x)$ 的振荡幅度却越来越大,与 $g(x)$ 的误差也越来越大.

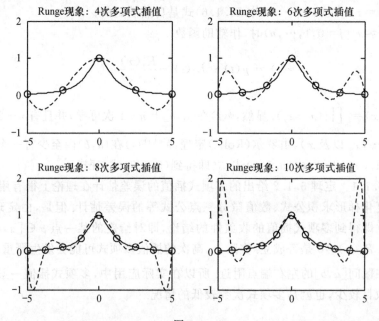

图 5.3

再分别取 n＝9,11,13,15(奇数),执行 Runge(n),观察程序绘制的图形(见图5.4).随着 n 的增加,也观察到类似现象.

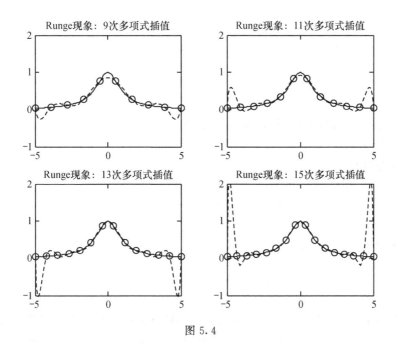

图 5.4

5.1.3 分段线性插值

已知结点 $(x_j,y_j)(j=0,1,\cdots,n)$,并且 $a=x_0<x_1<\cdots<x_n=b$,在区间 $[a,b]$ 上构造插值函数 $S_n^1(x)$,使得 $S_n^1(x)$ 满足以下性质:

(1) $S_n^1(x_j)=y_j(j=0,1,\cdots,n)$;

(2) $S_n^1(x)$ 在每一个小区间 $[x_{j-1},x_j](j=1,2,\cdots,n)$ 上都是线性函数,然后用 $S_n^1(x)$ 计算插值点 $x^*\in[a,b]$ 处的插值 $y^*=S_n^1(x^*)$.这样的插值函数称为分段线性插值函数.

对于结点 $(x_j,y_j)(j=0,1,\cdots,n)$,设分段线性插值函数 $S_n^1(x)$ 的形式为

$$S_n^1(x)=\sum_{i=0}^n y_i B_i^1(x),\quad x\in[a,b]$$

其中当 $i=1,2,\cdots,n-1$ 时,基函数

$$B_i^1(x)=\begin{cases}0, & x\in[a,x_{i-1}]\bigcup[x_{i+1},b]\\(x-x_{i-1})/(x_i-x_{i-1}), & x\in(x_{i-1},x_i)\\(x-x_{i+1})/(x_i-x_{i+1}), & x\in[x_i,x_{i+1})\end{cases}$$

当 $i=0$ 时,基函数

$$B_0^1(x) = \begin{cases} 0, & x \in [x_1, b] \\ (x-x_1)/(x_0-x_1), & x \in [x_0, x_1) \end{cases}$$

当 $i=n$ 时,基函数

$$B_n^1(x) = \begin{cases} 0, & x \in [a, x_{n-1}] \\ (x-x_{n-1})/(x_n-x_{n-1}), & x \in (x_{n-1}, x_n] \end{cases}$$

显然,$B_i^1(x)(i=0,1,\cdots,n)$ 都是分段线性函数,只依赖于 $x_j(j=0,1,\cdots,n)$,不依赖于 $y_j(j=0,1,\cdots,n)$,并且满足以下两个性质:

(1) 基性质:

$$B_i^1(x_j) = \delta_{ij} = \begin{cases} 1, & i=j \\ 0, & i \neq j \end{cases}$$

(2) 单位分解性质:

$$\sum_{i=0}^n B_i^1(x) = 1, \quad \forall x \in [a, b]$$

容易验证 $S_n^1(x_j)=y_j(j=0,1,\cdots,n)$,并且 $S_n^1(x)$ 在每一个小区间 $[x_{j-1}, x_j]$ $(j=1,2,\cdots,n)$ 上都是线性函数. $S_n^1(x)$ 在区间 $[a, b]$ 上连续,但是 $S_n^1(x)$ 在 $x_0, x_1, \cdots,$ x_n 的全部或者部分点处不可导.

以下定理说明分段线性插值函数 $S_n^1(x)$ 有良好的收敛性:

定理 5.1.3　设 $g(x)$ 在 $[a, b]$ 上连续,对任意正整数 n,取划分 $a=x_0<x_1<\cdots<x_n=b$ 将区间 $[a, b]$ n 等分,记 $S_n^1(x)$ 是在 $x_0, x_1, \cdots, x_n$ 逼近 $g(x)$ 而得到的分段线性插值函数,则随着 $n \to +\infty$ 有 $S_n^1(x)$ 在 $[a, b]$ 上一致收敛于 $g(x)$.

证明　任给 $\varepsilon>0$,因为 $g(x)$ 在 $[a, b]$ 上连续,所以存在 $\delta>0$,对 $[a, b]$ 上的任意两点 x' 和 x'',只要 $|x'-x''|<\delta$,就有 $|g(x')-g(x'')|<\varepsilon$.

对于上述的 $\delta>0$,存在正整数 N,只要 $n>N$,就有 $(b-a)/n<\delta$.

设 $n>N$,取划分 $a=x_0<x_1<\cdots<x_n=b$ 将区间 $[a, b]$ n 等分. 任取一点 $x \in$ $[a, b]$,则存在正整数 $j \in \{1, \cdots, n\}$,使得 $x \in [x_{j-1}, x_j]$. 显然,$|x_{j-1}-x|<\delta$ 及 $|x_j-x|<\delta$,而且存在实数 $\lambda \in [0, 1]$,使得 $x=(1-\lambda)x_{j-1}+\lambda x_j$,因此有 $S_n^1(x)=$ $(1-\lambda)g(x_{j-1})+\lambda g(x_j)$,从而

$$|S_n^1(x)-g(x)| \leqslant (1-\lambda)|g(x_{j-1})-g(x)|+\lambda|g(x_j)-g(x)|<\varepsilon$$

证毕.

MATLAB 函数 interp1 可以实现分段线性插值,语法格式如下:

```
yi=interp1(x,y,xi)
```

其中 x,y 分别为结点的横、纵坐标向量,长度相同;xi 为待插值点的数组,yi 是求得的插值的数组,yi 与 xi 同型(xi 的数值范围限制在 x 的最小值到最大值之间).

例 5.1.3 已知$(0,3),(1,1),(3,2),(6,0),(8,2)$和$(9,4)$共 6 个结点,利用 MATLAB 函数 interp1,绘制分段线性插值的 6 个基函数 $B_0^1(x),B_1^1(x),\cdots,$ $B_5^1(x)$ 以及分段线性插值函数 $S_5^1(x)$ 的图像.

解答 以下为用来绘图的 MATLAB 脚本:

```
x=[0,1,3,6,8,9];y=[3,1,2,0,2,4];xi=0:.01:9;yi=zeros(size(xi));figure(1)
for k=1:6
    w=zeros(1,6);w(k)=w(k)+1;wi=interp1(x,w,xi);%基函数
    yi=yi+y(k).*wi;%分段线性插值
    subplot(3,2,k),plot(x,w,'ko',xi,wi,'k'),axis([0,9,-0.1,1.1])
end
figure(2),plot(x,y,'ko',xi,yi,'k'),axis([0,9,-1,5])
title('分段线性插值函数 S_5^1=...
    3*B_0^1+1*B_1^1+2*B_2^1+2*B_4^1+4*B_5^1')
```

函数图像见图 5.5、图 5.6.

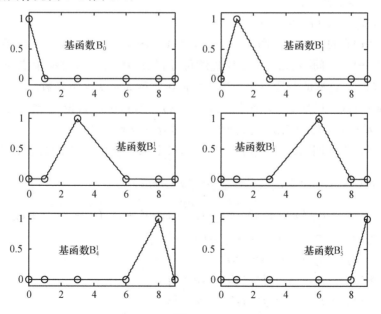

图 5.5

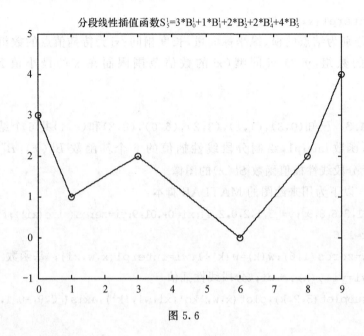

图 5.6

5.1.4   三次样条插值

已知结点 $(x_j, y_j)(j=0,1,\cdots,n)$，设 $x_0 < x_1 < \cdots < x_n$，构造插值函数 $s(x)$，使得 $s(x)$ 满足以下性质：

(1) $s(x_j) = y_j(j=0,1,\cdots,n)$；

(2) $s(x)$ 在每一个小区间 $[x_{j-1}, x_j](j=1,2,\cdots,n)$ 上都是至多三次多项式；

(3) $s(x)$ 在区间 $[x_0, x_n]$ 上二阶连续可导，然后用 $s(x)$ 计算插值点 x^* 处的插值 $y^* = s(x^*)$. 这样的分段三次多项式插值函数称为三次样条函数.

定理 5.1.4   已知 $n+1$ 个结点 $(x_j, y_j)(j=0,1,\cdots,n)$，设 $x_0 < x_1 < \cdots < x_n$，则满足下列 6 个条件的三次样条函数 $s(x)$ 是存在且唯一的：

(1) $s(x)$ 在区间 $[x_{j-1}, x_j](j=1,2,\cdots,n)$ 上都是至多三次多项式，即

$$p_j(x) = s(x) \mid_{[x_{j-1}, x_j]} = \sum_{i=1}^{4} c_{j,i}(x - x_{j-1})^{4-i}$$

$$= c_{j,1}(x - x_{j-1})^3 + c_{j,2}(x - x_{j-1})^2 + c_{j,3}(x - x_{j-1}) + c_{j,4} \quad (5.1.8)$$

(2) $p_j(x_{j-1}) = y_{j-1}, j=1,2,\cdots,n$；

(3) $p_j(x_j) = y_j, j=1,2,\cdots,n$；

(4) $p_j'(x_j) = p_{j+1}'(x_j), j=1,2,\cdots,n-1$；

(5) $p_j''(x_j) = p_{j+1}''(x_j), j=1,2,\cdots,n-1$；

(6) $p_1''(x_0) = p_n''(x_n) = 0$.

证明思路 记 $z_j = s''(x_j)(j=0,1,\cdots,n)$. 根据条件(6)有 $z_0 = z_n = 0$. 根据条件(1)和(5)可以知道 $p''_j(x)$ 是过 (x_{j-1}, z_{j-1}) 与 (x_j, z_j) 两点的线性函数, 所以

$$p''_j(x) = \frac{z_{j-1}}{h_j}(x_j - x) + \frac{z_j}{h_j}(x - x_{j-1})$$

这里记 $h_j = x_j - x_{j-1}(j=1,2,\cdots,n)$. 为了求出 $p_j(x)$ 的表达式, 对 $p''_j(x)$ 积分两次, 并根据条件(2)和(3)定出积分常数得

$$\begin{aligned} p_j(x) = {} & \frac{z_{j-1}}{6h_j}(x_j - x)^3 + \frac{z_j}{6h_j}(x - x_{j-1})^3 \\ & + \left(\frac{y_{j-1}}{h_j} - \frac{z_{j-1}h_j}{6}\right)(x_j - x) + \left(\frac{y_j}{h_j} - \frac{z_j h_j}{6}\right)(x - x_{j-1}) \end{aligned} \quad (5.1.9)$$

对 (5.1.9) 式求导, 再根据条件(4)就可以推得线性方程组

$$\begin{pmatrix} u_1 & h_2 & & & & \\ h_2 & u_2 & h_3 & & & \\ & h_3 & u_3 & h_4 & & \\ & & \ddots & \ddots & \ddots & \\ & & & h_{n-2} & u_{n-2} & h_{n-1} \\ & & & & h_{n-1} & u_{n-1} \end{pmatrix} \begin{pmatrix} z_1 \\ z_2 \\ z_3 \\ \vdots \\ z_{n-2} \\ z_{n-1} \end{pmatrix} = \begin{pmatrix} v_1 \\ v_2 \\ v_3 \\ \vdots \\ v_{n-2} \\ v_{n-1} \end{pmatrix} \quad (5.1.10)$$

其中 $u_j = 2(h_j + h_{j+1})$, $v_j = 6(y_{j+1} - y_j)/h_{j+1} - 6(y_j - y_{j-1})/h_j (j=1,2,\cdots,n-1)$. 用数值代数方法可以证明线性方程组 (5.1.10) 存在唯一解, 并可以解出 $z_1,\cdots,z_{n-1}$, 合并上已知的 $z_0 = z_n = 0$, 代回 (5.1.9) 式, 即可得到 $p_j(x)(j=1,2,\cdots,n)$ 的表达式, 所以满足条件(1)~(6)的样条函数 $s(x)$ 是存在且唯一的. （证毕）

注 5.1.2 仅满足条件(1)~(5)的三次样条 $s(x)$ 存在, 但不唯一.

注 5.1.3 要使三次样条唯一确定, 就必须增加两个边界条件, 有多种方式来增加这两个边界条件:

(1) 自然边界条件 $s''(x_0) = s''(x_n) = 0$, 即条件(6), 它意味着 $s(x)$ 在 $[-\infty, x_0]$ 和 $[x_n, +\infty]$ 上的表达式都是一次多项式, 满足条件(1)~(6)的三次样条称为三次自然样条. 定理 5.1.4 不但证明了三次自然样条的存在唯一性, 而且给出了三次自然样条的算法, 即求解一个拟对角化的线性方程组;

(2) $s'(x_0)$ 等于由最左边的 4 个结点 $(x_j, y_j)(j=0,1,2,3)$ 确定的至多三次插值多项式在 x_0 的一阶导数, $s'(x_n)$ 等于由最右边的 4 个结点 $(x_j, y_j)(j=n-3, n-2, n-1, n)$ 确定的至多三次插值多项式在 x_n 的一阶导数;

(3) 给定三次样条 $s(x)$ 在区间 $[x_0, x_n]$ 的左、右端点的一阶导数 $s'(x_0)$ 和 $s'(x_n)$;

(4) 给定三次样条 $s(x)$ 在区间 $[x_0, x_n]$ 的左、右端点的二阶导数 $s''(x_0)$ 和 $s''(x_n)$；

(5) 非结点 (not-a-knot) 方法，不将 x_1 和 x_{n-1} 两点看成结点，即在区间 $[x_0, x_2]$ 使用一个单独的三次多项式，在区间 $[x_{n-2}, x_n]$ 也是如此. 由于减少了 8 个待定系数和 6 个连续性条件，使得剩下的待定系数的个数恰好等于条件数，从而能有效地减少计算量；

(6) 周期的三次样条 $s(x)$，满足 $s'(x_0) = s'(x_n)$ 且 $s''(x_0) = s''(x_n)$.

注 5.1.4   不论满足何种边界条件，在区间 $[x_0, x_n]$ 上，三次样条 $s(x)$ 都是连续的分段三次多项式，而且一阶导函数 $s'(x)$ 是连续的分段二次多项式，二阶导函数 $s''(x)$ 是连续的分段线性函数，三阶导函数 $s'''(x)$ 是分段常值函数，$x_0, x_1, \cdots, x_n$ 的全部或者部分点是 $s'''(x)$ 的跳跃间断点.

注 5.1.5   (5.1.8) 式称为三次样条 $s(x)$ 的分段多项式形式 (piecewise polynomial form，在 MATLAB 的帮助文档里称为 ppform)，根据 (5.1.8) 式的系数矩阵 $(c_{j,k})_{n \times 4}$，可以得知 $s(x)$ 在每一个小区间 $[x_{j-1}, x_j]$ 的左端点 x_{j-1} 的直到三阶导数的信息如下：

(1) $c_{j,4} = s(x_{j-1}) = y_{j-1}, j = 1, 2, \cdots, n$；

(2) $c_{j,3} = s'(x_{j-1}), j = 1, 2, \cdots, n$；

(3) $2c_{j,2} = s''(x_{j-1}), j = 1, 2, \cdots, n$；

(4) $6c_{j,1} = s'''(x_{j-1}), j = 1, 2, \cdots, n$，

而 $s(x)$ 在 x_n 的信息需要将 x_n 代入 (5.1.8) 式计算得到.

注 5.1.6   不论满足何种边界条件，在区间 $[x_0, x_n]$ 上，三次样条 $s(x)$ 以及它的一、二、三阶导数的误差估计都由以下定理给出 (参见文献 [12] 第 360 页 Property 8.3)：

定理 5.1.5   设 $f(x)$ 在 $[a, b]$ 上存在连续的 4 阶导函数，对任意划分 $a = x_0 < x_1 < \cdots < x_n = b$，记 $h = \max\limits_{j=1,2,\cdots,n} |x_j - x_{j-1}|$，$\beta = h / \min\limits_{j=1,2,\cdots,n} |x_j - x_{j-1}|$，设 $s(x)$ 是在 $x_0, x_1, \cdots, x_n$ 逼近 $f(x)$ 而得到的三次样条插值函数，则

$$\max\limits_{a \leqslant x \leqslant b} |f^{(r)}(x) - s^{(r)}(x)| \leqslant C_r h^{4-r} \max\limits_{a \leqslant x \leqslant b} |f^{(4)}(x)|, \quad r = 0, 1, 2, 3$$

其中 $C_0 = 5/384, C_1 = 1/24, C_2 = 3/8, C_3 = (\beta + \beta^{-1})/2$.

小结   样条作为一种分段插值函数，在每一段上多项式次数较低，而在结点上不仅连续，而且还存在连续的低阶导数，所以样条的特点如下：形式简单、光滑性好、算法效率高、边界条件多种多样. 样条是数学建模实践中应用最广泛的插值方法，特别是当处理来自光滑函数的离散数据时，可以根据实际问题的需要，选择满足特定边界条件的样条作为插值函数模型.

5.1.5 三次样条的 MATLAB 实现

MATLAB 样条工具箱(Spline Toolbox)函数 csape(cubic spline interpolation with end conditions)可以计算出在注 5.1.3 中列出的 6 种边界条件的三次样条的分段多项式形式.语法格式如下:

(1) pp=csape(x,y,'variational')

第一、二输入项 x,y 分别为已知结点的横、纵坐标向量,必须规模相同;第三输入项是指定的字符串" 'variational' ";返回的三次样条满足注 5.1.3 的第(1)种边界条件,即三次自然样条.

(2) pp=csape(x,y)

系统默认格式.第一、二输入项 x,y 分别为已知结点的横、纵坐标向量,必须规模相同;返回的三次样条满足注 5.1.3 的第(2)种边界条件,即三次样条在左(右)端点的斜率等于对最左(右)边 4 个结点插值的至多三次多项式在左(右)端点的斜率.

(3) pp=csape(x,y,'complete')或 pp=csape(x,y,'clamped')

第一输入项 x 为已知结点的横坐标向量;第二输入项 y 是比 x 多两个元素的向量,其中 y(2:end−1)是已知结点的纵坐标向量,而 y(1)和 y(end)分别为样条在左端点 min(x)和右端点 max(x)处的一阶导数;第三输入项是指定的字符串" 'complete '"或者" 'clamped '";返回的三次样条满足注 5.1.3 的第(3)种边界条件,即给定样条在左右端点的一阶导数.

(4) pp=csape(x,y,'second')

第一输入项 x 为已知结点的横坐标向量;第二输入项 y 是比 x 多两个元素的向量,其中 y(2:end−1)是已知结点的纵坐标向量,而 y(1)和 y(end)分别为样条在左端点 min(x)和右端点 max(x)处的二阶导数;第三输入项是指定的字符串" 'second'";返回的三次样条满足注 5.1.3 的第(4)种边界条件,即给定样条在左、右端点的二阶导数.

(5) pp=csape(x,y,'not-a-knot')

第一、二输入项 x,y 分别为已知结点的横、纵坐标向量,必须规模相同;第三输入项是指定的字符串" 'not-a-knot' ";返回的三次样条满足注 5.1.3 的第(5)种边界条件,即按照非结点方法得到的三次样条.

(6) pp=csape(x,y,'periodic')

第一、二输入项 x,y 分别为已知结点的横、纵坐标向量,必须规模相同;第三输入项是指定的字符串" 'periodic'";返回的三次样条满足注 5.1.3 的第(6)种边界条件,即周期的三次样条.

在以上的全部格式中,csape 的输出项 pp 都是结构数组,保存着三次样条形如(5.1.8)式的分段多项式形式的全部信息.输出项 pp 包含 form,breaks,coefs, pieces,order 以及 dim 共 6 个域：

（i）pp. form 的值是字符串"'pp'"；

（ii）pp. breaks 是自变量的断点，即由已知结点的横坐标按照升序排列的行向量；

（iii）pp. coefs 保存着（5.1.8）式的系数矩阵$(c_{j,k})_{n \times 4}$；

（iv）pp. pieces 的值等于分段数 n；

（v）pp. order 的值等于 4，表示三次多项式；

（vi）pp. dim 的值等于 1，表示一维插值.

注 5.1.7　MATLAB 函数 ppval 用于计算分段多项式在给定自变量的函数值，语法格式为 yi＝ppval(pp,xi). 第一输入项 pp 是保存分段多项式的信息的结构数组（包括 form，breaks，coefs，pieces，order 和 dim 共 6 个域）；第二输入项 xi 是自变量数组；输出项 yi 是分段多项式在 xi 的函数值数组，yi 与 xi 规模相同. 三次样条插值可以用 ppval 实现.

注 5.1.8　MATLAB 函数 mkpp 用于创建分段多项式形式（ppform），语法格式为 pp＝mkpp(breaks,coefs). 第一输入项即自变量的断点，必须按升序排列；第二输入项即系数矩阵，系数矩阵的行数必须等于断点的个数减 1，系数矩阵的列数等于分段多项式的次数加 1. 注意：这里的系数矩阵是指形式类似（5.1.8）式的分段多项式的系数矩阵！

注 5.1.9　MATLAB 样条工具箱函数 splinetool 可以让用户在一个交互式的用户图形界面内很方便地计算多种样条逼近方法，有如下两种命令格式：

（1）splinetool，打开用户图形界面；

（2）splinetool(x,y)，给定已知结点并打开用户图形界面，第一、二输入项 x 与 y 分别是已知结点的横、纵坐标向量，规模相同.

例 5.1.4　已知 $(0,3),(1,1),(3,2),(6,0),(8,2)$ 和 $(9,4)$ 共 6 个结点，利用 MATLAB 样条工具箱函数 csape，绘制对这 6 个结点进行插值的 6 种不同边界条件的三次样条以及它们的一、二、三阶导函数的图像.

解答　限于篇幅，这里仅演示注 5.1.3 的第（1），（2）种边界条件的三次样条，其余的 4 种请读者自己完成.

（1）三次自然样条（见图 5.7）.

绘制图 5.7 的 MATLAB 脚本如下：

```
x=[0,1,3,6,8,9];y=[3,1,2,0,2,4];
pp=csape(x,y,'variational'),pp.coefs
s=@(t,tj,c)c(1).*(t-tj).^3+c(2).*(t-tj).^2+c(3).*(t-tj)+c(4);
d1s=@(t,tj,c)3.*c(1).*(t-tj).^2+2.*c(2).*(t-tj)+c(3);
```

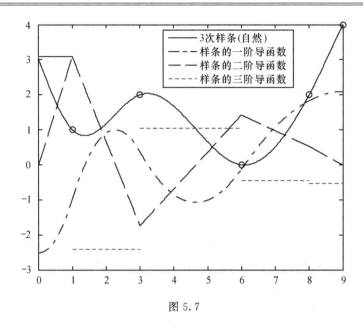

图 5.7

```
d2s=@(t,tj,c)6.*c(1).*(t-tj)+2.*c(2);
d3s=@(t,tj,c)6.*c(1).*ones(size(t));
for k=1:pp.pieces
    c=pp.coefs(k,:);u=x(k):.01:x(k+1);v=s(u,x(k),c);
    v1=d1s(u,x(k),c);v2=d2s(u,x(k),c);v3=d3s(u,x(k),c);
    plot(u,v,'k',u,v1,'k-.',u,v2,'k--',u,v3,'k:'),hold on
end
legend('三次样条(自然)','样条的一阶导函数',...
    '样条的二阶导函数','样条的三阶导函数')
plot(x,y,'ko'),hold off
```

命令窗口显示的计算结果为

```
pp=
        form:'pp'
      breaks:[0 1 3 6 8 9]
       coefs:[5x4 double]
      pieces:5
       order:4
         dim:1
ans=
```

0.51339	0	-2.5134	3
-0.40179	1.5402	-0.97321	1
0.17544	-0.87055	0.36605	2
-0.074087	0.70839	-0.12044	0
-0.087956	0.26387	1.8241	2

计算结果说明该三次样条的分段多项式形式为

$$s(x)=\begin{cases} 0.51339x^3 - 2.5134x + 3, & 0 \leqslant x \leqslant 1 \\ -0.40179(x-1)^3 + 1.5402(x-1)^2 - 0.97321(x-1) + 1, & 1 \leqslant x \leqslant 3 \\ 0.17544(x-3)^3 - 0.87055(x-3)^2 + 0.36605(x-3) + 2, & 3 \leqslant x \leqslant 6 \\ 0.074087(x-6)^3 + 0.70839(x-6)^2 - 0.12044(x-6), & 6 \leqslant x \leqslant 8 \\ -0.087956(x-8)^3 + 0.26387(x-8)^2 + 1.8241(x-8) + 2, & 8 \leqslant x \leqslant 9 \end{cases}$$

执行以下命令可以验算该三次样条在区间 $[0,9]$ 的左端点 $x=0$ 和右端点 $x=9$ 的二阶导数都等于 0（由图 5.7 也可以观察出来）：

```
[2.*pp.coefs(1,2),d2s(9,8,pp.coefs(5,:))]
```

命令窗口显示：

```
ans=
    0    0
```

(2) 多项式插值确定两端斜率的三次样条（见图 5.8）.

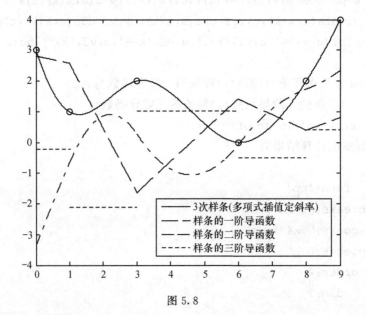

图 5.8

绘制图 5.8 的 MATLAB 脚本如下:

```
x=[0,1,3,6,8,9];y=[3,1,2,0,2,4];
pp=csape(x,y),pp.coefs
s=@(t,tj,c)c(1).*(t-tj).^3+c(2).*(t-tj).^2+ c(3).*(t-tj)+c(4);
d1s=@(t,tj,c)3.*c(1).*(t-tj).^2+2.*c(2).*(t-tj)+c(3);
d2s=@(t,tj,c)6.*c(1).*(t-tj)+2.*c(2);
d3s=@(t,tj,c)6.*c(1).*ones(size(t));
for k=1:pp.pieces
    c=pp.coefs(k,:);u=x(k):.01:x(k+1);v=s(u,x(k),c);
    v1=d1s(u,x(k),c);v2=d2s(u,x(k),c);v3=d3s(u,x(k),c);
    plot(u,v,'k',u,v1,'k-.',u,v2,'k--',u,v3,'k:'),hold on
end
legend ('3次样条(多项式插值定斜率)','样条的一阶导函数',...
        '样条的二阶导函数','样条的三阶导函数',4)
plot(x,y,'ko'),hold off
```

命令窗口显示的计算结果为

```
pp=
      form:'pp'
    breaks:[0 1 3 6 8 9]
     coefs:[5x4 double]
    pieces:5
     order:4
       dim:1
ans=
    -0.038841      1.4055      -3.3667        3
    -0.35145       1.289       -0.67217       1
     0.16957      -0.81971      0.26638        2
    -0.084783      0.70638     -0.073623       0
     0.067826      0.19768      1.7345         2
```

计算结果说明该三次样条的分段多项式形式为

$$
s(x) = \begin{cases}
-0.038841x^3 + 1.4055x^2 - 3.3667x + 3, & 0 \leqslant x \leqslant 1 \\
-0.35145(x-1)^3 + 1.289(x-1)^2 - 0.67217(x-1) + 1, & 1 \leqslant x \leqslant 3 \\
0.16957(x-3)^3 - 0.81971(x-3)^2 + 0.26638(x-3) + 2, & 3 \leqslant x \leqslant 6 \\
-0.084783(x-6)^3 + 0.70638(x-6)^2 - 0.073623(x-6), & 6 \leqslant x \leqslant 8 \\
0.067826(x-8)^3 + 0.19768(x-8)^2 + 1.7345(x-8) + 2, & 8 \leqslant x \leqslant 9
\end{cases}
$$

由 pp.coefs 的第 1 行、第 3 列的数值可知,该三次样条在区间[0.9]的左端点 $x=0$ 的一阶导数为 -3.3667.执行以下命令可以验算由最左边的 4 个结点 $(0,3)$,$(1,1)$,$(3,2)$ 和 $(6,0)$ 得到的插值多项式在左端点 $x=0$ 的一阶导数也等于 -3.3667:

```
[pp.coefs(1,3),polyval(polyder(polyfit(x(1:4),y(1:4),3)),x(1))]
```
命令窗口显示:

```
ans=
     -3.3667    -3.3667
```

执行以下命令可以验算该三次样条在区间[0.9]的右端点 $x=9$ 的一阶导数等于最右边的 4 个结点 $(3,2)$,$(6,0)$,$(8,2)$ 和 $(9,4)$ 得到的插值多项式在右端点 $x=9$ 的一阶导数:

```
[d1s(9,8,pp.coefs(5,:)),...
polyval(polyder(polyfit(x(end-3:end),y(end-3:end),3)),x(end))]
```
命令窗口显示:

```
ans=
      2.3333    2.3333
```

5.2　数值积分和数值微分

5.2.1　数值积分

设函数 $f(x)$ 在 $[a,b]$ 上连续,已知 $f(x)$ 在 x_j 的函数值 $y_j=f(x_j)(j=0,1,\cdots,n)$,其中 $a=x_0<x_1<\cdots<x_n=b$,问如何近似计算定积分 $\int_a^b f(x)\mathrm{d}x$ 的值?

复化梯形求积公式　在 $[a,b]$ 上,由已知结点 $(x_j,y_j)(j=0,1,\cdots,n)$ 作分段线性插值,得到分段线性插值函数 $S_n^1(x)$,然后以 $\int_a^b S_n^1(x)\mathrm{d}x$ 的值作为 $\int_a^b f(x)\mathrm{d}x$ 的近似值(见图 5.9).容易求得 $\int_a^b S_n^1(x)\mathrm{d}x$ 的值为

$$T_n = \frac{1}{2}\sum_{j=1}^n (x_j-x_{j-1})(y_{j-1}+y_j) \tag{5.2.1}$$

如果划分 $a=x_0<x_1<\cdots<x_n=b$ 将区间 $[a,b]$ n 等分,记 $h=(b-a)/n$,则有

$$T_n = \frac{h}{2}\left(y_0+y_n+2\sum_{j=1}^{n-1}y_j\right) \tag{5.2.2}$$

复化梯形求积公式的误差估计如下:

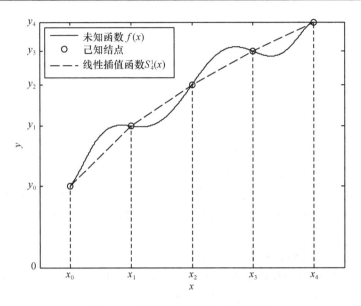

图 5.9 复化梯形求积公式示意图

定理 5.2.1(梯形法则) 函数 $f(x)$ 在 $[a,b]$ 上二阶连续可导,记 $h=b-a$,则存在 $\xi \in (a,b)$,使得

$$\int_a^b f(x)\mathrm{d}x = \frac{h}{2}(f(a)+f(b)) - \frac{h^3}{12}f''(\xi) \tag{5.2.3}$$

证明 连接 $(a,f(a))$ 和 $(b,f(b))$ 两点的线性函数就是由这两点确定的至多一次插值多项式

$$L_1(x) = \frac{b-x}{b-a}f(a) + \frac{x-a}{b-a}f(b)$$

根据 (5.1.6) 式,存在 $\xi \in (a,b)$,使得

$$f(x) = \frac{b-x}{b-a}f(a) + \frac{x-a}{b-a}f(b) + \frac{f''(\xi)}{2}(x-a)(x-b)$$

上式两边在 $[a,b]$ 上对 x 积分,得 (5.2.3) 式. 证毕.

定理 5.2.2 函数 $f(x)$ 在 $[a,b]$ 上二阶连续可导,划分 $a=x_0<x_1<\cdots<x_n=b$ 将区间 n 等分,记 T_n 为按照复化梯形求积公式 (5.2.2) 计算得到的 $I = \int_a^b f(x)\mathrm{d}x$ 的近似值,则

$$|I-T_n| \leqslant \frac{h^2}{12}(b-a)M_2$$

其中 $h=(b-a)/n, M_2 = \max\limits_{a \leqslant x \leqslant b}|f''(x)|$.

证明 根据定理 5.2.1 有

$$| I - T_n | \leqslant \sum_{j=1}^{n} \left| \int_{x_{j-1}}^{x_j} f(x)\mathrm{d}x - \frac{h}{2}(y_{j-1} + y_j) \right|$$

$$\leqslant \sum_{j=1}^{n} \frac{h^3}{12}M_2 = \frac{h^2}{12}(b-a)M_2$$

证毕.

定理 5.2.2 说明复化梯形求积公式(5.2.2)是二阶收敛的,当 $h \to 0^+$(即 $n \to +\infty$)时,误差 $|I - T_n|$ 是 h 的二阶无穷小量.

MATLAB 函数 trapz(x,y)用复化梯形求积公式(5.2.1)计算数值积分,输入项 x 和 y 分别为已知结点的横、纵坐标向量,规模相同,x 的步长可以不均匀.

例 5.2.1 卫星轨道长度.

问题 人造地球卫星轨道可视为平面上的椭圆(见图 5.10). 我国第一颗卫星近地点距地球表面 439km,远地点距地球表面 2384km,已知地球半径为 6371km,求卫星轨道长度.

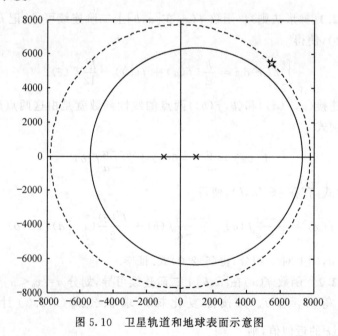

图 5.10 卫星轨道和地球表面示意图

分析 椭圆的参数方程为 $x = a\cos t, y = b\sin t, t \in [0, 2\pi]$,所以椭圆长度 s 等于定积分

$$s = 4\int_0^{\pi/2} \sqrt{a^2\sin^2 t + b^2\cos^2 t}\,\mathrm{d}t$$

但是上式是椭圆积分,无法用解析法计算,只能求数值解.

解答 执行以下 MATLAB 脚本,用复化梯形求积公式计算卫星轨道长度,并观察数值积分如何随着积分区间的等分份数 k 的增加而变化.由计算结果(见表 5.1)发现,对于本问题,当 k 很小时,复化梯形求积公式已经能计算出精确度相当高的近似值:

```
r=6371;d1=439;d2=2384;
a=r+(d1+d2)/2;c=a-d1-r;b=sqrt(a^2-c^2);
k=3;    %积分区间[0,pi/2]被 k 等分,取 k=2,3,100
x=linspace(0,pi/2,k+1);
y=sqrt((a*sin(x)).^2+(b*cos(x)).^2);
format long g,s=4*trapz(x,y)
```

表 5.1 卫星轨道长度的计算结果

k	2	3	100
s	48707.4385109883	48707.4385119001	48707.4385119002

5.2.2 数值微分

设函数 $f(x)$ 在 $[a,b]$ 上可导,已知 $f(x)$ 在 x_j 的函数值 $y_j = f(x_j)(j=0,1,\cdots,n)$,其中 $a=x_0<x_1<\cdots<x_n=b$.如果 $f(x)$ 的解析表达式未知,问如何近似计算 $f(x)$ 在某点 $x=c$ 处的导数? 特别是如何近似计算 $f(x)$ 在 $x_0,x_1,\cdots,x_n$ 的导数?

先考虑一个简化的问题.设划分 $a=x_0<x_1<x_2=b$ 将区间 $[a,b]$ 二等分,记 $h=(b-a)/2$,已知 $f(x)$ 在 x_j 的函数值 $y_j=f(x_j)(j=0,1,2)$.记

$$L_2(x) = c_1(x-x_1)^2 + c_2(x-x_1) + c_3$$

是由结点 $(x_j,y_j)(j=0,1,2)$ 确定的至多二次插值多项式,则

$$\begin{cases} c_1h^2 - c_2h + c_3 = y_0 \\ c_3 = y_1 \\ c_1h^2 + c_2h + c_3 = y_2 \end{cases}$$

所以 $c_1=\dfrac{y_2-2y_1+y_0}{2h^2}, c_2=\dfrac{y_2-y_0}{2h}, c_3=y_1$,进而用 $L_2(x)$ 在 x_0,x_1,x_2 的导数作为 $f(x)$ 在 x_0,x_1,x_2 的导数的近似值,即

$$f'(x_0) \approx L_2'(x_0) = \frac{-y_2 + 4y_1 - 3y_0}{2h}$$

$$f'(x_1) \approx L_2'(x_1) = \frac{y_2 - y_0}{2h}$$

$$f'(x_2) \approx L_2'(x_2) = \frac{3y_2 - 4y_1 + y_0}{2h}$$

以上思想可以推广到 $n+1$ 个等间距断点的情况. 已知 $y_j = f(x_j)(j=0,1,\cdots,$ $n)$, 其中划分 $a = x_0 < x_1 < \cdots < x_n = b$ 将区间 $[a,b]$ n 等分, 记 $h = (b-a)/n$. 分以下三种情况讨论:

(1) 中间点 $x_j(j=1,\cdots,n-1)$. 对 (x_{j-1},y_{j-1}), (x_j,y_j) 和 (x_{j+1},y_{j+1}) 这三个结点作至多二次多项式插值, 用插值多项式在 x_j 的导数作为 $f'(x_j)$ 的近似值得

$$f'(x_j) \approx \frac{y_{j+1} - y_{j-1}}{2h} \tag{5.2.4}$$

(5.2.4)式称为数值微分的中点公式;

(2) 左端点 x_0. 对最左边的三个结点 (x_0,y_0), (x_1,y_1) 和 (x_2,y_2) 作至多二次多项式插值, 用插值多项式在 x_0 的导数作为 $f'(x_0)$ 的近似值得

$$f'(x_0) \approx \frac{-y_2 + 4y_1 - 3y_0}{2h} \tag{5.2.5}$$

(3) 右端点 x_n. 对最右边的三个结点 (x_{n-2},y_{n-2}), (x_{n-1},y_{n-1}) 和 (x_n,y_n) 作至多二次多项式插值, 用插值多项式在 x_n 的导数作为 $f'(x_n)$ 的近似值得

$$f'(x_n) \approx \frac{3y_n - 4y_{n-1} + y_{n-2}}{2h} \tag{5.2.6}$$

(5.2.4)~(5.2.6)式合称为数值微分三点公式.

注 5.2.1　推导数值微分三点公式的思路还可以进一步推广于计算函数 $f(x)$ 在 $n+1$ 个非均匀间距断点的数值微分, 方法相同, 只是不再有简洁的公式. 将这种数值微分方法称为"三点法".

注 5.2.2　不论断点 $x_0,x_1,\cdots,x_n$ 的间距是否均匀, "三点法"在理论上都有清晰的误差估计和收敛性的结论, 所以在实践中可以放心使用. 误差估计和收敛性分析如下(不论断点的间距是否均匀): 设 $a = x_0 < x_1 < \cdots < x_n = b$, 又设函数 $f(x)$ 在 $[a,b]$ 上三阶连续可导, 已知 $y_j = f(x_j)(j=0,1,\cdots,n)$, 记 d_j 为按照以上方法计算得到的 $f'(x_j)(j=0,1,\cdots,n)$ 的近似值, 记 $M_3 = \max\limits_{x \in [a,b]} |f'''(x)|$. 仍然分三种情况讨论.

(1) 中间点 $x_j(j=1,\cdots,n-1)$. 记 $L_2(x)$ 为由 (x_{j-1},y_{j-1}), (x_j,y_j) 和 (x_{j+1},y_{j+1}) 这三个结点确定的至多二次插值多项式, 根据(5.1.6)式, 对任意 $x \in [x_{j-1},x_{j+1}]$ 都存在 $\xi = \xi(x) \in (x_{j-1},x_{j+1})$, 使得

$$f(x) - L_2(x) = \frac{f'''(\xi)}{6}\omega(x)$$

其中 $\omega(x)=(x-x_{j-1})(x-x_j)(x-x_{j+1})$. 上式两边对 x 求导得

$$f'(x)-L'_2(x)=\frac{1}{6}\left[\omega(x)\frac{\mathrm{d}}{\mathrm{d}x}(f'''(\xi))+f'''(\xi)\omega'(x)\right]$$

当 $x=x_j$ 时, 因为 $\omega(x_j)=0$, 所以

$$f'(x_j)-L'_2(x_j)=\frac{f'''(\xi)}{6}\omega'(x_j)$$

于是得到误差估计

$$|f'(x_j)-d_j|\leqslant\frac{M_3}{6}(x_j-x_{j-1})(x_{j+1}-x_j)\tag{5.2.7}$$

(2) 左端点 x_0. 同理可得

$$|f'(x_0)-d_0|\leqslant\frac{M_3}{6}(x_1-x_0)(x_2-x_0)\tag{5.2.8}$$

(3) 右端点 x_n. 同理可得

$$|f'(x_n)-d_n|\leqslant\frac{M_3}{6}(x_n-x_{n-2})(x_n-x_{n-1})\tag{5.2.9}$$

根据 (5.2.7)~(5.2.9) 式可进一步得到如下收敛性的结论:

如果 $\lim\limits_{n\to+\infty}\max\limits_{j\in\{1,2,\cdots,n\}}(x_j-x_{j-1})=0$, 则 $\lim\limits_{n\to+\infty}d_j=f'(x_j)$, $\forall j=0,1,\cdots,n$.

当断点 $x_0,x_1,\cdots,x_n$ 的间距是均匀时, 记 $h=(b-a)/n$, 由 (5.2.7)~(5.2.9) 式可以得知, 数值微分三点公式 (5.2.4)~(5.2.6) 是二阶收敛的, 即当 $h\to0^+$ (即 $n\to+\infty$) 时, 误差 $|f'(x_j)-d_j|$ $(j=0,1,\cdots,n)$ 都是 h 的二阶无穷小量.

注 5.2.3 如果需要得到函数 $f(x)$ 在非断点处的数值微分, 则应先用"三点法"计算出 $f(x)$ 在断点处的数值微分, 然后通过对断点处的数值微分的三次样条插值 (建议采用注 5.1.3 的第 (2) 种边界条件) 得到 $f(x)$ 在非断点处的数值微分.

注 5.2.4 利用三次样条求函数 $f(x)$ 的数值微分也是一种好办法, 可以由结点确定三次样条, 然后以三次样条的一阶导数作为 $f(x)$ 的数值微分. 把这种方法称为"三次样条法". 定理 5.1.5 保证了"三次样条法"的误差估计和收敛性, 所以在实践中可以放心使用. 麻烦之处是需要根据实际问题为三次样条选择合适的边界条件. 如果实际问题没有明显给出三次样条的边界条件, 建议采用注 5.1.3 的第 (2) 种边界条件, 即多项式插值确定左右端点的斜率.

例 5.2.2 人口增长率.

问题 在 4.2.2 小节的"美国人口预报"案例中, 用计算增长率的中点公式

$$R_k = \frac{x_{k+1} - x_{k-1}}{20 x_k}, \quad k = 2, 3, \cdots, 21$$

根据美国 1790 年至 2000 年每隔 10 年的人口统计数据估算出 1800 年至 1990 年每隔 10 年的人口年增长率(见表 4.3),那么 1790 年和 2000 年的人口年增长率又应该如何估算呢?

解答 在 4.2 节已学习过微分方程

$$\frac{\mathrm{d}x}{\mathrm{d}t} = \rho(t)x \tag{4.2.1}$$

其中,$x = x(t)$ 为人口数量函数,而 $\rho(t) = x'(t)/x(t)$ 为人口增长率函数.把美国 1790 年至 2000 年每隔 10 年的年份和相应的人口统计数据依次记作 t_k 和 x_k,即已知 $x_k = x(t_k)(k = 1, 2, \cdots, 22)$,因为 t_k 之间的间距(10 年)是均匀的,所以可以用数值微分三点公式估计 $x'(t_k)$,

$$x'(t_k) \approx \frac{x_{k+1} - x_{k-1}}{20}, \quad k = 2, 3, \cdots, 21$$

$$x'(t_1) \approx \frac{-x_3 + 4x_2 - 3x_1}{20}$$

$$x'(t_{22}) \approx \frac{3x_{22} - 4x_{21} + x_{20}}{20}$$

所以 $\rho(t_k) = x'(t_k)/x_k$ 可以如下这样估计:

$$\rho(t_k) \approx R_k = \frac{x_{k+1} - x_{k-1}}{20 x_k}, \quad k = 2, 3, \cdots, 21$$

$$\rho(t_1) \approx \frac{-x_3 + 4x_2 - 3x_1}{20 x_1}$$

$$\rho(t_{22}) \approx \frac{3x_{22} - 4x_{21} + x_{20}}{20 x_{22}}$$

具体的计算结果见表 5.2.

表 5.2 美国人口增长率 (单位:%/年)

年 份	1790	1800	1810	1820	1830	1840	1850	1860
增长率	2.9487	3.1132	2.9861	2.9688	2.9070	3.0117	3.0819	2.4522
年 份	1870	1880	1890	1900	1910	1920	1930	1940
增长率	2.4352	2.4203	2.0509	1.9145	1.6576	1.4648	1.0227	1.0440
年 份	1950	1960	1970	1980	1990	2000		
增长率	1.5793	1.4863	1.1569	1.0464	1.0919	1.1567		

5.2.3 水塔流量估计

1. 问题提出[①]

某居民区有一供居民用水的圆柱形水塔,高 12.2 米,直径 17.4 米.一般可以通过测量水塔的水位来估计水的流量,但问题是当水位下降到约 8.2 米时,水泵自动启动向水塔供水,到水位升至约 10.8 米时,水泵停止供水,这段时间无法测量水塔的水位和水泵的供水量.通常水泵每天供水两次,每次约两小时.

表 5.3 是某一天的水位测量记录,试估计任何时刻(包括水泵正在供水的时刻)从水塔流出的水流量以及一天的用水量.

表 5.3 水位测量记录

时刻/小时	0	0.92	1.84	2.95	3.87	4.98	5.90	7.01	7.93	8.97
水位/米	9.68	9.48	9.31	9.13	8.98	8.81	8.69	8.52	8.39	8.22
时刻/小时	9.98	10.92	10.95	12.03	12.95	13.88	14.98	15.90	16.83	17.93
水位/米	//	//	10.82	10.50	10.21	9.94	9.65	9.41	9.18	8.92
时刻/小时	19.04	19.96	20.84	22.01	22.96	23.88	24.99	25.91		
水位/米	8.66	8.43	8.22	//	//	10.59	10.35	10.18		

注:符号 // 表示水泵启动.

2. 问题分析

根据表 5.3 的测量记录,在一天中有三个时段水泵不工作,可以测到水位,虽然测量水位的时刻的间距是不均匀的,但都是约隔一小时测量一次.在一天中,还有两个时段水泵在工作,这两个时段都无法测量水塔的水位和水泵的供水量.要根据水位测量记录,估计任何时刻(包括水泵正在供水的时刻)从水塔流出的水流量(简称水流量)以及一天的用水量.

首先,分析水泵不工作的三个时段.水流量是单位时间内从水塔流出的水的体积,而这三个时段水泵没有供水,所以水流量即水塔内水的体积关于时间的一阶导数(取绝对值).因为水塔为正圆柱,水塔内水的体积与水位成正比,所以水流量可以由水位关于时间的一阶导数(取绝对值,并乘以水塔的横截面积)算出.但是水位关于时间的函数关系未知,而约隔一小时测量一次的时刻和水位的数据已知,所以要用数值微分方法才能估计水泵不工作的三个时段任意时刻的水流量.由于测量水位的时刻间距是不均匀的,所以不能采用数值微分三点公式,可以采用"三次样条法":分别由水泵不工作的三个时段的时刻和水位的测量数据计算三次样条来逼

① 美国数学建模竞赛 1991 年 A 题.

近水位对时间的函数,然后用三次样条的一阶导数来逼近水流量对时间的函数.

一天的用水量可以由水流量对时间积分得到.假如已经得到一天中任意时刻的水流量,那么采用复化梯形求积公式计算水流量对时间的数值积分,就可以得到一天的用水量.

困难之处在于有两个时段水泵在工作,水塔内水的体积关于时间的一阶导数既包含从水塔流出的水流量(负的),又包含从水泵注入水塔的水流量(正的),是二者的代数和,但是题目说这两个时段都无法测量水塔的水位和水泵的供水量,所以不可能直接估计这两个时段从水塔流出的水流量,并且使得一天的用水量估计也受到阻碍.

解决这个困难的基本想法是将前面得到的水泵不工作的三个时段任意时刻的水流量光滑地连起来.这样的连接应该满足 4 个条件:水流量在左、右端点连续,水流量对时间的一阶导数在左、右端点连续(左、右端点是指水泵工作时段的始末时刻).很容易想到,4 个条件一般可以唯一地决定一个三次多项式,而且刚才所说的 4 个条件所决定的三次多项式正好是给定左右端点一阶导数的三次样条的特殊情况——仅有一段.因此,可以计算得到两个三次多项式,作为水泵工作的两个时段任意时刻的水流量的估计.

于是,将水泵不工作的三个时段任意时刻的水流量(三个分段二次多项式)和水泵工作的两个时段任意时刻的水流量(两个三次多项式)合并成一个分段多项式形式的函数,就得到对任意时刻的水流量的估计.为了避免对分段函数的繁琐的人工处理,可以技巧性地运用 MATLAB 函数 mkpp 将水泵不工作的三个时段任意时刻的水流量也都写成分段三次多项式的形式.

最后,可以从水位差、周期性以及生活常识等角度进行模型检验.

3. 模型假设

模型假设如下:

(1) 水塔为标准圆柱体,横截面积是常数,水位是从水塔内底面算起;

(2) 按照 Torricelli 定律,从小孔流出的流体的流量正比于水面高度的平方根,因为题目给出的最高水位 10.8 米与最低水位 8.2 米相差不算大,所以忽略水位对流量的影响;

(3) 在水泵不工作的时段,水位关于时间的函数可以用三次样条逼近;

(4) 在任意时刻,从水塔流出的水流量关于时间的函数可以用分段的至多三次多项式逼近,而且存在连续的一阶导函数.

4. 符号说明

$r = 8.7\text{m} \sim$ 水塔半径;

$S = \pi r^2 = 237.79 \text{m}^2 \sim$ 水塔横截面积;

$t \sim$ 时刻(从第一天的 0 时算起)(h);

$t_i (i=1,2,3) \sim$ 在水泵不工作的第 i 个时段,时刻的测量数据向量(h);

$x_i (i=1,2,3) \sim$ 在水泵不工作的第 i 个时段,水位的测量数据向量(m);

$x_i(t)(i=1,2,3) \sim$ 在水泵不工作的第 i 个时段,水位关于时间的函数的三次样条逼近(m);

$f_i(t)(i=1,2,3) \sim$ 在水泵不工作的第 i 个时段,从水塔流出的水流量关于时间的函数的分段多项式逼近(m^3/h);

$f_i(t)(i=4,5) \sim$ 在水泵工作的第 $i-3$ 个时段,从水塔流出的水流量关于时间的函数的三次多项式逼近(m^3/h);

$f(t) \sim$ 在题目所给的全部时段,从水塔流出的水流量关于时间的函数的分段多项式逼近(m^3/h);

$V \sim$ 一天(从 0 时到 24 时)用水量的估计值(m^3).

5. 模型建立和算法设计

第 1 步 在水泵不工作的第 i 个时段,根据假设(3),由数据向量 t_i 和 x_i 计算得到的三次样条 $x_i(t)(i=1,2,3)$ 就是对水位关于时刻的函数的逼近.三次样条的边界条件取注 5.1.3 的第(2)种边界条件,即多项式插值确定左、右端点的斜率,用 5.1.5 小节 MATLAB 样条工具箱函数 csape 的第(2)种格式计算.虽然第三个时段的数据向量 t_3 和 x_3 只有三个元素,$x_3(t)$ 其实是一个二次多项式,本来可以用 MATLAB 函数 polyfit 由数据向量 t_3 和 x_3 计算得到,但是用 csape 计算不但取得相同的结果,而且编程效率更高.

第 2 步 根据假设(1)有

$$f_i(t) = -\frac{\mathrm{d}}{\mathrm{d}t}(S \cdot x_i(t)) = -S \cdot x_i'(t), \quad i=1,2,3 \qquad (5.2.10)$$

由于在水泵不工作的三个时段,水位都是减函数,而从水塔流出的水流量是非负实数,所以在(5.2.10)式中添加了负号.由(5.2.10)式计算 $f_i(t)(i=1,2,3)$,$f_i(t)$ 的系数矩阵可以由 $x_i(t)$ 的系数矩阵计算得到,并且在系数矩阵的左边都添加一列 0,补足三次幂项的系数,运用 MATLAB 函数 mkpp 创建成分段三次多项式形式的 $f_i(t)(i=1,2,3)$.其实 $f_i(t)(i=1,2)$ 是分段二次多项式,$f_3(t)$ 是一个一次多项式,都创建成分段三次多项式形式,目的是为了在第 5 步可以很方便地用 mkpp 合成 $f(t)$.在这里,系数矩阵是指形式类似(5.1.8)式的分段多项式的系数矩阵,并且用到以下事实:如果

$$p(x) = c_1(x-a)^3 + c_2(x-a)^2 + c_3(x-a) + c_4$$

那么

$$p'(x) = 3c_1(x-a)^2 + 2c_2(x-a) + c_3$$

第 3 步　对于水泵工作的第一个时段,计算 $f_4(t)$. 根据假设(4)要求的一阶光滑性,$f_4(t)$ 必须满足

$$\begin{cases} f_4(8.97) = f_1(8.97) \\ f'_4(8.97) = f'_1(8.97) \\ f_4(10.95) = f_2(10.95) \\ f'_4(10.95) = f'_2(10.95) \end{cases}$$

$f_4(t)$ 就是经过 $(8.97, f_4(8.97))$ 和 $(10.95, f_4(10.95))$ 两个结点,并且给定一阶导数 $f'_4(8.97)$ 和 $f'_4(10.95)$ 的三次样条,可以用 5.1.5 小节 MATLAB 样条工具箱函数 csape 的第(3)种格式计算得到. 由第 2 步的计算结果可计算得到这些结点和导数的具体数值.

第 4 步　对于水泵工作的第二个时段,计算 $f_5(t)$. 根据假设(4)要求的一阶光滑性,$f_5(t)$ 必须满足

$$\begin{cases} f_5(20.84) = f_2(20.84) \\ f'_5(20.84) = f'_2(20.84) \\ f_5(23.88) = f_3(23.88) \\ f'_5(23.88) = f'_3(23.88) \end{cases}$$

$f_5(t)$ 就是经过 $(20.84, f_5(20.84))$ 和 $(23.88, f_5(23.88))$ 两个结点,并且给定一阶导数 $f'_5(20.84)$ 和 $f'_5(23.88)$ 的三次样条,可以用 5.1.5 小节 MATLAB 样条工具箱函数 csape 的第(3)种格式计算得到. 由第 2 步的计算结果可计算得到这些结点和导数的具体数值.

第 5 步　运用 MATLAB 函数 mkpp 将 $f_i(t)(i=1,\cdots,5)$ 合并成分段三次多项式形式的 $f(t)$.

第 6 步　根据 $f(t)$ 得到从 0 时到 24 时步长为 0.01 的时刻对应的水流量,然后用复化梯形求积公式,即 MATLAB 函数 trapz,计算一天的用水量 $V = \int_0^{24} f(t)\mathrm{d}t$.

6. 模型求解

第 1 步　在水泵不工作的第 i 个时段,由数据向量 t_i 和 x_i 计算三次样条 $x_i(t)$,并绘制 x_i 关于 t_i 的散点图和 $x_i(t)(i=1,2,3)$ 的函数图像. MATLAB 程序如下(绘得的图形见图 5.11):

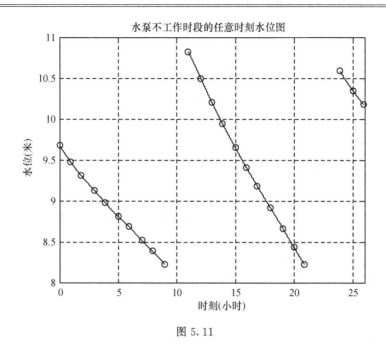

图 5.11

```
r =17.4/2;S=pi * r^2;
t1=[0,0.92,1.84,2.95,3.87,4.98,5.90,7.01,7.93,8.97];
x1=[9.68,9.48,9.31,9.13,8.98,8.81,8.69,8.52,8.39,8.22];
t2=[10.95,12.03,12.95,13.88,14.98,15.90,16.83,17.93,19.04,19.96,20.84];
x2=[10.82,10.50,10.21,9.94,9.65,9.41,9.18,8.92,8.66,8.43,8.22];
t3=[23.88,24.99,25.91];
x3=[10.59,10.35,10.18];
xpp1=csape(t1,x1);%水泵不工作的第一个时段水位的三次样条逼近
xpp2=csape(t2,x2);%水泵不工作的第二个时段水位的三次样条逼近
xpp3=csape(t3,x3);%水泵不工作的第三个时段水位的三次样条逼近
figure(1)        %图 5.11
plot (t1,x1,'ko',0:.01:8.97,ppval(xpp1,0:.01:8.97),'k',...
    t2,x2,'ko',10.95:.01:20.84,ppval(xpp2,10.95:.01:20.84),'k',...
    t3,x3,'ko',23.88:.01:25.91,ppval(xpp3,23.88:.01:25.91),'k')
axis([0,26,8,11]),grid on
title('水泵不工作时段的任意时刻水位图')
xlabel('时刻(小时)')
ylabel('水位(米)')
```

第 2 步 在水泵不工作的第 i 个时段,创建分段三次多项式形式的 $f_i(t)$,并

绘制 $f_i(t)(i=1,2,3)$ 的函数图像. MATLAB 程序如下(绘得的图形见图 5.12):

```
fc1=[zeros(xpp1.pieces,1),3.*xpp1.coefs(:,1),...
    2.*xpp1.coefs(:,2),xpp1.coefs(:,3)].*(-S)
fpp1=mkpp(t1,fc1)   %水泵不工作第一个时段水流量的分段多项式逼近
fc2=[zeros(xpp2.pieces,1),3.*xpp2.coefs(:,1),...
    2.*xpp2.coefs(:,2),xpp2.coefs(:,3)].*(-S)
fpp2=mkpp(t2,fc2)   %水泵不工作第二个时段水流量的分段多项式逼近
fc3=[zeros(xpp3.pieces,1),3.*xpp3.coefs(:,1),...
    2.*xpp3.coefs(:,2),xpp3.coefs(:,3)].*(-S)
fpp3=mkpp(t3,fc3)   %水泵不工作第三个时段水流量的分段多项式逼近
figure(2)   %图 5.12
plot(0:.01:8.97,ppval(fpp1,0:.01:8.97),'k',...
    10.95:.01:20.84,ppval(fpp2,10.95:.01:20.84),'k',...
    23.88:.01:25.91,ppval(fpp3,23.88:.01:25.91),'k')
axis([0,26,30,76]),grid on
title('水泵不工作时段的任意时刻流量图')
xlabel('时刻(小时)'),ylabel('水流量(立方米/小时)')
```

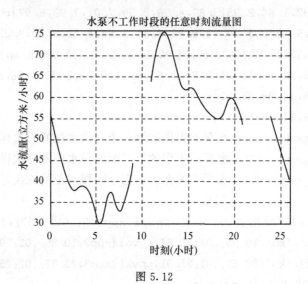

图 5.12

命令窗口显示的计算结果:

```
fc1=
        0     1.8897     -11.539     56.468
        0     0.69457     -8.0617     47.451
```

	0	4.1454	-6.7837	40.622
	0	-1.926	2.4192	38.2
	0	-4.2699	-1.1246	38.796
	0	12.785	-10.604	32.286
	0	-9.9968	12.921	33.352
	0	8.8171	-9.2717	35.378
	0	2.6171	6.9518	34.311

fpp1=

    form: 'pp'

  breaks: [0 0.92 1.84 2.95 3.87 4.98 5.9 7.01 7.93 8.97]

   coefs: [9x4 double]

  pieces: 9

   order: 4

    dim: 1

fc2=

	0	-5.1472	15.645	64.009
	0	-7.1908	4.5267	74.901
	0	0.35766	-8.7044	72.979
	0	4.7534	-8.0391	65.194
	0	-4.1937	2.4183	62.102
	0	1.7127	-5.2982	60.777
	0	0.086014	-2.1126	57.331
	0	4.0264	-1.9233	55.112
	0	-6.0892	7.0153	57.938
	0	-2.5188	-4.1888	59.238

fpp2=

    form: 'pp'

  breaks: [1x11 double]

   coefs: [10x4 double]

  pieces: 10

   order: 4

    dim: 1

fc3=

	0	0	-7.364	55.5
	0	4.6786e-014	-7.364	47.326

```
fpp3=
      form: 'pp'
    breaks:[23.88 24.99 25.91]
     coefs:[2x4 double]
    pieces:2
     order:4
       dim:1
```

说明　根据保存 $f_i(t)$ 的分段多项式信息的结构数组 fpp$i$（系数矩阵为 fci）$(i=1,2,3)$ 可以得知 $f_i(t)(i=1,2)$ 是分段二次多项式,而 $f_3(t)$ 是一次多项式.

第 3 步　在水泵工作的第一个时段,计算三次样条 $f_4(t)$. MATLAB 程序如下:

```
f1=ppval(fpp1,t1(end))    %左端点的水流量
d1f1=2.*fc1(end,2).*(t1(end)-t1(end-1))+fc1(end,3)    %左端点水流量一阶导数
f2=ppval(fpp2,t2(1))    %右端点的水流量
d1f2=fc2(1,3)    %右端点水流量一阶导数
fpp4=csape([t1(end),t2(1)],[d1f1,f1,f2,d1f2],'complete')
```

命令窗口显示的计算结果:

```
f1=
      44.371
d1f1=
      12.395
f2=
      64.009
d1f2=
      15.645
fpp4=
      form: 'pp'
    breaks:[8.97 10.95]
     coefs:[2.0927- 5.3947 12.395 44.371]
    pieces:1
     order:4
       dim:1
```

说明　根据保存 $f_4(t)$ 的分段多项式信息的结构数组 fpp4（系数矩阵为 fpp4. coefs）可以得知 $f_4(t)$ 是三次多项式.

第 4 步　在水泵工作的第二个时段,计算三次样条 $f_5(t)$. MATLAB 程序如下:

```
f3=ppval(fpp2,t2(end))   %左端点的水流量
d1f3=2.*fc2(end,2).*(t2(end)-t2(end-1))+fc2(end,3)   %左端点水流量一阶导数
f4=ppval(fpp3,t3(1))   %右端点的水流量
d1f4=fc3(1,3)   %右端点水流量一阶导数
fpp5=csape([t2(end),t3(1)],[d1f3,f3,f4,d1f4],'complete')
```

命令窗口显示的计算结果：

```
f3=
         53.601
d1f3=
         -8.6218
f4=
         55.5
d1f4=
         -7.364
fpp5=
    form:'pp'
  breaks:[20.84 23.88]
   coefs:[-1.865 8.7112-8.6218 53.601]
  pieces:1
   order:4
     dim:1
```

说明　根据保存 $f_5(t)$ 的分段多项式信息的结构数组 fpp5（系数矩阵为 fpp5. coefs）可以得知 $f_5(t)$ 是三次多项式.

第 5 步　用 MATLAB 函数 mkpp 将 $f_i(t)(i=1,\cdots,5)$ 合并成分段三次多项式形式的 $f(t)$，并绘制函数图像. MATLAB 程序如下（绘得的图形见图 5.13）：

```
t=[t1,t2,t3];
fc=[fc1;fpp4.coefs;fc2;fpp5.coefs;fc3]   %f(t)的分段三次多项式系数矩阵
fpp=mkpp(t,fc)
  %分段多项式 f(t) 逼近全部时段从水塔流出的水流量
figure(3)   %图 5.13
plot(0:.01:25.91,ppval(fpp,0:.01:25.91),'k')
axis([0,26,30,76]),grid on
title('任意时刻的流量图')
xlabel('时刻(小时)')
ylabel('水流量(立方米/小时)')
```

命令窗口显示的计算结果：

```
fc=
```

0	1.8897	-11.539	56.468
0	0.69457	-8.0617	47.451
0	4.1454	-6.7837	40.622
0	-1.926	2.4192	38.2
0	-4.2699	-1.1246	38.796
0	12.785	-10.604	32.286
0	-9.9968	12.921	33.352
0	8.8171	-9.2717	35.378
0	2.6171	6.9518	34.311
2.0927	-5.3947	12.395	44.371
0	-5.1472	15.645	64.009
0	-7.1908	4.5267	74.901
0	0.35766	-8.7044	72.979
0	4.7534	-8.0391	65.194
0	-4.1937	2.4183	62.102
0	1.7127	-5.2982	60.777
0	0.086014	-2.1126	57.331
0	4.0264	-1.9233	55.112
0	-6.0892	7.0153	57.938
0	-2.5188	-4.1888	59.238
-1.865	8.7112	-8.6218	53.601
0	0	-7.364	55.5
0	4.6786e-014	-7.364	47.326

```
fpp=
      form:'pp'
    breaks:[1x24 double]
     coefs:[23x4 double]
    pieces:23
     order:4
       dim:1
```

第 6 步　计算一天（从 0 时到 24 时）的用水量的估计值. MATLAB 程序如下：

```
V=trapz(0:.01:24,ppval(fpp,0:.01:24))
```

命令窗口显示的计算结果如下：

V=

    1243.1

也就是说一天的用水量估计为 1243.1m³.

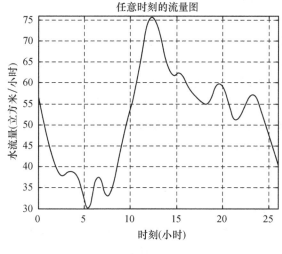

图 5.13

7. 模型检验

首先,水泵不工作的三个时段的用水量可以分别由测量记录直接得到,可以用来作模型检验.

水泵不工作的第一个时段的用水量为$(9.68-8.22)\times S=1.46\times S$ (m³);

水泵不工作的第二个时段的用水量为$(10.82-8.22)\times S=2.60\times S$ (m³);

水泵不工作的第三个时段的用水量为$(10.59-10.18)\times S=0.41\times S$ (m³).

在理论上,根据(5.2.10)式,$f_i(t)$在对应时段对 t 积分肯定等于水泵不工作的第 $i(i=1,2,3)$时段的用水量.只需要检验所采用的算法的误差.

MATLAB 程序如下:

```
h1=trapz(0:.01:8.97,ppval(fpp,0:.01:8.97)./S)
h2=trapz(10.95:.01:20.84,ppval(fpp,10.95:.01:20.84)./S)
h3=trapz(23.88:.01:25.91,ppval(fpp,23.88:.01:25.91)./S)
```

命令窗口显示的计算结果:

h1=

    1.46

h2=

    2.6

```
h3=
        0.41
```

计算结果与实际的水位落差 1.46 米、2.6 米和 0.41 米相比较,完全一样,看不出所采用的算法存在任何误差.

其次,既然题目给了将近 26 小时的测量数据,那么可以检查任意时刻从水塔流出的水流量的逼近函数 $f(t)$ 的"周期性",即相隔 24 小时的水流量是否近似. 当然,题目仅仅提到所给的数据(见表 5.3)是某一天的测量数据,不应该理解成 $f(t)$ 是以 24 小时为周期的函数.事实上,从水塔流出的水流量受到很多随机因素的影响,要求它每天重复一样是过分苛刻的.但是在半夜 0 时到 2 时,相隔 24 小时的 $f(t)$ 会不会比较接近呢? 执行以下 MATLAB 命令:

```
ppval(fpp,[0:.25:2;24:.25:26])
```

命令窗口显示的计算结果:

```
ans=
    Columns 1 through 5
                56.468   53.701   51.171   48.876   46.811
                54.617   52.776   50.935   49.094   47.253
    Columns 6 through 9
                44.867   43.009   41.239   39.643
                45.412   43.571   41.73    39.889
```

计算结果说明在半夜 0 时到 2 时,相隔 24 小时的 $f(t)$ 的确很接近,由图 5.13 也可以粗略地发现同样的现象.

最后,从图 5.13 发现任意时刻从水塔流出的水流量的逼近函数 $f(t)$ 所反映的"用水规律"是符合生活常识的.

综上所述,模型和算法所得到的解答是合理的.

习　题　5

1. 完成例 5.1.4.

2. 表 5.4 给出机翼断面轮廓线的一些点的坐标,其中 Y1 和 Y2 分别对应上下轮廓线的 y 坐标,用数控机床加工机翼需要得到 x 坐标每改变 0.1 时的 y 坐标.请采用在 5.1 节学习过的三种一维插值方法完成加工所需数据,绘制机翼断面轮廓线的图像,计算机翼断面的面积,并对三种方法进行分析比较.

表 5.4　机翼断面轮廓线的一些点的坐标

x	0	3	5	7	9	11	12	13	14	15
Y1	0	1.8	2.2	2.7	3.0	3.1	2.9	2.5	2.0	1.6
Y2	0	1.2	1.7	2.0	2.1	2.0	1.8	1.2	1.0	1.6

3. 继续考虑 2.2 节的"汽车刹车距离"案例. 根据表 2.2 的车速和刹车距离的数据建立数值逼近模型,估计在 20mph 至 80mph 之间的任意车速的刹车距离.

4. 在桥梁的一端每隔一段时间记录在一分钟内有多少辆车过桥,得到表 5.5 的数据,请估计一天有多少辆车过桥.

表 5.5 过桥车辆数据

时 间	0:00	2:00	4:00	5:00	6:00	7:00	8:00	9:00	10:30	12:30
车辆数	2	2	0	2	5	8	25	12	10	12
时 间	14:00	16:00	17:00	18:00	19:00	20:00	21:00	22:00	23:00	24:00
车辆数	7	9	28	22	10	9	11	8	9	3

5. 有一辆汽车在一段限速 80km/h 的直路上行驶,被交通监控设备观测到以下数据(见表 5.6),请回答以下问题:

(1) 当 $t = 10$s 时,这辆汽车的位置和速度分别是多少?

(2) 这辆汽车分别从哪个时刻开始和结束超速?

(3) 在观测的时段内,这辆汽车的最高速度是多少? 发生在哪个时刻?

表 5.6 汽车被交通监控设备观测到的数据

时刻/s	0	3	5	8	13
位置/m	0	65	121	194	313
速度/(m/s)	20	26	27	24	20

6. 继续考虑 3.4.3 小节的"人口预报"案例. 根据表 3.3 的美国人口统计数据建立数值逼近模型,估计在 1790 至 2000 年之间的任意年份的人口数量和人口年增长率,并预报 2010 年的美国人口.

7. 继续考虑 5.2.3 小节的"水塔流量估计"案例,请用数值微分的"三点法"求解.

8. 继续考虑 5.2.3 小节的"水塔流量估计"案例,请用多项式拟合和多项式求导的方法求解,并说明选择多项式的次数的理由.

*9[13]. 表 5.7 是 2004 年 6,7 月间黄河进行调水调沙试验时,在小浪底观测站观测到的试验数据,请建立数学模型,估计任意时刻的排沙量和总排沙量,分析排沙量与水流量的关系.

表 5.7 黄河小浪底观测站调水调沙试验数据

日 期	6.29		6.30		7.1		7.2	
时 间	8:00	20:00	8:00	20:00	8:00	20:00	8:00	20:00
水流量/(m³/s)	1800	1900	2100	2200	2300	2400	2500	2600
排沙量/(kg/m³)	32	60	75	85	90	98	100	102
日 期	7.3		7.4		7.5		7.6	
时 间	8:00	20:00	8:00	20:00	8:00	20:00	8:00	20:00
水流量/(m³/s)	2650	2700	2720	2650	2600	2500	2300	2200
排沙量/(kg/m³)	108	112	115	116	118	120	118	105
日 期	7.7		7.8		7.9		7.10	
时 间	8:00	20:00	8:00	20:00	8:00	20:00	8:00	20:00
水流量/(m³/s)	2000	1850	1820	1800	1750	1500	1000	900
排沙量/(kg/m³)	80	60	50	30	26	20	8	5

第6章　统计回归模型

6.1　描述性统计

6.1.1　数据

人们为了某种目的而收集数据,数据常常有以下特点:

(1) 样本和总体——收集到的数据只是更大量的数据的一小部分,因此,需要引入以下概念:总体是研究对象全体的集合,个体是研究对象的每个数据,样本是若干个体的集合(一组数据),样本容量是样本包含的个体数目;

(2) 随机性——收集到的数据是随机的,不确定的,不同的试验相当于从总体中随机地选取样本;

(3) 独立性——每个数据的选取是相互独立的,样本是由一些相互独立的个体组成的.

在理论上,总体是一个随机变量,记为 X;个体可看成与总体有相同分布的随机变量,记为 x_i;样本是一组相互独立、同分布的随机变量,记为 $x=(x_1,\cdots,x_n)$. 统计的基本任务就是从样本推断总体.

6.1.2　频数表和直方图

将数据的取值范围划分为若干个区间,然后统计这组数据在每个区间上出现的次数,称为频数,从而得到频数表.

MATLAB 实现频数表有如下两种语法格式:

(1) [f,xout]=hist(x)

把数据向量 x 的取值范围等分为 10 个区间,统计频数,返回频数向量 f 和区间中点行向量 xout;

(2) [f,xout]=hist(x,k)

把数据向量 x 的取值范围等分为 k 个区间,统计频数,返回频数向量 f 和区间中点行向量 xout.

为了直观地显示频数表,以数据的取值为横坐标,频数为纵坐标,画出台阶形的图,称为直方图(histogram plot).

MATLAB 实现直方图也有两种语法格式:

（1）hist(x)　返回等分 10 个区间时数据向量 x 的直方图；

（2）hist(x,k)　返回等分 k 个区间时数据向量 x 的直方图.

如果已知数据的频数向量 f 和区间中点行向量 xout，则可以用 MATLAB 函数 bar 返回由 f 和 xout 确定的直方图，以下是命令格式：

```
bar(xout,f)
```

例 6.1.1　生成 1000 个在区间 (3,4) 服从连续均匀分布的随机数，对其取值范围等分 20 个区间，绘制直方图.

解答　执行以下 MATLAB 命令（绘得的图形如图 6.1 所示）：

```
x=unifrnd(3,4,1,1000);hist(x,20)
```

说明　MATLAB 统计工具箱函数 unifrnd 的第一、二输入项是连续均匀分布的区间的左、右端点，第三、四输入项是输出数组的行、列数.

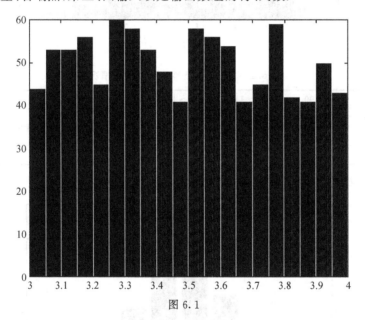

图 6.1

例 6.1.2　生成 1000 个服从均值为 1.3，标准差为 0.7 的正态分布的随机数，对其取值范围等分 20 个区间，绘制直方图.

解答　执行以下 MATLAB 命令（绘得的图形如图 6.2 所示）：

```
x=normrnd(1.3,0.7,1,1000);hist(x,20)
```

说明　MATLAB 统计工具箱函数 normrnd 的第一、二输入项是正态分布的均值、标准差，第三、四输入项是输出数组的行、列数.

例 6.1.3　根据表 6.1 的数据绘制直方图.

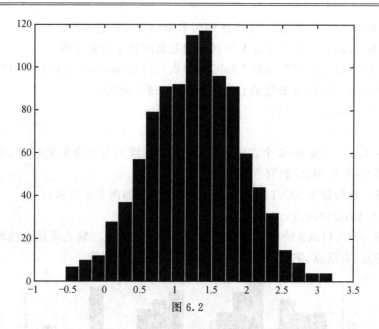

图 6.2

表 6.1　159 天报纸零售量的分布情况

零售量	0~99	100~119	120~139	140~159	160~179	180~199
天数	0	3	9	13	22	32

零售量	200~219	220~239	240~259	260~279	280 以上	
天数	35	20	15	8	2	

解答　执行以下 MATLAB 命令(绘得的图形如图 6.3 所示):

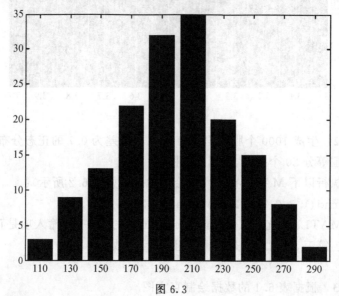

图 6.3

```
x=[110,130,150,170,190,210,230,250,270,290];
d=[3,9,13,22,32,35,20,15,8,2];bar(x,d)
```

6.1.3 统计量

统计量是由样本计算出来,反映样本数量特征的函数.请注意以下用于计算统计量的 MATLAB 函数的语法格式都与 MATLAB 函数 max 的语法格式类似(参见 1.2.4 小节),即对于输入项为行向量的情况,返回整行元素相应的统计量;对于输入项是不止一行的矩阵(包括列向量)的情况,分别返回每一列相应的统计量.

1. 表示位置的统计量

表示位置的统计量有平均值、众数和中位数等.

平均值又称为均值或者数学期望.样本的平均值是该样本的重心,从这个意义上说,可将平均值看成样本的中心.MATLAB 函数 mean(x) 返回样本的平均值.

众数是指样本中出现频率最多的数据.MATLAB 函数 mode(x) 返回样本的众数.

中位数是指将数据由小到大排序后位于中间位置的那个数值.MATLAB 函数 median(x) 返回样本的中位数.当样本容量 n 为奇数时,中位数恰好是将数据由小到大排序后位于正中间位置的那个数据的值;当样本容量 n 为偶数时,中位数恰好是将数据由小到大排序后位于正中间位置的那两个数据的平均值.

中位数的概念与另一个很重要的概念——分位数(quantile)有密切联系,中位数恰好是 1/2 分位数,即抽样所得数据的取值超过或者小于中位数的可能性(概率)都刚好是 1/2.与平均值类似,中位数也是样本的中心位置的度量,但是在很多情况下,中位数是比平均值更有用的衡量样本中心位置的度量.例如,某个地区的家庭年平均收入是 30000 元,可能多数家庭收入低于平均值,只有少数家庭收入比平均值高很多;而如果这个地区的家庭年收入的中位数是 30000 元,则有一半家庭的年收入超过 30000 元.

例 6.1.4 执行以下 MATLAB 命令,观察命令窗口显示的结果:

(1) x=1:5,m=median(x)

命令窗口显示:

```
x=
   1  2  3  4  5
m=
   3
```

(2) x=[1:4,10000],m=median(x)

命令窗口显示：

    x=

        1   2   3   4   10000

    m=

        3

(3) x=rand(1,5),y=sort(x),m=median(x)

命令窗口显示：

    x=

        0.60782   0.23347   0.14201   0.53017   0.9303

    y=

        0.14201   0.23347   0.53017   0.60782   0.9303

    m=

        0.53017

说明　MATLAB 函数 sort 用来将数组的元素按照升序或降序重新排列，这里 y＝sort(x)是将向量 x 的元素按升序重新排列后得到的向量赋值给变量 y.

(4) x=1:4,m=median(x)

命令窗口显示：

    x=

        1   2   3   4

    m=

        2.5

(5) x=[1,3,10,10000],m=median(x)

命令窗口显示：

    x=

        1   3   10   10000

    m=

        6.5

(6) x=rand(1,4),y=sort(x),m=median(x)

命令窗口显示：

    x=

        0.58619   0.82244   0.92684   0.63757

    y=

        0.58619   0.63757   0.82244   0.92684

    m=

        0.73

2. 表示分散程度的统计量

表示分散程度的统计量有标准差(standard deviation)、方差(variance)和极差(range),以下为 MATLAB 函数及其说明:

(1) std(x)　返回样本的无偏标准差

$$s = \sqrt{\frac{1}{n-1} \sum_{i=1}^{n} (x_i - \bar{x})^2}$$

(2) std(x,1)　返回样本的标准差

$$s_1 = \sqrt{\frac{1}{n} \sum_{i=1}^{n} (x_i - \bar{x})^2}$$

(3) var(x)　返回样本的无偏方差 s^2;

(4) var(x,1)　返回样本的方差 s_1^2;

(5) range(x)　返回样本的极差 $\max\limits_{1 \leqslant i \leqslant n} x_i - \min\limits_{1 \leqslant i \leqslant n} x_i$.

3. 表示分布形状的统计量

表示分布形状的统计量有偏度(skewness)和峰度(kurtosis),以下为 MATLAB 函数及其说明:

(1) skewness(x)　返回样本的偏度

$$g_1 = \frac{1}{ns_1^3} \sum_{i=1}^{n} (x_i - \bar{x})^3$$

偏度反映分布的对称性. $g_1 < 0$ 称为左偏态,此时小于均值的那部分数据偏离均值的累积程度超过大于均值的那部分数据;$g_1 > 0$ 称为右偏态,情况相反;若 $g_1 \approx 0$,则数据分布基本对称;

(2) kurtosis(x)　返回样本的峰度

$$g_2 = \frac{1}{ns_1^4} \sum_{i=1}^{n} (x_i - \bar{x})^4$$

峰度反映数据偏离正态分布的程度.正态分布的峰度 $g_2 = 3$,若 g_2 比 3 大很多,则表示分布有沉重的尾巴,说明样本中含有较多远离均值的数据.

6.1.4　分布、分位数和统计图

随机变量 X 的分布函数是 $F(x) = \Pr(X \leqslant x)$ $(-\infty < x < \infty)$,它是右连续的.常用的分布有连续均匀分布、正态分布、指数分布、两点分布、二项分布、超几何分布、泊松分布等.

MATLAB 统计工具箱函数 cdfplot(x) 绘制样本向量 x 的经验分布图.

假设随机变量 X 的分布函数 $F(x)$ 连续且单调增,则 $F(x)$ 的反函数 F^{-1} 存在.对于任意的 $0<p<1$,随机变量 X 的 p 分位数是

$$x_p = F^{-1}(p)$$

也就是说,$\Pr(X \leqslant x_p) = p$ 且 $\Pr(X > x_p) = 1-p$(服从其他类型的分布的随机变量的 p 分位数的定义参见文献[14]).

可以用 MATLAB 统计工具箱函数 y=quantile(x,p) 按照如下定义返回样本 $x = (x_1, \cdots, x_n)$ 的 p 分位数:先将样本向量 x 的元素由小到大排序,排序后不妨仍记作 $(x_1, \cdots, x_n)$.规定 x_1 是 $0.5/n$ 分位数,x_2 是 $1.5/n$ 分位数,$\cdots$,x_n 是 $(n-0.5)/n$ 分位数.然后对于任意的 $0.5/n < p < (n-0.5)/n$,用线性插值计算 p 分位数.对于 $0 \leqslant p < 0.5/n$,p 分位数都是最小值 x_1;对于 $(n-0.5)/n < p \leqslant 1$,$p$ 分位数都是最大值 x_n.

$1/2$ 分位数称为中位数,$1/4$ 分位数称为下侧四分位数,$3/4$ 分位数称为上侧四分位数.MATLAB 统计工具箱函数 boxplot(x) 绘制样本 x 的 box 图,以矩形标示出这三个分位数的位置.box 图中的矩形有三条水平线段,由下往上,水平线段的纵坐标分别对应样本的下侧四分位数、中位数和上侧四分位数.boxplot 可在一幅图内绘制多个样本的 box 图,通过对照,可以直观地(尽管不够精确)观察这几个样本是否来自相同的总体.

MATLAB 统计工具箱函数 qqplot(x,y) 绘制两个样本 x 和 y 的分位数-分位数图形,如果两个样本来自相同的分布,则图形是线性的.

6.1.5 正态分布的推断

下面简单介绍正态分布的性质以及如何推断样本是否服从正态分布.均值为 μ,标准差为 $\sigma(\sigma > 0)$ 的正态分布记作 $N(\mu, \sigma^2)$,其分布函数为

$$F(x) = \frac{1}{\sqrt{2\pi}\sigma} \int_{-\infty}^{x} \exp\left[-\frac{1}{2}\left(\frac{t-\mu}{\sigma}\right)^2\right] dt, \quad -\infty < x < \infty$$

分布函数 $F(x)$ 是严格单调增的光滑函数,$0 < F(x) < 1$,$F(-\infty) = 0$,$F(+\infty) = 1$,$F(\mu) = 0.5$.

MATLAB 统计工具箱函数 normcdf 可以用来计算正态分布的分布函数值,语法格式如下:

```
P=normcdf(X,mu,sigma)
```

第一输入项 X 为自变量 x 的数组,输出 P 为正态分布的分布函数在 X 的函数值;第二输入项 mu 和第三输入项 sigma 分别是正态分布的均值 μ 和标准差 σ.

显然,$F(x)$ 的反函数 F^{-1} 存在.对于任意的 $0 < p < 1$,p 分位数定义为 $x_p =$

$F^{-1}(p)$. MATLAB 统计工具箱函数 norminv 可用来计算正态分布的 p 分位数,语法格式如下:

```
X=norminv(P,mu,sigma)
```

第一输入项 P 为 p 分位的数组,输出 X 为正态分布相应的 p 分位数;第二输入项 mu 和第三输入项 sigma 分别是正态分布的均值 μ 和标准差 σ.

正态分布 $N(\mu, \sigma^2)$ 的概率密度函数为

$$p(x) = \frac{1}{\sqrt{2\pi}\sigma} \exp\left[-\frac{1}{2}\left(\frac{x-\mu}{\sigma}\right)^2\right], \quad -\infty < x < \infty$$

显然,$p(x) = F'(x)$,$p(x) > 0$,$p(\pm\infty) = 0$. 密度函数 $p(x)$ 是光滑的偶函数,函数图形左右对称,对称轴为 $x = \mu$,并且 $p(x)$ 在 $x = \mu$ 处达到最大值(也就是说,μ 既是均值,又是中位数,而且还是众数). 标准差 σ 越大,密度函数的图形就越扁平,表示数据越分散;标准差 σ 越接近零,密度函数的图形就越高而窄,表示数据越集中. 该密度函数有两个拐点:$x = \mu + \sigma$ 和 $x = \mu - \sigma$.

MATLAB 统计工具箱函数 normpdf 可用来计算正态分布的密度函数值,语法格式如下:

```
Y=normpdf(X,mu,sigma)
```

第一输入项 X 为自变量 x 的数组,输出 Y 为正态分布的密度函数在 X 的函数值;第二输入项 mu 和第三输入项 sigma 分别是正态分布的均值 μ 和标准差 σ.

在风险管理等领域有着广泛应用的重要事实是每个正态分布在均值附近的一个标准差内具有相同的概率,在均值附近的两个标准差内也具有相同的概率,……. 对于任意 $k > 0$,$p_k = \Pr(|x - \mu| \leqslant k\sigma)$ 都只与 k 有关(见表 6.2).

表 6.2　正态随机变量位于均值附近的 k 个标准差内的概率

k	1	2	3	4
$p_k = \Pr(|x-\mu| \leqslant k\sigma)$	0.6826	0.9544	0.9974	0.99994

MATLAB 统计工具箱函数 normplot(x) 可以绘制样本 x 的正态概率图. 正态概率图实际上是一种特殊的分位数-分位数图,是样本 x 与已知服从正态分布的另一样本(系统自动计算产生)的分位数-分位数图,因此,如果样本 x 来自正态分布,则图形是线性的. 正态概率图能帮助人们迅速而直观地观察样本 x 是否来自服从正态分布的总体,是可靠的描述性方法.

如果估计样本 x 服从正态分布,那么可以用 MATLAB 统计工具箱函数 normfit 来估计参数,语法格式如下:

```
[mu,sigma,muci,sigmaci]=normfit(x)
```

输入项 x 就是样本的数据向量;第一输出项 mu 是均值 μ 的估计,mu =

mean(x);第二输出项 sigma 是标准差 σ 的（无偏）估计,sigma＝std(x);第三输出项 muci 和第四输出项 sigmaci 分别是均值 μ 和标准差 σ 的 95％置信区间(confidence interval,某参数的 95％置信区间的意义为重复试验 100 次,有 95 次计算得到的置信区间包含被估计的参数.注意:"参数以 95％的概率落入该区间"的说法是不正确的).

至于正态总体的假设检验,MATLAB 统计工具箱函数 ttest 可以作一个样本是否来自正态总体的 t 检验,而函数 ttest2 可以作两个样本是否来自正态总体的 t 检验,详情请查阅 MATLAB 帮助,有关的统计学理论请参见文献[14]或[15].

例 6.1.5　一道工序用自动化车床连续加工某种零件,由于刀具损坏,该工序会出现刀具故障,故障出现是完全随机的,假定在生产任一零件时出现故障的机会均相同.工作人员通过检查零件来确定工序是否出现刀具故障.现积累有 100 次刀具故障记录(见表 6.3),故障出现时该刀具完成的零件数如附表所示.请对这批数据作描述性统计分析(改编自全国赛 1999 年 A 题"自动化车床管理").

表 6.3　100 次刀具故障记录（完成的零件数）

459	362	624	542	509	584	433	748	815	505
612	452	434	982	640	742	565	706	593	680
926	653	164	487	734	608	428	1153	593	844
527	552	513	781	474	388	824	538	862	659
775	859	755	649	697	515	628	954	771	609
402	960	885	610	292	837	473	677	358	638
699	634	555	570	84	416	606	1062	484	120
447	654	564	339	280	246	687	539	790	581
621	724	531	512	577	496	468	499	544	645
764	558	378	765	666	763	217	715	310	851

解答　首先,用以下 MATLAB 命令计算统计量:

kn=[459,362,624,……,715,310,851];%kn 为行向量

[mean(kn),median(kn),mode(kn),std(kn),skewness(kn),kurtosis(kn)]

计算结果见表 6.4.可以发现样本的平均值、中位数和众数很接近,偏度约等于 0,峰度约等于 3.这些都说明样本很可能服从正态分布.

表 6.4　例 6.1.5 的统计量计算结果

mean	median	mode	std	skewness	kurtosis
600	599.5	593	196.63	−0.010997	3.3602

接着,用 MATLAB 统计工具箱函数 normfit 作正态参数的估计,命令如下:

[mu,sigma,muci,sigmaci]=normfit(kn)

计算结果见表 6.5.根据计算结果,该样本可能服从 $\mu = 600, \sigma = 196.63$ 的正态分布.该结论可以通过绘制统计图得到进一步验证.

表 6.5 例 6.1.5 的正态参数估计结果

$\hat{\mu}$	$\hat{\sigma}$	μ 的 95% 置信区间	σ 的 95% 置信区间
600	96.63	[560.98, 639.02]	[172.64, 228.42]

用以下 MATLAB 程序绘制该样本的经验分布图与推断得到的正态分布的分布函数图形的对照图(见图 6.4):

```
figure(1),cdfplot(kn),hold on
x=0:1200;f=normcdf(x,mu,sigma);
plot(x,f,'k:'),legend('经验分布','推断分布',2),hold off
```

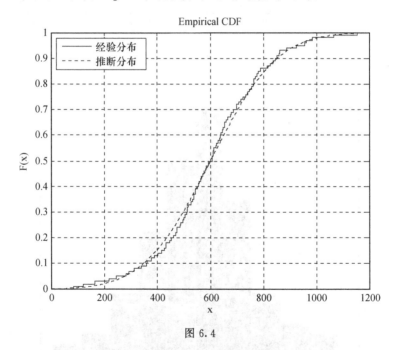

图 6.4

由图 6.4 可以观察到经验分布图与推断的正态分布的分布函数的图形很接近.

图 6.5 是用 MATLAB 命令 normplot(kn) 绘制的正态概率图,由图 6.5 可以观察到该样本的正态概率图基本上是线性的.

图 6.6 是 MATLAB 命令 hist(kn) 绘制的直方图,由图 6.6 可以观察到该样本的直方图的轮廓线与正态分布的概率密度函数的图形比较接近.

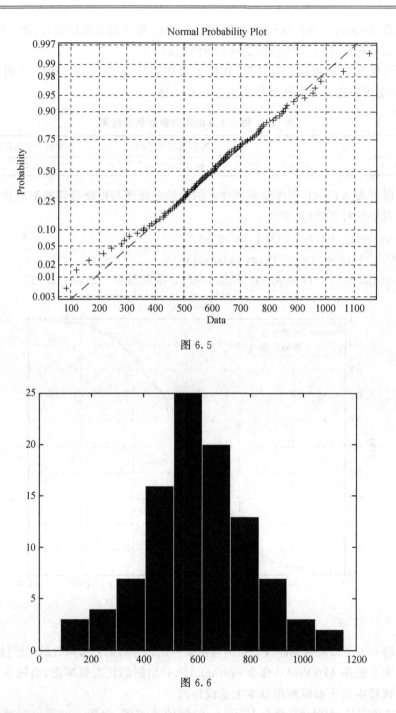

图 6.5

图 6.6

　　图 6.7 是 MATLAB 命令 boxplot(kn) 绘制的 box 图,由图 6.7 可以观察到该样本的数据分布基本对称,并且相对集中.

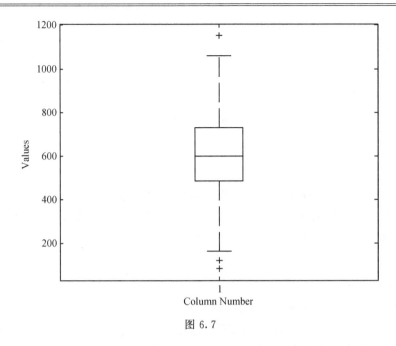

图 6.7

例 6.1.6 银行柜台高度. 某银行为了使顾客感到亲切, 计划调整柜台的高度. 银行随机选了 50 名顾客进行调查, 测量每个顾客感觉舒适的柜台高度, 表 6.6 为收集得到的数据, 银行怎样根据数据确定柜台的高度呢?

表 6.6　50 名顾客感觉舒适的柜台高度　　　　（单位：cm）

100	110	136	97	104	100	95	120	119	99
126	113	115	108	93	116	102	122	121	122
118	117	114	106	110	119	127	119	125	119
105	95	117	109	140	121	122	131	108	120
115	112	130	116	119	134	124	128	115	110

解答　可以按分位数来确定柜台的高度. 由于较高的柜台会使身材较矮的顾客感到不舒适, 反过来, 身材高的顾客对较矮的柜台不会产生明显的不适感, 所以可以选择顾客的满意率 $p(0<p<1)$, 然后计算对应的 $1-p$ 分位数, 以此确定柜台的高度. 执行以下 MATLAB 命令:

h=[100,110,…,115,110];% h 为行向量

p=[0.5,2/3,0.75,0.9],quantile(h,1-p)

计算结果见表 6.7. 根据计算结果, 可以建议将柜台的高度调整为 100cm, 使得大约 90% 的顾客使用起来都感到方便.

表 6.7　柜台的高度与顾客满意率

顾客满意率/%	50	66.7	75	90
柜台的高度/cm	116.5	110.33	108	99.5

6.2　一元线性回归分析

6.2.1　回归模型的概念

如果因变量 y 与自变量 x 之间没有确定性的函数关系,而根据知识、经验或观察,它们有一定的关联性,又有众多的、不可预测的随机因素影响着它们之间的关系,那么可以建立回归(regression)模型

$$y = \mu + \varepsilon, \quad i = 1, 2, \cdots, n \tag{6.2.1}$$

来研究这类问题.

回归模型(6.2.1)有如下三个基本假设:

(1) 将因变量 y 视为随机变量,即当自变量 x 在定义域内取某个固定值时,因变量 y 的观测值是随机的,并且服从一定的概率分布;

(2) $\mu = \bar{y}$,即当自变量 x 在定义域内取某个固定值时,由因变量 y 的所有可能的观测值所构成的总体的平均值,又假设 μ 是 x 的函数,一般地,可以记为

$$\mu = f(x; \beta_1, \cdots, \beta_k)$$

所包含的 k 个待定参数 $\beta_1, \cdots, \beta_k$ 称为回归系数.

(3) $\varepsilon = y - \mu$,即因变量 y 的观测值偏离平均值的程度,称为随机误差. 假设 ε 服从正态分布 $N(0, \sigma^2)$,相互独立,同方差(即 σ^2 是与自变量的取值、第几次观测都无关的常数).

建立回归模型之后,可以根据收集到的 x 和 y 的样本数据 $(x_i, y_i)(i = 1, 2, \cdots, n)$,按照最小二乘法求出回归系数 $\beta_1, \cdots, \beta_k$ 的估计值 $b_1, \cdots, b_k$,使得误差平方和(sum of squares due to error,SSE)

$$\sum_{i=1}^{n} \varepsilon_i^2 = \sum_{i=1}^{n} (y_i - f(x_i; \beta_1, \cdots, \beta_k))^2$$

在 $(\beta_1, \cdots, \beta_k) = (b_1, \cdots, b_k)$ 达到最小值,$b_1, \cdots, b_k$ 称为回归系数 $\beta_1, \cdots, \beta_k$ 的点估计.

求出回归系数的点估计 $b_1, \cdots, b_k$ 之后,记 $e_i = y_i - f(x_i; b_1, \cdots, b_k)$,称为残差(residual);$\sum_{i=1}^{n} e_i^2$ 称为残差平方和,简记为 RSS(residual sum of squares,有些教科书或数学软件也记为 SSE 或 Q);记 $s^2 = \text{RSS}/(n-k)$,称为剩余方差,而 s 称为剩余标准差(常被记为 RMSE),s^2 是 σ^2 的点估计.

对于自变量 x 在定义域内的任意值 $x=x_0$，记 $\hat{\mu}_0=f(x_0;b_1,\cdots,b_k)$，称 $\hat{\mu}_0$ 为当自变量 $x=x_0$ 时对平均值 $\mu_0=f(x_0;\beta_1,\cdots,\beta_k)$ 的点估计(point estimation)，又称 $\hat{\mu}_0$ 为当自变量 $x=x_0$ 时对观测值 $y_0=\mu_0+\varepsilon_0$ 的点预测(point prediction)．

回归分析的理论和应用十分复杂，参见文献[9]，[14]，[15]．本节主要学习一元线性回归模型 $y=\beta_0+\beta_1 x+\varepsilon$ 的原理和 MATLAB 实现，并简单了解多元线性回归模型 $y=\beta_0+\beta_1 x_1+\cdots+\beta_k x_k+\varepsilon$ 的 MATLAB 实现．

6.2.2 一元线性回归分析的原理

1. 模型假设

一元线性回归模型的模型假设如下：假设因变量 y 的观察值是自变量 x 的线性函数加上随机误差，即

$$y=\beta_0+\beta_1 x+\varepsilon \tag{6.2.2}$$

并假设随机误差 ε 服从正态分布 $N(0,\sigma^2)$，相互独立，同方差．

注意：(6.2.2)式中 x 的线性函数 $\beta_0+\beta_1 x$ 应理解为当自变量 x 在定义域内取某个固定值时，由因变量 y 的所有可能观测值所构成的总体的平均值．

2. 最小二乘点估计

对于一元线性回归模型 $y=\beta_0+\beta_1 x+\varepsilon$，根据样本数据 $(x_i,y_i)(i=1,2,\cdots,n)$，按照最小二乘法，回归系数 β_1(一次项系数)的点估计为

$$b_1=s_{xy}/s_{xx} \tag{6.2.3}$$

回归系数 β_0(截距)的点估计为

$$b_0=\bar{y}-b_1\bar{x} \tag{6.2.4}$$

其中 $\bar{x}=\left(\sum\limits_{i=1}^{n}x_i\right)/n$ 为自变量 x 的样本均值，$\bar{y}=\left(\sum\limits_{i=1}^{n}y_i\right)/n$ 为因变量 y 的样本均值，$s_{xx}=\left(\sum\limits_{i=1}^{n}(x_i-\bar{x})^2\right)/n$ 为自变量 x 的样本方差，$s_{xy}=\left(\sum\limits_{i=1}^{n}(x_i-\bar{x})(y_i-\bar{y})\right)/n$ 为 x 和 y 的样本协方差．

可以证明(6.2.3)式和(6.2.4)式与(1.7.3)式是等价的．(6.2.3)式和(6.2.4)式的好处是统计意义更加明显．由(6.2.3)式可知自变量 x 的样本方差 $s_{xx}\neq0$，即 x_i 不全相等，也就是说，能够用一元线性回归分析来处理的样本数据应该是在两个或者两个以上不同的自变量处观测得到的．由(6.2.4)式可知回归直线 $y=b_0+b_1 x$ 必定经过样本均值点 $(\bar{x},\bar{y})$．

可以证明 b_0 和 b_1 分别是 β_0 和 β_1 的无偏估计，即 $E(b_j)=\beta_j(j=0,1)$．

根据样本数据 $(x_i, y_i)(i=1,2,\cdots,n)$，按照最小二乘法计算得到回归系数的点估计 b_0 和 b_1 之后，定义 $\hat{y}_i = b_0 + b_1 x_i$，称为预测值；定义 $e_i = y_i - \hat{y}_i$，称为残差；记 $\mathrm{RSS} = \sum_{i=1}^{n} e_i^2$，称为残差平方和；记 $s^2 = \mathrm{RSS}/(n-2)$，称为剩余方差，而 s 称为剩余标准差（常被记为 RMSE），s^2 是 σ^2 的点估计.

3. 决 定 系 数

如果只知道因变量 y 的 n 次观测值 $y_1, y_2, \cdots, y_n$，而不知道自变量 x 的观测值，那么只有样本均值 $\bar{y}$ 能够合理地作为 y_i 的预测值，预测误差为 $y_i - \bar{y}$；如果已知自变量 x 和因变量 y 的 n 次观测值 $(x_i, y_i)(i=1,2,\cdots,n)$，那么根据一元线性回归模型 $y = \beta_0 + \beta_1 x + \varepsilon$，$y_i$ 的预测值为 $\hat{y}_i = b_0 + b_1 x_i$，预测误差为 $y_i - \hat{y}_i$. 因此，使用自变量 x 将预测误差从 $y_i - \bar{y}$ 变为 $y_i - \hat{y}_i$，相差 $(y_i - \bar{y}) - (y_i - \hat{y}_i) = \hat{y}_i - \bar{y}$，可以证明

$$\sum_{i=1}^{n}(y_i - \bar{y})^2 - \sum_{i=1}^{n}(y_i - \hat{y}_i)^2 = \sum_{i=1}^{n}(\hat{y}_i - \bar{y})^2 \tag{6.2.5}$$

根据 (6.2.5) 式，可以定义以下三种平方和.

(1) 总平方和（total sum of squares，TSS）：

$$\mathrm{TSS} = \sum_{i=1}^{n}(y_i - \bar{y})^2$$

(2) 残差平方和（residual sum of squares，RSS）：

$$\mathrm{RSS} = \sum_{i=1}^{n}(y_i - \hat{y}_i)^2$$

(3) 回归平方和（fitted sum of squares，FSS）：

$$\mathrm{FSS} = \sum_{i=1}^{n}(\hat{y}_i - \bar{y})^2$$

由 (6.2.5) 式有恒等式

$$\mathrm{TSS} = \mathrm{RSS} + \mathrm{FSS} \tag{6.2.6}$$

总平方和 TSS 表示没有使用自变量 x 的观测值，仅由因变量 y 的观测值来预测 y 而产生的误差平方和. 注意：总平方和只与因变量 y 的观测值有关，而与自变量 x 无关. 残差平方和 RSS 表示使用自变量 x 和因变量 y 的观测值，由一元线性回归模型预测 y 而产生的误差平方和. 回归平方和 FSS 表示由于使用一元线性回归模型而使误差平方和下降的降幅.

至此，定义决定系数（coefficient of determination）为

$$R^2 = 1 - \text{RSS/TSS}$$

R^2 就是由于使用一元线性回归模型而使误差平方和下降的降幅占总平方和的比例. 由(6.2.6)式有

$$R^2 = \text{FSS/TSS}, \quad 0 \leqslant R^2 \leqslant 1$$

所以 R^2 越接近1,一元线性回归模型的拟合精确程度就越高. 特别地,当 $R^2 = 1$ 时,回归直线 $y = b_0 + b_1 x$ 恰好经过所有的数据点,残差 $e_i (i=1,2,\cdots,n)$ 都等于0.

4. 对自变量的显著性的 t 检验

对于一元线性回归模型 $y = \beta_0 + \beta_1 x + \varepsilon$,如果能由样本数据 $(x_i, y_i)(i=1, 2,\cdots,n)$ 推断出拒绝原假设 $H_0: \beta_1 = 0$ 而采纳备择假设 $H_1: \beta_1 \neq 0$,则可以认为在一元线性回归模型中,自变量 x 对因变量 y 的影响是显著的,也就是说,因变量 y 的观测值的平均值与自变量 x 存在线性关系. 反之,如果由样本数据推断出接受原假设 $H_0: \beta_1 = 0$,则可以认为在一元线性回归模型中,自变量 x 对因变量 y 的影响是不显著的,也就是说,因变量 y 的观测值的平均值与自变量 x 不存在线性关系,此时,一元线性回归模型不适用于该样本数据.

由样本数据 $(x_i, y_i)(i=1,2,\cdots,n)$ 计算得到的 b_1 (β_1 的点估计),定义

$$s_{b_1} = s \sqrt{\frac{1}{\sum\limits_{i=1}^{n} (x_i - \overline{x})^2}}$$

可以证明 $(b_1 - \beta_1)/s_{b_1}$ 服从 t 分布 $t(n-2)$,因此,有以下 t 检验的方法:给定显著性水平 α(默认值为 $\alpha = 0.05$),则回归系数 β_1 的 $100(1-\alpha)\%$ 置信区间为

$$\left[b_1 - t^{(n-2)}_{[\alpha/2]} s_{b_1}, b_1 + t^{(n-2)}_{[\alpha/2]} s_{b_1} \right]$$

其中 $t^{(n-2)}_{[\alpha/2]}$ 为分布 $t(n-2)$ 的 $1-\alpha/2$ 分位数,即如果随机变量 ξ 服从 $t(n-2)$,则

$$1 - \alpha/2 = \Pr(\xi \leqslant t^{(n-2)}_{[\alpha/2]})$$

判断显著性的方法如下:如果回归系数 β_1 的置信区间不包含零点,则拒绝原假设 $H_0: \beta_1 = 0$ 而采纳备择假设 $H_1: \beta_1 \neq 0$,说明在一元线性回归模型中,自变量 x 对因变量 y 的影响是显著的;如果回归系数 β_1 的置信区间包含零点,则接受原假设 $H_0: \beta_1 = 0$,说明在一元线性回归模型中,自变量 x 对因变量 y 的影响不显著.

5. 对截距的显著性的 t 检验

对于一元线性回归模型 $y = \beta_0 + \beta_1 x + \varepsilon$ 和样本数据 $(x_i, y_i)(i=1,2,\cdots,n)$,给定显著性水平 α(默认值为 $\alpha = 0.05$),则回归系数 β_0 的 $100(1-\alpha)\%$ 置信区间为

$$[b_0 - t_{[\alpha/2]}^{(n-2)} s_{b_0}, b_0 + t_{[\alpha/2]}^{(n-2)} s_{b_0}]$$

其中 b_0 为 β_0 的点估计，$s_{b_0} = s\sqrt{\dfrac{1}{n} + \dfrac{\overline{x}^2}{\sum\limits_{i=1}^{n}(x_i - \overline{x})^2}}$.

判断显著性的方法如下：如果回归系数 β_0 的置信区间不包含零点，则拒绝原假设 $H_0: \beta_0 = 0$ 而采纳备择假设 $H_1: \beta_0 \neq 0$，说明截距对因变量 y 的影响显著；如果回归系数 β_0 的置信区间包含零点，则接受原假设 $H_0: \beta_0 = 0$，说明截距对因变量 y 的影响不显著，此时可以考虑从一元线性回归模型取消常数项（截距 β_0），但是会导致不能进行模型显著性的 F 检验. 因此，在实际应用中，不管 β_0 的置信区间包不包含零点，一元线性回归模型都可以保留常数项.

6. 一元线性回归模型的显著性的 F 检验

一元线性回归模型 $y = \beta_0 + \beta_1 x + \varepsilon$ 的显著性检验就是由样本数据 (x_i, y_i) $(i = 1, 2, \cdots, n)$ 检验假设

$$\text{原假设 } H_0: \beta_1 = 0, \quad \text{备择假设 } H_1: \beta_1 \neq 0$$

拒绝原假设 $H_0: \beta_1 = 0$ 而采纳备择假设 $H_1: \beta_1 \neq 0$ 意味着一元线性回归模型是显著的；采纳原假设 $H_0: \beta_1 = 0$ 意味着一元线性回归模型是不显著的. 在实际应用中，不显著的回归模型是不应该采用的. 以下为一元线性回归模型的显著性的 F 检验的方法：

定义 F 统计量为 $F = \text{FSS}/s^2$，则 F 服从 F 分布 $F(1, n-2)$. 给定显著性水平 α（默认值为 $\alpha = 0.05$），如果 $F > F_{[\alpha]}^{(1,n-2)}$，则拒绝原假设 $H_0: \beta_1 = 0$ 而采纳备择假设 $H_1: \beta_1 \neq 0$，其中 $F_{[\alpha]}^{(1,n-2)}$ 为分布 $F(1, n-2)$ 的 $1-\alpha$ 分位数，即如果随机变量 ξ 服从 $F(1, n-2)$，则

$$1 - \alpha = \Pr(\xi \leqslant F_{[\alpha]}^{(1,n-2)})$$

很多科学计算软件采用 F 统计量的 p 值来检验一元线性回归模型的显著性. 设随机变量 ξ 服从 $F(1, n-2)$，则定义 F 统计量对应的 p 值为

$$p = \Pr(\xi > F)$$

即 F 统计量是分布 $F(1, n-2)$ 的 $1-p$ 分位数. 给定显著性水平 α（默认值为 $\alpha = 0.05$），如果 $p < \alpha$，则拒绝原假设 $H_0: \beta_1 = 0$ 而采纳备择假设 $H_1: \beta_1 \neq 0$. 可见 p 越小，即 F 统计量越大，回归模型就越显著.

注 6.2.1　对于一元线性回归模型，对原假设 $H_0: \beta_1 = 0$ 和备择假设 $H_1: \beta_1 \neq 0$ 的 F 检验和 t 检验是等价的，即模型显著性的 F 检验和自变量显著性的 t 检验是等价的.

注 6.2.2　决定系数 R^2 与一元线性回归模型的显著性有没有关系？有很密

切的关系. 由样本数据 $(x_i, y_i)(i=1,2,\cdots,n)$, 定义自变量 x 和因变量 y 的样本的相关系数为

$$r_{xy} = \frac{\displaystyle\sum_{i=1}^{n}(x_i - \bar{x})(y_i - \bar{y})}{\left[\displaystyle\sum_{i=1}^{n}(x_i - \bar{x})^2 \sum_{i=1}^{n}(y_i - \bar{y})^2\right]^{1/2}}$$

容易验证 $-1 \leqslant r_{xy} \leqslant 1$, 并且 $r_{xy}^2 = R^2$. 样本的相关系数 r_{xy} 用来度量 x 的 n 次观测值 $x_1, x_2, \cdots, x_n$ 和 y 的 n 次观测值 $y_1, y_2, \cdots, y_n$ 之间的线性相关性(参见文献[16]第 837 页). 对于 x 和 y 的所有可能观测值的组合所构成的总体而言, 可以定义 x 和 y 之间的相关系数 ρ, 样本的相关系数 r_{xy} 就是 ρ 的点估计, 并且由 r_{xy} 可以进行以下假设检验:

$$\text{原假设 } H_0: \rho = 0, \quad \text{备择假设 } H_1: \rho \neq 0.$$

接受原假设 $H_0: \rho = 0$ 意味着 x 和 y 之间不存在线性关系, 拒绝原假设 $H_0: \rho = 0$ 而采纳备择假设 $H_1: \rho \neq 0$ 意味着 x 和 y 之间存在线性关系. 可以证明以上假设检验与前面介绍的对自变量显著性的 t 检验、对模型显著性的 F 检验是等价的.

注 6.2.3　自变量 x 和因变量 y 之间不存在线性关系并不意味着不存在其他类型的函数关系.

7. 残差分析

一元线性回归模型 $y = \beta_0 + \beta_1 x + \varepsilon$ 假设随机误差 ε 服从正态分布 $N(0, \sigma^2)$, 相互独立, 同方差. 残差分析就是根据样本数据 $(x_i, y_i)(i=1,2,\cdots,n)$ 检验回归模型和样本数据是否符合随机误差的假设. 这里仅介绍随机误差的零均值假设的检验.

给定显著性水平 α (默认值为 $\alpha = 0.05$), 可以计算出第 i 次观测的随机误差 $\varepsilon_i (i=1,2,\cdots,n)$ 的均值的 $100(1-\alpha)\%$ 置信区间, 残差 e_i 正好是该置信区间的中点. 可以根据该置信区间包不包含零点来检验是否应该接受假设"ε_i 的均值为 0".

若该置信区间包含零点, 则可以接受假设"ε_i 的均值为 0", 并且认为样本的第 i 个数据点 (x_i, y_i) 是正常的;

若该置信区间不包含零点, 即完全是正的或完全是负的, 则可以拒绝假设"ε_i 的均值为 0".

注 6.2.4　当样本容量 n 比较大时, 出现少数数据点的误差均值置信区间不包含零点的情况其实是正常现象. 这些数据一般不需要剔除, 除非个别数据点的误差均值置信区间偏离零点比较严重, 则可以考虑剔除该异常数据点, 用样本剩下的数据重新计算原回归模型.

8. 预测值的可信程度

对于一元线性回归模型 $y = \beta_0 + \beta_1 x + \varepsilon$，由样本数据 $(x_i, y_i)(i = 1, 2, \cdots, n)$ 计算得到 b_0 和 b_1（β_0 和 β_1 的点估计）. 对于自变量 x 在定义域内的任意值 $x = x_0$，记 $\hat{y}_0 = b_0 + b_1 x_0$，$\hat{y}_0$ 既是对由因变量 y 的所有可能观测值所构成的总体平均值 $\mu_0 = \beta_0 + \beta_1 x_0$ 的点估计，又是对观测值 $y_0 = \beta_0 + \beta_1 x_0 + \varepsilon_0$ 的点预测，$y_0 - \hat{y}_0$ 称为预测误差.

给定显著性水平 α（默认值为 $\alpha = 0.05$），则平均值 μ_0 的 $100(1-\alpha)\%$ 置信区间为

$$\left[\hat{y}_0 - t_{[\alpha/2]}^{(n-2)} s_{\hat{y}_0}, \hat{y}_0 + t_{[\alpha/2]}^{(n-2)} s_{\hat{y}_0} \right]$$

其中

$$s_{\hat{y}_0} = s \sqrt{\frac{1}{n} + \frac{(x_0 - \bar{x})^2}{\sum\limits_{i=1}^{n}(x_i - \bar{x})^2}}$$

而观测值 y_0 的 $100(1-\alpha)\%$ 预测区间为

$$\left[\hat{y}_0 - t_{[\alpha/2]}^{(n-2)} s_{(y_0 - \hat{y}_0)}, \hat{y}_0 + t_{[\alpha/2]}^{(n-2)} s_{(y_0 - \hat{y}_0)} \right]$$

其中

$$s_{(y_0 - \hat{y}_0)} = s \sqrt{1 + \frac{1}{n} + \frac{(x_0 - \bar{x})^2}{\sum\limits_{i=1}^{n}(x_i - \bar{x})^2}}$$

μ_0 的置信区间与 y_0 的预测区间都以 $\hat{y}_0$ 为中心，由于 $s_{(y_0 - \hat{y}_0)} > s_{\hat{y}_0}$，所以后者比前者更宽一些.

6.2.3　线性回归分析的 MATLAB 实现

1. 线性回归分析的计算

线性回归分析可以用 MATLAB 统计工具箱函数 regress 实现. 其语法格式如下：

(1) [b,bint,r,rint,stat]=regress(y,X)

(2) [b,bint,r,rint,stat]=regress(y,X,alpha)

语法说明如下：

(1) 如果模型是一元线性回归模型 $y = \beta_0 + \beta_1 x + \varepsilon$，样本数据为 $(x_i, y_i)(i = 1, 2, \cdots, n)$，则记

$$X = \begin{pmatrix} 1 & x_1 \\ 1 & x_2 \\ \vdots & \vdots \\ 1 & x_n \end{pmatrix}, \quad y = \begin{pmatrix} y_1 \\ y_2 \\ \vdots \\ y_n \end{pmatrix}, \quad b = \begin{pmatrix} b_0 \\ b_1 \end{pmatrix}$$

则回归系数的点估计可以由以下公式计算:

$$b = (X^T X)^{-1} X^T y \tag{6.2.7}$$

可以证明(6.2.7)式等价于(6.2.3)~(6.2.4)式,也等价于(1.7.3)式.

(2) 如果模型是多元线性回归模型 $y = \beta_0 + \beta_1 x_1 + \cdots + \beta_k x_k + \varepsilon$,样本数据为 $(x_{i1}, x_{i2}, \cdots, x_{ik}, y_i)(i = 1, 2, \cdots, n)$,则记

$$X = \begin{pmatrix} 1 & x_{11} & \cdots & x_{1k} \\ 1 & x_{21} & \cdots & x_{2k} \\ \vdots & \vdots & & \vdots \\ 1 & x_{n1} & \cdots & x_{nk} \end{pmatrix}, \quad y = \begin{pmatrix} y_1 \\ y_2 \\ \vdots \\ y_n \end{pmatrix}, \quad b = \begin{pmatrix} b_0 \\ b_1 \\ \vdots \\ b_k \end{pmatrix}$$

则回归系数的点估计仍然可以由(6.2.7)式计算.

(3) MATLAB统计工具箱函数 regress 的第一输入项 y 是(6.2.7)式的列向量 y;第二输入项 X 是(6.2.7)式的矩阵 X;可选的第三输入项 alpha 是显著性水平 α,如果缺省,默认值为 $\alpha = 0.05$.

(4) regress 的第一输出项 b 是(6.2.7)式的列向量 b,即回归系数的点估计.

(5) regress 的第二输出项 bint 的第 1 行是回归系数 β_0 的 $100(1-\alpha)\%$ 置信区间,第 2 行至第 $k+1$ 行分别是回归系数 $\beta_1, \cdots, \beta_k$ 的 $100(1-\alpha)\%$ 置信区间.

(6) regress 的第三输出项 r 为残差列向量,第 i 个值就是第 i 个样本数据点与回归模型之间的残差,即 $y_i - \hat{y}_i = y_i - (b_0 + b_1 x_{i1} + \cdots + b_k x_{ik})(i = 1, 2, \cdots, n)$.

(7) regress 的第四输出项 rint 的第 i 行是第 $i(i = 1, 2, \cdots, n)$ 个样本数据点对应的随机误差均值的 $100(1-\alpha)\%$ 置信区间.

(8) regress 的第五输出项 stat 为 4 个统计量,依次序分别为决定系数 R^2,F 统计量,p 值以及剩余方差 s^2.

注 6.2.5 如果线性回归模型没有常数项($\beta_0 = 0$),(6.2.7)式的矩阵 X 以及 regress 的第二输入项 X 的第 1 列(全体元素都是 1)就应该缺省. 在此情况下, regress 所返回的 F 统计量和 p 值(即 regress 的第五输出项 stat 的第二个和第三个数值)都是 NaN,并且给出警告信息"R-square and the F statistic are not well-defined unless X has a column of ones",意即除非 X 有一列 1,否则,决定系数 R^2 和 F 统计量缺少适当的定义.

2. 绘制残差图形

在运用 regress 进行线性回归分析计算之后，可用 MATLAB 统计工具箱函数 rcoplot(residual case order plot)来绘制残差图形，其语法格式如下：

```
rcoplot(r,rint)
```

输入项依次为 regress 的第三输出项 r 和第四输出项 rint.

rcoplot 返回的图形以样本数据点的序号（即列向量 r 的分量的下标）为横坐标，以残差为纵坐标，用圆圈标示每个样本数据点的残差对应其序号的坐标点，并用竖直的线段表示对应的随机误差均值的置信区间（rint 相应的行），而且还标示了代表残差等于 0 的水平直线，用不同的颜色标示置信区间是否包含 0，方便观察.

注 6.2.6　为了印刷的需要，本书作者修改了 MATLAB 统计工具箱的函数 M 文件 rcoplot.m 的源代码，使得所有线和标志符的颜色都是黑色，用实线表示包含 0 的置信区间，用点线表示不包含 0 的置信区间.

6.2.4　线性回归分析的案例

例 6.2.1　合金强度与碳含量.

合金强度与合金中的碳含量有比较密切的关系，表 6.8 是收集到的一批数据，请研究合金强度与碳含量的经验公式.

表 6.8　碳含量与合金强度的数据

碳含量/%	0.10	0.11	0.12	0.13	0.14	0.15	0.16	0.17	0.18	0.20	0.22	0.24
强度/(kg/mm²)	41.0	42.5	45.0	45.5	45.0	47.5	49.0	51.0	50.0	55.0	57.5	59.5

解答　记合金中的碳含量为自变量 x，合金强度为因变量 y，表 6.8 的样本数据为 $(x_i,y_i)(i=1,2,\cdots,12)$，绘制散点图（见图 6.8），可以直观地看出 y 与 x 大致呈线性关系，所以采用一元线性回归模型 $y=\beta_0+\beta_1 x+\varepsilon$. 以下是回归分析的 MATLAB 脚本：

```
x=[0.10;0.11;0.12;0.13;0.14;0.15;0.16;0.17;0.18;0.20;0.22;0.24];
y=[41.0;42.5;45.0;45.5;45.0;47.5;49.0;51.0;50.0;55.0;57.5;59.5];
X=[ones(size(x)),x];[b,bint,r,rint,stat]=regress(y,X)
figure(1),plot(x,y,'k+'),axis([0,0.3,20,70]),lsline
title('碳含量和合金强度的一元线性回归模型')
xlabel('碳含量(%)'),ylabel('合金强度(kg/mm^2)')
figure(2),rcoplot(r,rint)
```

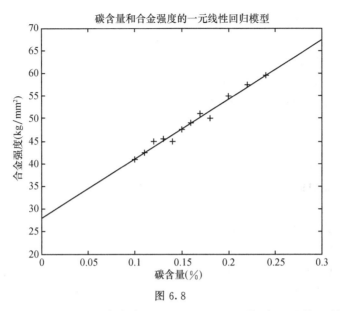

图 6.8

说明 在 plot(x,y,'+')命令之后,用 MATLAB 统计工具箱函数 lsline 可以绘制根据数组 x 和 y 按照最小二乘法得到的拟合直线.

命令窗口显示的计算结果:

```
b=
     27.947
     131.84
bint=
     25.721        30.174
     118.38        145.3
r=
    -0.13129
     0.050314
     1.2319
     0.41352
    -1.4049
    -0.22327
    -0.041667
     0.63994
    -1.6785
     0.68475
     0.54796
```

```
        -0.088836
   rint=
        -1.914          1.6515
        -1.7957         1.8963
        -0.42735        2.8912
        -1.4936         2.3206
        -3.0611         0.25139
        -2.1892         1.7426
        -2.0194         1.9361
        -1.2749         2.5547
        -3.1877         -0.16919
        -1.1405         2.51
        -1.1904         2.2864
        -1.7074         1.5297
   stat=
        0.97943     476.25      9.1322e-010     0.77374
```

计算结果可以整理成表 6.9,绘得的图形见图 6.8 和图 6.9.

表 6.9 例 6.2.1 的一元线性回归模型计算结果

回归系数	回归系数估计值	回归系数置信区间
β_0	$b_0 = 27.947$	$[25.721, 30.174]$
β_1	$b_1 = 131.84$	$[118.38, 145.3]$
$\hat{y} = 27.947 + 131.84x$		
$R^2 = 0.97943, F = 476.25, p = 9.1322 \times 10^{-10}, s^2 = 0.77374$		

由计算结果得知 F 统计量较大,p 值远小于 0.05,说明回归模型是显著的. 回归系数的置信区间都不含零点,说明回归模型的自变量和截距两项对因变量的影响都显著.决定系数接近 1,说明回归模型的拟合精确程度比较高.虽然第 9 个数据的误差均值置信区间 $[-3.1877, -0.16919]$ 不含零点,但是置信区间偏离零点的程度不严重,不必剔除.

例 6.2.2 磁钢面积与用胶量的关系.

电声器材厂在生产扬声器的过程中,有一道重要的工序:使用 AB 胶粘合扬声器中的磁钢与夹板.长期以来,由于对 AB 胶的用量没有一个确定的标准,经常出现用胶过多,胶水外溢,或用胶过少,产生脱胶等现象,影响了产品质量.经过实验,已有一些恰当用胶量的具体数据(见表 6.10),请根据这些数据给出一个磁钢面积与恰当用胶量的经验公式.

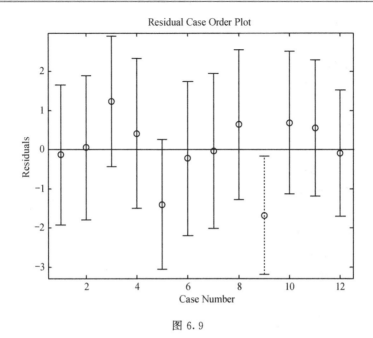

图 6.9

表 6.10 磁钢面积和恰当用胶量的具体数据

磁钢面积/cm²	11.0	19.4	26.2	46.6	56.6	67.2	125.2	189.0	247.1	443.4
用胶量/g	0.164	0.396	0.404	0.664	0.812	0.972	1.688	2.86	4.076	7.332

解答 记磁钢面积为自变量 x,恰当用胶量为因变量 y,表 6.10 的样本数据为 $(x_i, y_i)(i=1, 2, \cdots, 10)$,绘制散点图(见图 6.10),可以直观地看出 y 与 x 大致呈线性关系,所以采用一元线性回归模型 $y = \beta_0 + \beta_1 x + \varepsilon$. 以下是回归分析的 MATLAB 脚本:

```
x=[11.0;19.4;26.2;46.6;56.6;67.2;125.2;189.0;247.1;443.4];
y=[0.164;0.396;0.404;0.664;0.812;0.972;1.688;2.86;4.076;7.332];
X=[ones(size(x)),x];
[b,bint,r,rint,stat]=regress(y,X)
figure(1),plot(x,y,'k+'),axis([0,450,-1,8]),lsline
title('磁钢面积和恰当用胶量的一元线性回归模型')
xlabel('磁钢面积(cm^2)'),ylabel('恰当用胶量(g)')
figure(2),rcoplot(r,rint)
```

命令窗口显示的计算结果:

b=

   -0.10121

```
            0. 016546
bint=
    -0. 24763        0. 045209
     0. 015728       0. 017365
r=
     0. 0832
     0. 17621
     0. 071696
    -0. 0058489
    -0. 023312
    -0. 038703
    -0. 28239
    -0. 16604
     0. 088616
     0. 096575
rint=
    -0. 2348         0. 4012
    -0. 11393        0. 46635
    -0. 2522         0. 39559
    -0. 33976        0. 32806
    -0. 35828        0. 31166
    -0. 37408        0. 29667
    -0. 51782       -0. 046954
    -0. 46895        0. 13686
    -0. 2249         0. 40213
    -0. 077904       0. 27105
stat=
     0. 99633       2174        4. 948e-011        0. 02121
```

计算结果可以整理成表 6.11,绘得的图形见图 6.10 和图 6.11.

表 6.11　例 6.2.2 的一元线性回归模型计算结果

回归系数	回归系数估计值	回归系数置信区间
β_0	$b_0 = -0.10121$	$[-0.24763, 0.045209]$
β_1	$b_1 = 0.016546$	$[0.015728, 0.017365]$
$\hat{y} = -0.10121 + 0.016546x$		
$R^2 = 0.99633, F = 2174, p = 4.948 \times 10^{-11}, s^2 = 0.02121$		

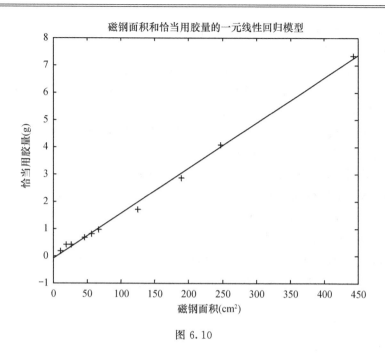

图 6.10

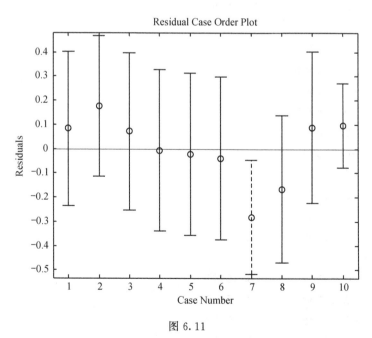

图 6.11

由计算结果得知 F 统计量很大, p 值比 0.05 小很多,说明回归模型是显著的.决定系数很接近 1,说明回归模型的拟合精确程度很高. β_1 的置信区间不含零点,说明自变量对因变量的影响显著.但是 β_0 的置信区间含零点,说明截距对因变量的影响不显著.虽然第 7 个数据的误差均值置信区间 $[-0.51782,-0.046954]$ 不含零点,但是置信区间偏离零点的程度不严重,不必剔除.

因为由表 6.10 的样本数据计算得到的 β_0 的置信区间包含零点,所以应该采纳原假设 $H_0:\beta_0=0$. 从本题的实际意义来看,当磁钢面积 $x=0$ 时,理应有恰当用胶量 $y=0$,所以假设 y 与 x 之间为正比例函数关系应该是更合理的,也就是说,可以考虑去掉一元线性回归模型的常数项.但是在实践中,遇到类似情况一般都保留常数项,不采用正比例函数.为什么呢? 请看用以下 MATLAB 命令计算正比例函数模型 $y=\beta x+\varepsilon$ 所得到的结果:

```
[b,bint,r,rint,stat]=regress(y,x)
```

命令窗口显示的计算结果:

```
Warning:R-square and the F statistic are not well-defined unless
    X has a column of ones.
b=
    0.016157
bint=
    0.015527      0.016787
r=
    -0.013726
     0.082556
    -0.019311
    -0.088912
    -0.10248
    -0.11374
    -0.33485
    -0.19366
     0.083627
     0.16802
rint=
    -0.39167      0.36421
    -0.28958      0.45469
    -0.39676      0.35814
    -0.45903      0.2812
    -0.46972      0.26476
    -0.47805      0.25056
```

−0.5884	−0.081292
−0.51469	0.12738
−0.24993	0.41719
−0.024653	0.3607

stat=

0.99517	NaN	NaN	0.024841

由警告信息可知去掉常数项之后,决定系数和 F 统计量都缺少适当的定义.由计算结果可知由于没有 F 统计量和 p 值的计算结果,所以不能判断正比例函数模型的显著性.

例 6.2.3　血压与年龄.

请根据调查收集的 30 个成年人的血压(收缩压,mmHg)和年龄(岁)数据(见表 6.12),研究血压与年龄的关系,从年龄预测血压可能的变化范围,说明 60 岁的人的血压比 50 岁的人平均高出多少.

表 6.12　30 个成年人的血压和年龄的数据

序号	1	2	3	4	5	6	7	8	9	10
血压	144	215	138	145	162	142	170	124	158	154
年龄	39	47	45	47	65	46	67	42	67	56
序号	11	12	13	14	15	16	17	18	19	20
血压	162	150	140	110	128	130	135	114	116	124
年龄	64	56	59	34	42	48	45	18	20	19
序号	21	22	23	24	25	26	27	28	29	30
血压	136	142	120	120	160	158	144	130	125	175
年龄	36	50	39	21	44	53	63	29	25	69

解答　记年龄为自变量 x,血压为因变量 y,表 6.12 的样本数据为 (x_i, y_i) $(i=1,2,\cdots,30)$,绘制散点图(见图 6.12),可以直观地看出 y 与 x 大致呈线性关系,所以采用一元线性回归模型 $y=\beta_0+\beta_1 x+\varepsilon$. 以下是回归分析的 MATLAB 脚本:

```
x=[39;47;45;47;65;46;67;42;67;56;...
    64;56;59;34;42;48;45;18;20;19;...
    36;50;39;21;44;53;63;29;25;69];
y=[144;215;138;145;162;142;170;124;158;154;...
    162;150;140;110;128;130;135;114;116;124;...
    136;142;120;120;160;158;144;130;125;175];
X=[ones(size(x)),x];[b,bint,r,rint,stat]=regress(y,X)
figure(1),plot(x,y,'k+'),lsline
title('年龄和血压的一元线性回归模型')
```

```
xlabel('年龄(岁)'),ylabel('收缩压(mmHg)')
figure(2),rcoplot(r,rint)
```

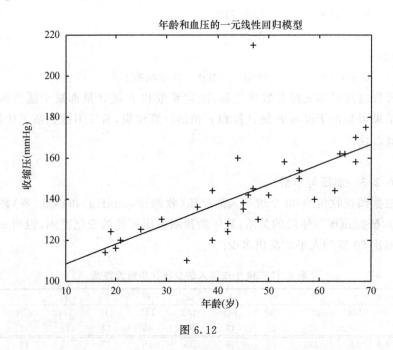

图 6.12

计算结果可以整理成表 6.13,绘得的图形见图 6.12 和图 6.13.

表 6.13　例 6.2.3 的一元线性回归模型计算结果(一)

回归系数	回归系数估计值	回归系数置信区间
β_0	$b_0=98.408$	$[78.748,118.07]$
β_1	$b_1=0.97325$	$[0.56009,1.3864]$
	$\hat{y}=98.408+0.97325x$	
	$R^2=0.45401,F=23.283,p=4.4716\times10^{-5},s^2=273.71$	

由计算结果得知虽然 F 统计量不大,但是 p 值比 0.05 仍然小得多,说明回归模型还是显著的.决定系数小于 0.5,这是因为有个别数据点偏离回归直线甚远.

从图 6.13 可以发现第二个样本数据点的误差均值置信区间[51.597,90.102]不但不包含零点,而且严重偏离零点,所以可以判断第二个样本数据点是异常数据,可以考虑剔除第二个样本数据点,用剩下的数据重新计算原来的一元线性回归模型.以下是回归分析的 MATLAB 脚本:

```
d=[1,3:30];y1=y(d);x1=x(d);X1=[ones(size(x1)),x1];
[b1,bint1,r1,rint1,s1]=regress(y1,X1)
```

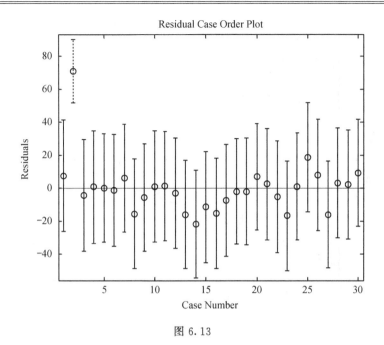

图 6.13

```
figure(1),plot(x1,y1,'k+',x(2),y(2),'ko',...
    [10,70],b1(1)+b1(2).*[10,70],'k',[10,70],b(1)+b(2).*[10,70],'k:')
axis([10,70,100,220])
legend('正常数据','异常数据','剔除异常数据后','未剔除异常数据',2)
title('年龄和血压的一元线性回归模型')
xlabel('年龄(岁)'),ylabel('收缩压(mmHg)')
figure(2),rcoplot(r1,rint1)
```
计算结果可以整理成表 6.14,绘得的图形见图 6.14 和图 6.15.

表 6.14 例 6.2.3 的一元线性回归模型计算结果(二)

回归系数	回归系数估计值	回归系数置信区间
β_0	$b_0 = 96.867$	$[85.477, 108.26]$
β_1	$b_1 = 0.95327$	$[0.71402, 1.1925]$
$\hat{y} = 96.867 + 0.95327x$		
$R^2 = 0.71226, F = 66.836, p = 8.8407 \times 10^{-9}, s^2 = 91.43$		

由剔除异常数据之后的计算结果得知 F 统计量变大,p 值变小,回归系数的置信区间变窄,说明回归模型的显著性有明显提高.决定系数变大,剩余方差变小,说

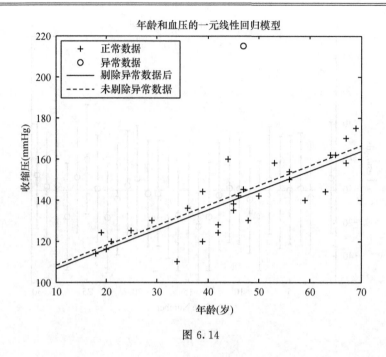

图 6.14

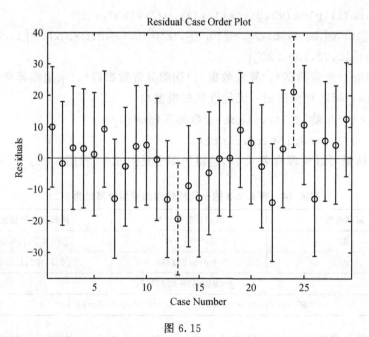

图 6.15

明回归模型的拟合精确程度有明显提高. 虽然原来的第 14 个和第 25 个样本数据
点的随机误差均值置信区间 $[-37.122, -1.4326]$ 和 $[3.4933, 38.886]$ 都不包含零

点,但是偏离零点的程度不严重,不必继续剔除.

用剔除第二个数据点后得到的回归方程 $\hat{y}=96.867+0.95327x$ 来作为血压 y 与年龄 x 之间的经验公式,并回答从年龄预测血压可能的变化范围,说明 60 岁的人的血压比 50 岁的人平均高出多少.

分别计算 50 岁和 60 岁的人血压观测值的平均值的点估计,以及观测值的 95% 预测区间.比较 50 岁和 60 岁的人血压观测值的平均值的点估计,就可以回答 60 岁的人的血压比 50 岁的人平均高出多少,而观测值的 95% 预测区间就给出了对血压的可能变化范围的预测.以下是相应的 MATLAB 脚本(接续前面剔除异常数据后回归分析的脚本. MATLAB 函数 polyfit 和 MATLAB 统计工具箱函数 polyconf 的功能和语法格式见注 1.7.2):

```
[p,s]=polyfit(x1,y1,1);x0=[50,60];
[y0,delta]=polyconf(p,x0,s,'predopt','observation')
[y0-delta;y0+delta].'
```

命令窗口显示的计算结果:

```
y0=
      144.53     154.06
delta=
      19.989     20.271
ans=
      124.54     164.52
      133.79     174.33
```

计算结果表明 50 岁的人血压观测值的平均值的点估计为 144.53,观测值的 95% 预测区间为 $[124.54,164.52]$;60 岁的人血压观测值的平均值的点估计为 154.06,观测值的 95% 预测区间为 $[133.79,174.33]$(血压都是指收缩压,单位是 mmHg),所以 60 岁的人的血压比 50 岁的人平均高出 6.6%.

用以下 MATLAB 脚本(接续前面的脚本)可以绘制剔除第二个数据点后得到的回归直线以及观测值的 95% 预测区间的示意图(见图 6.16):

```
[p,s]=polyfit(x1,y1,1);x0=17:.1:70;
[y0,delta]=polyconf(p,x0,s,'predopt','observation');
plot(x1,y1,'k+',x(2),y(2),'ko',x0,y0,'k',x0,[y0-delta;y0+delta],'k:')
axis([17,70,80,220])
legend('正常数据','异常数据','回归直线','95% 预测区间',2)
title('年龄和血压的一元线性回归模型')
xlabel('年龄(岁)'),ylabel('收缩压(mmHg)')
```

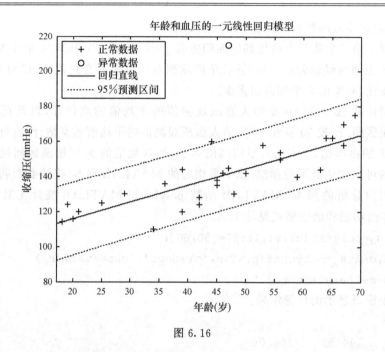

图 6.16

例 6.2.4　西红柿的施肥量与产量.

为了研究西红柿的施肥量对产量的影响,科研人员对 14 块大小一样的土地施加不同数量的肥料,尽量保持其他条件相同,收获时记录西红柿的产量(见表6.15).请建立回归模型,从而能依据施肥量对产量作出预计.

表 6.15　西红柿的施肥量和产量的数据

地块序号	1	2	3	4	5	6	7
施肥量/kg	6.0	2.5	7.5	8.5	10.0	7.0	3.0
产量/kg	1035	624	1084	1052	1015	1066	704
地块序号	8	9	10	11	12	13	14
施肥量/kg	11.5	5.5	6.5	4.0	9.0	11.0	12.5
产量/kg	960	990	1050	839	1030	985	855

解答　记施肥量为自变量 x,西红柿的产量为因变量 y,表 6.15 的样本数据为 $(x_i, y_i)(i=1,2,\cdots,14)$.首先,建立一元线性回归模型 $y=\beta_0+\beta_1 x+\varepsilon$.以下是回归分析的 MATLAB 程序:

```
x=[6;2.5;7.5;8.5;10;7;3;11.5;5.5;6.5;4;9;11;12.5];
y=[1035;624;1084;1052;1015;1066;704;960;990;1050;839;1030;985;855];
X=[ones(size(x)),x];[b,bint,r,rint,stat]=regress(y,X)
figure(1),plot(x,y,'k+'),axis([0,15,500,1200]),lsline
```

```
xlabel('施肥量(kg)'),ylabel('产量(kg)')
title('西红柿的施肥量和产量的一元线性回归模型')
figure(2),rcoplot(r,rint)
```

计算结果可以整理成表 6.16,绘得的图形见图 6.17 和图 6.18.由计算结果得知 F 统计量很小,p 值大于 0.05,说明一元线性回归模型不显著.回归系数 β_1 的 95% 置信区间包含零点,说明自变量对因变量的影响不显著(等价于模型不显著). 决定系数很小,剩余方差很大,残差较大,误差均值的置信区间很宽,这些都说明拟合效果不好.因此,对于表 6.15 的样本数据,不能采用一元线性回归模型.

表 6.16 例 6.2.4 的一元线性回归模型计算结果

回归系数	回归系数估计值	回归系数置信区间
β_0	$b_0 = 783.74$	$[584.37, 983.12]$
β_1	$b_1 = 22.168$	$[-2.5919, 46.929]$
$\hat{y} = 783.74 + 22.168x$		
$R^2 = 0.24076, F = 3.8054, p = 0.074832, s^2 = 16496$		

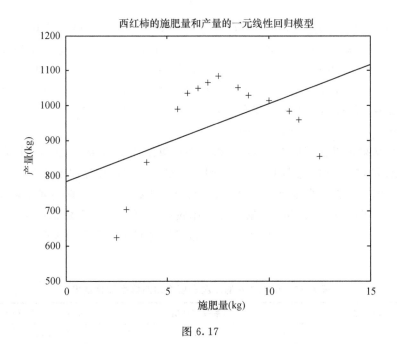

图 6.17

从图 6.17 可以发现 y 与 x 大致呈二次函数关系,所以采用二次多项式回归模型 $y = \beta_0 + \beta_1 x + \beta_2 x^2 + \varepsilon$.以下是回归分析的 MATLAB 程序:

x=[6;2.5;7.5;8.5;10;7;3;11.5;5.5;6.5;4;9;11;12.5];

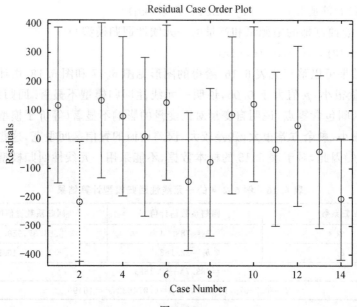

图 6.18

```
y=[1035;624;1084;1052;1015;1066;704;960;990;1050;839;1030;985;855];
X=[ones(size(x)),x,x.^2];[b,bint,r,rint,stat]=regress(y,X)
figure(1),plot(x,y,'k+',0:.1:15,polyval(b(end:-1:1),0:.1:15),'k')
axis([0,15,0,1200]),xlabel('施肥量(kg)'),ylabel('产量(kg)')
title('西红柿的施肥量和产量的二次多项式回归模型')
figure(2),rcoplot(r,rint)
```

计算结果可以整理成表 6.17,绘得的图形见图 6.19 和图 6.20.由计算结果得知 F 统计量较大,p 值远小于 0.05,说明二次多项式回归模型是显著的.三个回归系数的置信区间都不含零点,说明回归模型的三项对因变量的影响都显著.决定系数接近 1,说明回归模型的拟合精确程度比较高.虽然第 12 个数据的误差均值置信区间 $[-76.935,-5.633]$ 不含零点,但是置信区间偏离零点的程度不严重,不必剔除.

表 6.17   例 6.2.4 的二次多项式回归模型计算结果

回归系数	回归系数估计值	回归系数置信区间
β_0	$b_0 = 175.62$	$[102.75, 248.5]$
β_1	$b_1 = 217.87$	$[196.61, 239.13]$
β_2	$b_2 = -13.15$	$[-14.551, -11.749]$
$\hat{y} = 175.62 + 217.87x - 13.15x^2$		
$R^2 = 0.98092, F = 282.74, p = 3.4945 \times 10^{-10}, s^2 = 452.27$		

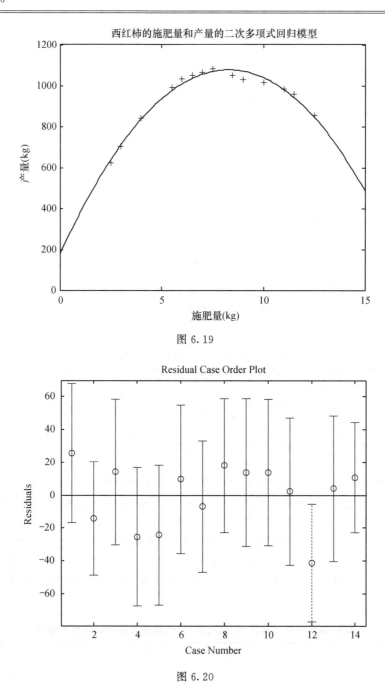

图 6.19

图 6.20

习　　题　　6

1. 请对例 6.1.6"银行柜台高度"中表 6.6 的数据进行描述性统计分析.

2. 13 名儿童参加了一项睡眠时间(分钟)与年龄(岁)关系的调查,表 6.18 中的睡眠时间是根据连续三天记录的每天睡眠时间的平均值得到的.请建立和求解回归模型,解释得到的结果,给出 10 岁儿童的平均睡眠时间及预测区间.

表 6.18　13 名儿童的年龄与睡眠时间

序　号	年　龄	睡眠时间	序　号	年　龄	睡眠时间
1	4.4	586	8	8.9	515
2	14.0	462	9	11.1	493
3	10.1	491	10	7.8	528
4	6.7	565	11	5.5	576
5	11.5	462	12	8.6	533
6	9.6	532	13	7.2	531
7	12.4	478			

3. 水的沸点与大气压强有密切关系,表 6.19 中包含了 17 次试验中所测得的水的沸点(华氏温度)和大气压强(水银英寸),请建立回归模型估计沸点和压强之间的关系,并给出当沸点为 201.5°F 时压强的预测值及预测区间.

表 6.19　水的沸点和大气压强的测量数据

沸点	194.5	194.3	197.9	198.4	199.4	199.9
压强	20.79	20.79	22.40	22.67	23.15	23.35
沸点	200.9	201.1	201.4	201.3	203.6	204.6
压强	23.89	23.99	24.02	24.01	25.14	26.57
沸点	209.5	208.6	210.7	211.9	212.2	
压强	28.49	27.76	29.04	29.88	30.06	

*4[2].继续考虑例 6.2.3"血压与年龄".为了研究血压与年龄、体重指数、吸烟习惯的关系,调查收集了 30 个成年人的血压(收缩压,mmHg)、年龄(岁)、体重指数(世界卫生组织颁布的"体重指数"的定义是体重(公斤)除以身高(米)的平方,它比体重本身更能反映人的胖瘦)以及吸烟习惯(0 表示不吸烟,1 表示吸烟)的数据(见表 6.20).请建立血压与年龄、体重指数、吸烟习惯之间的多元线性回归模型,并用 MATLAB 计算和分析.根据建立的回归模型,吸烟会使血压升高吗?

表 6.20　30 个成年人的血压、年龄、体重指数和吸烟习惯的数据

序号	1	2	3	4	5	6	7	8	9	10
血压	144	215	138	145	162	142	170	124	158	154
年龄	39	47	45	47	65	46	67	42	67	56
体重指数	24.2	31.1	22.6	24.0	25.9	25.1	29.5	19.7	27.2	19.3
吸烟习惯	0	1	0	1	1	0	1	0	1	0

续表

序号	11	12	13	14	15	16	17	18	19	20
血压	162	150	140	110	128	130	135	114	116	124
年龄	64	56	59	34	42	48	45	18	20	19
体重指数	28.0	25.8	27.3	20.1	21.7	22.2	27.4	18.8	22.6	21.5
吸烟习惯	1	0	0	0	0	1	0	0	0	0
序号	21	22	23	24	25	26	27	28	29	30
血压	136	142	120	120	160	158	144	130	125	175
年龄	36	50	39	21	44	53	63	29	25	69
体重指数	25.0	26.2	23.5	20.3	27.1	28.6	28.3	22.0	25.3	27.4
吸烟习惯	0	1	0	0	1	1	0	1	0	1

*5. 建立数学模型,根据表 6.21 的数据,说明 2003 年春天发生的 SARS 疫情对北京市的旅游业的影响(全国大学生数学建模竞赛 2003 年 A 题"SARS 的传播"的问题 3).

表 6.21　北京市接待海外旅游人数 （单位:万人）

年　份	1 月	2 月	3 月	4 月	5 月	6 月	7 月	8 月	9 月	10 月	11 月	12 月
1997	9.4	11.3	16.8	19.8	20.3	18.8	20.9	24.9	24.7	24.3	19.4	18.6
1998	9.6	11.7	15.8	19.9	19.5	17.8	17.8	23.3	21.4	24.5	20.1	15.9
1999	10.1	12.9	17.7	21.0	21.0	20.4	21.9	25.8	29.3	29.8	23.6	16.5
2000	11.4	26.0	19.6	25.9	27.6	24.3	23.0	27.8	27.3	28.5	32.8	18.5
2001	11.5	26.4	20.4	26.1	28.9	28.0	25.2	30.8	28.7	28.1	22.2	20.7
2002	13.7	29.7	23.1	28.9	29.0	27.4	26.0	32.2	31.4	32.6	29.2	22.9
2003	15.4	17.1	23.5	11.6	1.78	2.61	8.8	16.2				

*6[6]. 一家高技术公司的人事部为了研究软件开发人员的薪金与他们的资历、管理水平、教育水平等因素之间的关系,要建立一个数学模型,以便分析公司人事策略的合理性,并作为新聘用人员薪金的参考. 他们认为目前公司人员的薪金总体上是合理的,可以作为建模的依据,于是调查了 46 名软件开发人员的档案资料(见表 6.22),其中资历指从事专业工作的年数,管理水平中 1 表示管理人员,0 表示非管理人员,教育水平中 1 表示中学水平,2 表示大学水平,3 表示研究生水平.

表 6.22　软件开发人员的薪金与他们的资历、管理水平、教育水平

编　号	薪金/元	资历/年	管理水平	教育水平	编　号	薪金/元	资历/年	管理水平	教育水平
01	13876	1	1	1	07	11772	2	0	2
02	11608	1	0	3	08	10535	2	0	1
03	18701	1	1	3	09	12195	2	0	3
04	11283	1	0	2	10	12313	3	0	2
05	11767	1	0	3	11	14975	3	1	1
06	20872	2	1	2	12	21371	3	1	2

续表

编 号	薪金/元	资历/年	管理水平	教育水平	编 号	薪金/元	资历/年	管理水平	教育水平
13	19800	3	1	3	30	14467	10	0	1
14	11417	4	0	1	31	15942	10	0	2
15	20263	4	1	3	32	23174	10	1	3
16	13231	4	0	3	33	23780	10	1	2
17	12884	4	0	2	34	25410	11	1	2
18	13245	5	0	2	35	14861	11	0	1
19	13677	5	0	3	36	16882	12	0	2
20	15965	5	1	1	37	24170	12	1	3
21	12366	6	0	1	38	15990	13	0	1
22	21352	6	1	3	39	26330	13	1	2
23	13839	6	0	2	40	17949	14	0	2
24	22884	6	1	2	41	25685	15	1	3
25	16978	7	1	1	42	27837	16	1	2
26	14803	8	0	2	43	18838	16	0	2
27	17404	8	1	1	44	17483	16	0	1
28	22184	8	1	3	45	19207	17	0	2
29	13548	8	0	1	46	19346	20	0	1

第 7 章　最优化模型

7.1　库　存　模　型

7.1.1　函数极值的必要条件和充分条件

对于不附带约束条件的函数极值问题,如果函数是可导的,则既可以根据可导函数极值的必要条件和充分条件直接用微分法求精确解,又可以采用数值计算方法求数值解.有一些问题可以用初等代数方法求精确解,如可以用配方法求一元二次函数的极值,可以利用均值不等式求某些初等函数的极值.还有一些问题是离散类型的,适合逐项计算,并列表比较.

1. 一元函数极值的必要条件和充分条件

读者在微积分课程学习过以下两个定理及其证明,而本书 1.7.1 小节正比例函数数据拟合问题的最小二乘解法和 2.3 节的"生猪出售时机"案例都应用了以下两个定理:

定理 7.1.1　设函数 $f(x)$ 在点 $x=a$ 处可导.如果 $f(x)$ 在 $x=a$ 处取得极值,则 $f'(a)=0$.

定理 7.1.2　设函数 $f(x)$ 在点 $x=a$ 处具有二阶导数.如果 $f'(a)=0$ 且 $f''(a)>0$,则 $f(x)$ 在 $x=a$ 处取得极小值;如果 $f'(a)=0$ 且 $f''(a)<0$,则 $f(x)$ 在 $x=a$ 处取得极小值.

注 7.1.1　如果函数 $f(x)$ 满足定理 7.1.2 的前提条件,并且 $f(x)$ 在点 $x=a$ 处有 $f'(a)=f''(a)=0$,则需要另想办法判断 $f(x)$ 在 $x=a$ 处的局部性质.

2. 二元函数极值的必要条件和充分条件

读者在微积分课程中也学习过以下两个定理及其证明,而本书 1.7.2 小节一元线性函数数据拟合问题的最小二乘解法应用了以下两个定理:

定理 7.1.3　设函数 $f(x,y)$ 在定义域内存在连续一阶偏导数,点 (a,b) 是定义域的内点.如果 $f(x,y)$ 在点 (a,b) 处取得极值,则 $f(x,y)$ 在点 (a,b) 处有 $f_x=f_y=0$.

定理 7.1.4 设函数 $f(x,y)$ 在定义域内存在连续二阶偏导数,点 (a,b) 是定义域的内点.

(1) 如果 $f(x,y)$ 在点 (a,b) 处有 $f_x=f_y=0$,$f_{xx}>0$ 且 $f_{xx}f_{yy}-f_{xy}^2>0$,则 $f(x,y)$ 在点 (a,b) 处取得极小值;

(2) 如果 $f(x,y)$ 在点 (a,b) 处有 $f_x=f_y=0$,$f_{xx}<0$ 且 $f_{xx}f_{yy}-f_{xy}^2>0$,则 $f(x,y)$ 在点 (a,b) 处取得极大值.

注 7.1.2 设函数 $f(x,y)$ 满足定理 7.1.4 的前提条件,并且在点 (a,b) 处有 $f_x=f_y=0$. 如果在点 (a,b) 处有 $f_{xx}f_{yy}-f_{xy}^2<0$,则点 (a,b) 称为 $f(x,y)$ 的鞍点,即在以点 (a,b) 为中心的每一个开圆盘内既存在点 (x,y),使得 $f(x,y)>f(a,b)$,又存在点 (x,y),使得 $f(x,y)<f(a,b)$. 如果在点 (a,b) 处有 $f_{xx}f_{yy}-f_{xy}^2=0$,则需要另想办法判断 $f(x,y)$ 在点 (a,b) 处的局部性质.

改用梯度和黑塞矩阵的术语来叙述二元函数极值的必要条件和充分条件,有助于理解有关性质从一元函数到二元函数的演变,并推广到多元函数.

定义 7.1.1 设函数 $f(x,y)$ 在点 (a,b) 处存在一阶偏导数 f_x 和 f_y,则 $\nabla f=(f_x,f_y)$ 称为 $f(x,y)$ 在点 (a,b) 处的梯度(gradient)向量.

定义 7.1.2 设函数 $f(x,y)$ 在定义域内存在连续二阶偏导数,点 (a,b) 是定义域的内点,则由 $f(x,y)$ 在点 (a,b) 处的二阶偏导数构成的二阶对称方阵

$$\boldsymbol{H}=\begin{pmatrix} f_{xx} & f_{xy} \\ f_{xy} & f_{yy} \end{pmatrix}$$

称为 $f(x,y)$ 在点 (a,b) 处的黑塞矩阵($\boldsymbol{H}$ 又记作 $\nabla^2 f$).

于是,在定理 7.1.3 中,$f(x,y)$ 在点 (a,b) 处取得极值的必要条件可以改写为"$\nabla f=0$";在定理 7.1.4 中,$f(x,y)$ 在点 (a,b) 处取得极小(大)值的充分条件可以改写为"$\nabla f=0$ 且 $\nabla^2 f$ 正(负)定". 还可以发现从一元函数 $f(x)$ 推广到二元函数 $f(x,y)$,要用 $f(x,y)$ 的梯度向量代替 $f(x)$ 的一阶导数,用 $f(x,y)$ 的黑塞矩阵及其正(负)定性质代替 $f(x)$ 的二阶导数及其正(负)号. 事实上,这一规律可以推广到多元函数.

3. 多元函数极值的必要条件和充分条件

定义 7.1.3 设 n 元函数 $f(\boldsymbol{X})$($\boldsymbol{X}=(x_1,x_2,\cdots,x_n)$)在所考虑的定义域内存在一阶偏导数,则 $f(\boldsymbol{X})$ 的梯度为 $\nabla f=(f_{x_1},f_{x_2},\cdots,f_{x_n})$,其中 $f_{x_k}=\partial f/\partial x_k$($k=1,2,\cdots,n$).

定义 7.1.4 设 n 元函数 $f(\boldsymbol{X})$ 在所考虑的定义域内存在连续二阶偏导数,则 $f(\boldsymbol{X})$ 的黑塞矩阵记作

$$H = \begin{pmatrix} f_{x_1 x_1} & f_{x_1 x_2} & \cdots & f_{x_1 x_n} \\ f_{x_1 x_2} & f_{x_2 x_2} & \cdots & f_{x_2 x_n} \\ \vdots & \vdots & & \vdots \\ f_{x_1 x_n} & f_{x_2 x_n} & \cdots & f_{x_n x_n} \end{pmatrix}$$

其中 $f_{x_i x_j} = \dfrac{\partial^2 f}{\partial x_i \partial x_j}(i, j = 1, 2, \cdots, n)$（$H$ 又记作 $\nabla^2 f$）.

定理 7.1.5 设 n 元函数 $f(\boldsymbol{X})$ 在定义域内存在连续一阶偏导数,点 $\boldsymbol{X}_0$ 是定义域的内点. 如果 $f(\boldsymbol{X})$ 在点 $\boldsymbol{X}_0$ 处取得极值,则 $f(\boldsymbol{X})$ 在点 $\boldsymbol{X}_0$ 处有 $\nabla f(\boldsymbol{X}_0) = 0$.

定理 7.1.6 设 n 元函数 $f(\boldsymbol{X})$ 在定义域内存在连续二阶偏导数,点 $\boldsymbol{X}_0$ 是定义域的内点. 如果 $f(\boldsymbol{X})$ 在点 $\boldsymbol{X}_0$ 处有 $\nabla f(\boldsymbol{X}_0) = 0$ 且 $\nabla^2 f(\boldsymbol{X}_0)$ 正(负)定,则 $f(\boldsymbol{X})$ 在点 $\boldsymbol{X}_0$ 处取得极小(大)值.

多项式最小二乘拟合的计算公式(1.7.6)和多元线性回归模型最小二乘点估计的计算公式(6.2.7)的推导都需要用到定理 7.1.5 和定理 7.1.6.

7.1.2 确定性静态库存模型

1. 库存模型简介

库存(inventory)模型用来确定企业为了保证生产经营正常进行而必需的库存水平. 库存模型需要回答两个问题:订多少货? 什么时候订货? 库存模型回答这些问题的依据是要使一个时段内的库存总费用最小. 库存总费用通常由以下费用构成:

库存总费用 = 购买费用 + 固定费用 + 存货费用 + 缺货损失

(1) 购买费用指要库存的货物的单价乘以订货量,有时候订货量超过某个数量,价格可以更低,这也是订多少货要考虑的因素之一;

(2) 固定费用指每次订货所要支付的固定费用,与订货量无关;

(3) 存货费用指维持库存所需要的费用,包括资金利息、储存费、维护费和管理费;

(4) 缺货损失指在缺货的情况下产生的惩罚费用,包括收入的可能损失、对客户失信引致的损失.

通过考察库存总费用的构成,不难发现

(1) 增加每次的订货量,在一个时段内会减少订货次数,从而减少固定费用,还有可能享受价格优惠,使得总的购买费用下降,但是会增加库存量,从而增加存货费用. 库存模型要在这些费用之间进行平衡.

(2) 库存过剩会造成资金占用,并且要支付额外的存货费用,但是库存不足会引致缺货损失的惩罚费用.库存模型要在存货费用和缺货损失之间进行平衡.

库存模型的订货方式需要根据问题的实际意义来设计,有些库存系统是周期盘点的,如每周或每月订一次货;另外一些库存系统则是连续盘点的,当库存量下降到某个水平(称为订货点)时,就发出新订单.

库存模型的复杂性取决于需求率(单位时间内对货物的需求量),在实际情况中,库存模型的需求模式可以分为三类:

(1) 确定性的、静态(需求率是与时间无关的常数);

(2) 确定性的、动态(需求率是时间的确定性函数);

(3) 随机性的(需求率是时间的随机变量).

在以上三类模式中,从建立库存模型的角度来看,第一类最简单,第三类最复杂.但是在实际情况下,第一类最少发生,第三类最普遍.因此,在建立库存模型时,要在模型简化和模型精确性两方面进行平衡,并且要注意灵敏度分析和强健性分析.下面介绍确定性静态库存模型和经济订货批量(economic-order-quantity, EOQ)公式(库存模型更详细的知识参见文献[17],[18]).

2. 不允许缺货的确定性静态库存模型

最简单的库存模型是不允许缺货的确定性静态库存模型,即假设货物的单价不随订货量而改变,假设需求率为常数,在库存下降到 0 时立即订货,并即时补货,不会出现缺货的情况.

引人以下记号:

Q~订货量(货物件数);

Q^*~不允许缺货时的最优订货量;

T~订货周期长度(时间单位);

T^*~不允许缺货时的最优订货周期;

r~需求率(件/时间单位);

p_0~每件货物的价格(货币单位/件);

p_1~每次订货的固定费用(货币单位);

p_2~每单位时间每件货物的存货费用(货币单位/(件·时间单位));

C~每单位时间的总费用;

C^*~不允许缺货时,每单位时间总费用的最小值.

假设(见图 7.1):

(1) p_0, p_1, p_2 和 r 都是正的常数;

(2) T 和 Q 都是正的连续量;

(3) 在库存量下降到 0 时立即订货,并即时补货,订货量为 $Q=rT$.

根据假设,一个订货周期内的平均库存量等于 $Q/2$,所以库存费用是 $p_2QT/2$.于

是每单位时间的总费用为

$$C = \frac{1}{T}\left(p_0 Q + p_1 + \frac{p_2 QT}{2}\right) = p_0 r + \frac{p_1}{T} + \frac{p_2 rT}{2}$$

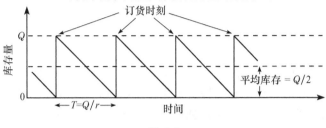

不允许缺货的确定性静态库存模型的库存模式

图 7.1

按照库存模型的建模目的,订货周期 T 的最优值应该由每单位时间的总费用 C 关于 T 的最小值得出. 既然已经假设 T 是连续量,所以可以用微分法求解.

首先,根据定理 7.1.1,C 在 $T = T^*$ 取得极值的必要条件为

$$C'(T^*) = -\frac{p_1}{T^{*2}} + \frac{p_2 r}{2} = 0 \tag{7.1.1}$$

由(7.1.1)式可解得(舍去负值)

$$T^* = \sqrt{\frac{2p_1}{p_2 r}} \tag{7.1.2}$$

而且 T^* 是函数 $C(T)$ 在定义域 $\{T \mid T > 0\}$ 内的唯一驻点.

然后,根据定理 7.1.2,因为对任意的 $T > 0$ 都有 $C''(T) = 2p_1/T^3 > 0$,所以 T^* 是函数 $C(T)$ 的极小值点. 既然函数 $C(T)$ 在定义域内只有 T^* 一个驻点,所以 C 在 $T = T^*$ 取得最小值.

于是不允许缺货的确定性静态库存模型的最优订货策略是最优订货周期为 T^*,而最优订货量为 $Q^* = rT^*$,即

$$Q^* = \sqrt{\frac{2p_1 r}{p_2}} \tag{7.1.3}$$

(7.1.2)式和(7.1.3)式就是 EOQ 公式. 相应地,每单位时间的总费用的最小值为

$$C^* = p_0 r + \sqrt{2p_1 p_2 r} \tag{7.1.4}$$

注 7.1.3 因为假设每件货物的价格 p_0 是与订货量 Q 无关的常数,所以在以上模型的叙述中,可以省略 p_0 和购买费用,但是如果 p_0 与订货量 Q 有关,如分段价格

$$p_0 = \begin{cases} p_{01}, & Q \leqslant q, \\ p_{02}, & Q > q, \end{cases} \quad p_{01} > p_{02}$$

那么在制定最优订货策略的时候就必须考虑每件货物的价格和购买费用.

注 7.1.4   以上模型假设订货时即时补货,实际上,从发出新订单到收到货物之间存在提前时间 $L(L>0)$,相应的订货时间应该修改如下:

(1) 如果 $L<T^*$,则订货时刻要比订货周期结束时刻提前长度为 L 的时间;

(2) 如果 $L>T^*$,则订货时刻要比订货周期结束时刻提前长度为 $L-nT^*$ 的时间,其中 $n=\lfloor L/T^* \rfloor$,即不超过 L/T^* 的最大整数.

3. 允许缺货的确定性静态库存模型

在不允许缺货的确定性静态库存模型的记号基础上,引入如下新记号:

p_3 ~ 每单位时间每件货物的缺货损失费用(货币单位/(件·时间单位));

Q_0 ~ 首次订货量和每个订货周期的库存量最大值(件);

Q_0^{**} ~ 允许缺货时 Q_0 的最优值;

T_1 ~ 每个订货周期库存量从 Q_0 下降到 0 的时间长度(时间单位);

T_1^{**} ~ 允许缺货时 T_1 的最优值;

Q^{**} ~ 允许缺货时的最优订货量;

T^{**} ~ 允许缺货时的最优订货周期;

C^{**} ~ 允许缺货时,每单位时间总费用的最小值.

将不允许缺货时的模型假设修改为(见图 7.2):

(1') p_0、p_1、p_2、p_3 和 r 都是正的常数;

(2') T、T_1、Q 和 Q_0 都是连续量,$0<T_1<T,0<Q_0<Q$;

(3') 允许缺货,在订货之前库存量已下降到 0,订货时补足缺货量,并即时补货,忽略首次订购量 $Q_0<Q$ 给购买费用带来的影响.

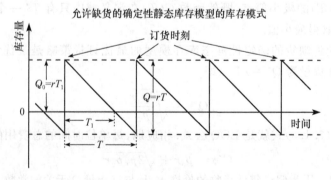

图 7.2

根据假设,首次订货量和每个订货周期的库存量最大值为 $Q_0=rT_1$. 在一个订货周期内,订货量仍为 $Q=rT$. 在一个订货周期内,平均库存量为 $rT_1/2$,库存费用为 $p_2rT_1^2/2$. 在一个订货周期内,平均缺货量为 $r(T-T_1)/2$,缺货损失费用为

$p_3r(T-T_1)^2/2$. 于是每单位时间的总费用为

$$C = \frac{1}{T}\Big[p_0Q + p_1 + \frac{p_2rT_1^2}{2} + \frac{p_3r(T-T_1)^2}{2} \Big]$$

$$= p_0r + \frac{p_3rT}{2} + \frac{p_1}{T} + \frac{(p_2+p_3)rT_1^2}{2T} - p_3rT_1$$

按照库存模型的建模目的,订货周期 T 的最优值应该由每单位时间的总费用 C 关于 T 和 T_1 的最小值得出. 既然已经假设 T 和 T_1 是连续量,所以可以用微分法求解.

首先,根据定理 7.1.3,C 在 $(T,T_1)=(T^{**},T_1^{**})$ 取得极值的必要条件为

$$\begin{cases} \dfrac{\partial C}{\partial T}(T^{**},T_1^{**}) = \dfrac{p_3r}{2} - p_1\Big(\dfrac{1}{T^{**}}\Big)^2 - \dfrac{(p_2+p_3)r}{2}\Big(\dfrac{T_1^{**}}{T^{**}}\Big)^2 = 0 \\ \dfrac{\partial C}{\partial T_1}(T^{**},T_1^{**}) = (p_2+p_3)r\Big(\dfrac{T_1^{**}}{T^{**}}\Big) - p_3r = 0 \end{cases} \tag{7.1.5}$$

由(7.1.5)式的第二个方程可解得

$$\frac{T_1^{**}}{T^{**}} = \frac{p_3}{p_2+p_3} \tag{7.1.6}$$

将(7.1.6)式代入(7.1.5)式的第一个方程,可以解得(舍去负值)

$$T^{**} = \sqrt{\frac{2p_1(p_2+p_3)}{p_2p_3r}} \tag{7.1.7}$$

将(7.1.7)式代入(7.1.6)式,可以解得

$$T_1^{**} = \sqrt{\frac{2p_1p_3}{p_2(p_2+p_3)r}} \tag{7.1.8}$$

而且 (T^{**},T_1^{**}) 是函数 $C(T,T_1)$ 在定义域 $\{(T,T_1)|0<T_1<T\}$ 内的唯一驻点.

然后,根据定理 7.1.4,因为在定义域 $\{(T,T_1)|0<T_1<T\}$ 内都有

$$\frac{\partial^2 C}{\partial T^2} = \frac{1}{T^3}[2p_1 + (p_2+p_3)rT_1^2] > 0$$

且

$$\frac{\partial^2 C}{\partial T^2} \cdot \frac{\partial^2 C}{\partial T_1^2} - \Big(\frac{\partial^2 C}{\partial T\partial T_1}\Big)^2 = \frac{2}{T^4}p_1(p_2+p_3)r > 0$$

所以 (T^{**},T_1^{**}) 是函数 $C(T,T_1)$ 的极小值点. 既然函数 $C(T,T_1)$ 在定义域内只有 (T^{**},T_1^{**}) 一个驻点,所以函数 $C(T,T_1)$ 在 (T^{**},T_1^{**}) 取得最小值.

于是允许缺货的确定性静态库存模型的最优订货策略是最优订货周期为 T^{**},最优首次订货量为 $Q_0^{**} = rT_1^{**}$,即

$$Q_0^{**} = \sqrt{\frac{2p_1p_3r}{p_2(p_2+p_3)}} \tag{7.1.9}$$

首次订货之后,每一个订货周期的最优订货量为 $Q^{**} = rT^{**}$,即

$$Q^{**} = \sqrt{\frac{2p_1(p_2+p_3)r}{p_2p_3}} \tag{7.1.10}$$

相应地,每单位时间的总费用的最小值为

$$C^{**} = p_0r + \sqrt{\frac{2p_1p_2p_3r}{(p_2+p_3)}} \tag{7.1.11}$$

将(7.1.7)~(7.1.11)式与(7.1.2)~(7.1.4)式相比较,可以看出

$$T^{**} = kT^*, \quad Q^{**} = kQ^*, \quad T^* = kT_1^{**},$$
$$Q^* = kQ_0^*, \quad C^* - p_0r = k(C^{**} - p_0r)$$

其中 $k = \sqrt{(p_2+p_3)/p_3} > 1$. 也就是说,允许缺货与不允许缺货的最优订货策略相比,首次订货量减少,订货周期延长,订货量增加,每单位时间的总费用降低. 当 p_3 与 p_2 相差不大时,允许缺货的最优订货策略的经济效益优于不允许缺货的最优订货策略;但是当 p_3 比 p_2 大很多时有 $k \approx 1$,所以二者的最优订货策略以及经济效益是近似相同的. 从数学上看,不允许缺货模型可以看成是允许缺货模型当 $p_3 \to +\infty$ 时的特例.

7.2 线 性 规 划

7.2.1 线性规划简介

1. 基本概念

线性规划(linear programming,LP)就是对满足有限多个线性的等式或不等式约束条件的决策变量的一个线性目标函数求最大值或最小值的最优化问题. 线性规划模型的一般表达式可写成

$$\max(\text{或 } \min)z = c_1x_1 + c_2x_2 + \cdots + c_nx_n$$
$$\text{s. t. } a_{11}x_1 + a_{12}x_2 + \cdots + a_{1n}x_n \leqslant (\text{或 } =, \geqslant)b_1$$
$$a_{21}x_1 + a_{22}x_2 + \cdots + a_{2n}x_n \leqslant (\text{或 } =, \geqslant)b_2 \tag{7.2.1}$$
$$\cdots\cdots$$
$$a_{m1}x_1 + a_{m2}x_2 + \cdots + a_{mn}x_n \leqslant (\text{或 } =, \geqslant)b_m$$
$$x_j \geqslant 0, \quad j = 1, 2, \cdots, n$$

未知数 x_j 称为决策变量. 目标函数经常记为 z 或 w,称为目标变量. 目标函数的变量系数 c_j 称为价值系数. 约束条件的变量系数 a_{ij} 称为工艺系数. 约束条件右端的常数 b_i 称为资源限量. 约束条件前的记号"s. t."是"subject to"的缩写,意即"受约束于". 决策变量的上下界约束是线性规划模型的一类特殊的线性不等式约束条

件,在实践中,一般 $x_j \geqslant 0$,但有时 $x_j \leqslant 0$ 或 x_j 无符号限制.在理论上和计算上,决策变量的上下界约束一般要单列.

满足约束条件的决策变量就是可行解(feasible solution),可行解的集合称为可行域(feasible region).使目标函数达到最大值(或最小值)的可行解称为最优解(optimal solution),相应的目标函数值就是最优值(optimal value).

没有可行解的线性规划模型称为不可行(infeasible).不可行的线性规划模型没有最优解.

如果最大(小)化线性规划模型的目标函数可以在可行域取得任意大(小)的值,则称为无界(unbounded).无界的线性规划模型也没有最优解.

由于严格不等式约束有可能导致线性规划模型虽然具有非空的可行域,但是目标函数却不存在最大(小)值(例如 $\max z = x$, s. t. $x < 1$),所以不考虑严格不等式约束.

2. 线性规划的算法

1947 年,美国空军的数学家 G. D. Dantzig 发明了求解线性规划问题的单纯形算法(simplex algorithm).在随后的几十年里,单纯形法经过不断的改进,在实际应用中取得巨大的成功.单纯形算法是一种迭代算法.当线性规划的可行域非空并且最优解存在时,在几何上,线性规划的最优值可以在凸多面体的某个顶点处取得.单纯形法的基本思想就是从凸多面体的某个顶点出发,移动到使目标函数有所改进的相邻顶点,迭代下去,直至到达最优的顶点;在代数上,线性规划的最优值可以在可行域的基可行解(对应于凸多面体的顶点)处取得,单纯形法的基本思想就是从一个基可行解出发,求出使目标函数有所改进的相邻的基可行解,迭代下去,直至求得最优的基可行解.

虽然在实际应用中单纯形算法可以很好的解决大规模线性规划问题,但是在理论上单纯形算法的计算复杂性还不够理想,它是指数时间算法,即找到最优解的迭代次数是 $O(2^n)$,其中 n 为决策变量的个数.科学家希望能设计出求解线性规划问题的多项式时间算法,特别是希望能从初始可行解出发,穿越可行域的内部到达最优解.1984 年,美国贝尔实验室的 N. K. Karmarkar 提出"投影尺度算法",通过切割可行域内部求得线性规划问题的最优解,并且是多项式时间算法.Karmarkar 的成果激起了科学家研究求解线性规划问题的内点算法的热潮,迄今已经发展出多种内点算法.对于大规模线性规划问题,内点算法比单纯形算法具有更高的计算效率.

3. 灵敏度分析

在线性规划模型(7.2.1)中,可以考虑以下的灵敏度分析问题:

（1）价值系数 c_j 的变化对最优解的影响.事实上,价值系数能够在一定的范围内变化而不引起最优解的改变(但最优值会变化).

（2）资源限量 b_i 的变化对影子价格的影响.仅让某一个 b_i 变化,记 b_i 的增量为 Δb_i（即新的 $b_i' = b_i + \Delta b_i$,注意 Δb_i 可正可负）,记最大（小）值问题的最优值相应的增（减）量为 Δz（即对于最大值问题,新的 $z' = z + \Delta z$;对于最小值问题,新的 $z' = z - \Delta z$）,则 b_i 能够在一定的范围内变化而不引起比值 $\Delta z/\Delta b_i$ 的改变.比值 $\Delta z/\Delta b_i$ 称为第 i 个约束条件的影子价格(shadow price)或对偶价格(dual price).

7.2.2　线性规划的 MATLAB 实现

MATLAB 优化工具箱函数 linprog 用于求解以下形式的线性规划模型:

$$
\begin{aligned}
\min \quad & z = \boldsymbol{c}^{\mathrm{T}}\boldsymbol{x}, \\
\text{s.\,t.} \quad & \boldsymbol{A} \cdot \boldsymbol{x} \leqslant \boldsymbol{b} \\
& \mathbf{Aeq} \cdot \boldsymbol{x} = \mathbf{beq} \\
& \mathbf{lb} \leqslant \boldsymbol{x} \leqslant \mathbf{ub}
\end{aligned}
\tag{7.2.2}
$$

其中 $\boldsymbol{A}$ 和 $\mathbf{Aeq}$ 是矩阵,$\boldsymbol{x}$、$\boldsymbol{c}$、$\boldsymbol{b}$、$\mathbf{beq}$、$\mathbf{lb}$ 和 $\mathbf{ub}$ 是列向量(但 MATLAB 允许用行向量).

函数 linprog 的语法格式:

（1）[x,z]=linprog(c,A,b,Aeq,beq,lb,ub)

输入项 c、A、b、Aeq、beq、lb 和 ub 分别是(7.2.2)式当中的向量或矩阵 $\boldsymbol{c}$、$\boldsymbol{A}$、$\boldsymbol{b}$、$\mathbf{Aeq}$、$\mathbf{beq}$、$\mathbf{lb}$ 和 $\mathbf{ub}$;输出项 x 和 z 分别是最优解和最优值.

（2）[x,z,exitflag]=linprog(c,A,b,Aeq,beq,lb,ub)

第三输出项 exitflag 返回一个整数,描述 linprog 结束的原因:

　1　　目标函数在 x 收敛;

　0　　迭代次数超出 options. MaxIter;

－2　　问题没有可行解;

－3　　问题的可行域是无界的,没有最小值;

－4　　在算法执行过程中遭遇特殊值 NaN;

－5　　原问题和对偶问题都是不可行的;

－7　　搜索方向太小,不能计算下去.

（3）[x,z,exitflag,output]=linprog(c,A,b,Aeq,beq,lb,ub)

第四输出项 output 返回一个包含优化信息的结构数组(略).

（4）[x,z,exitflag,output,lambda]=linprog(c,A,b,Aeq,beq,lb,ub)

第五输出项 lambda 是一个结构数组,包含在最优解 x 处的不同约束类型的拉格朗日乘子(即影子价格)的信息,lambda 具有以下四个域:

　　lower　决策变量的下界限制 lb 对应的拉格朗日乘子列向量；

　　upper　决策变量的上界限制 ub 对应的拉格朗日乘子列向量；

　　ineqlin　不等式约束对应的拉格朗日乘子列向量；

　　eqlin　等式约束对应的拉格朗日乘子列向量.

当某个约束对应的拉格朗日乘子等于 0,就说明该约束是无效约束,也就是该约束在最优解 x 处不等号严格成立；

当某个约束对应的拉格朗日乘子不等于 0,就说明该约束是有效约束,也就是该约束在最优解 x 处等号严格成立.

注 7.2.1　linprog 默认的算法是内点算法,也可以改用单纯形算法,详情请查阅 MATLAB 帮助文档.

注 7.2.2　linprog 所求解的线性规划问题(7.2.2)的上下界约束 **lb**≤x≤**ub** 即

$$l_j \leqslant x_j \leqslant u_j, \quad j = 1, 2, \cdots, n$$

其中

$$\mathbf{lb} = (l_1, l_2, \cdots, l_n)^{\mathrm{T}}, \quad \mathbf{ub} = (u_1, u_2, \cdots, u_n)^{\mathrm{T}}$$

如果全体决策变量都具有非负约束,则 lb=zeros(n,1),ub=[ ](或缺省). 也可以将上下界约束转化为小于或等于类型约束,这样做不影响计算结果.

注 7.2.3　无论是输入项还是输出项,从右往左连续缺省的若干项是可以省略的,例如:[x,z]=linprog(c,A,b,Aeq,beq,lb);输入项的缺省项可以用[ ]表示,例如没有等式约束:[x,z]=linprog(c,A,b,[ ],[ ],lb);输出项不能从中间缺省.

注 7.2.4　一般的线性规划问题很容易转化为形如(7.2.2)式的线性规划问题:

(1) 目标函数乘以 -1,可使最大值问题转化成最小值问题,最优解相同,最优值互为相反数；

(2) 大于或等于类型的约束乘以 -1,就转换成小于或等于类型约束.

7.2.3　二维变量的线性规划模型

1. 问题提出[17]

涂料公司用 M1 和 M2 两种原料生产内、外墙涂料,M1 和 M2 的日最大可用量分别为 24 吨和 6 吨,每吨外墙涂料利润为 5 千元,需要用 6 吨 M1 和 1 吨 M2,每吨内墙涂料利润为 4 千元,需要用 4 吨 M1 和 2 吨 M2.根据市场调查,内墙涂料的日需求量不超过外墙涂料的日需求量加上 1 吨,同时,内墙涂料的最大日需求量是 2 吨.公司打算确定最优的产品组合,使得日总利润达到最大.

2. 问题分析

线性规划模型由三个基本部分组成:

(1) 决策变量;

(2) 目标函数(决策变量的一个线性函数,求最大或最小);

(3) 约束条件(包括决策变量需要满足的线性不等式、线性等式以及上下界限制).

本题需要确定内、外墙涂料的日产量,所以决策变量可定义为

$$x_1 = \text{外墙涂料的日产量}, \quad x_2 = \text{内墙涂料的日产量}$$

公司打算最大化两种涂料的日总利润. 已知每吨内、外墙涂料的利润为 4 千元和 5 千元,所以两种涂料的日总利润为 $z = 5x_1 + 4x_2$,公司的目标为求 z 的最大值:

$$\max z = 5x_1 + 4x_2$$

原料 M1 的日可用量限制为 $6x_1 + 4x_2 \leqslant 24$;

原料 M2 的日可用量限制为 $x_1 + 2x_2 \leqslant 6$;

根据市场调查,内墙涂料的日需求量不超过外墙涂料的日需求量加上 1 吨,即 $x_2 \leqslant x_1 + 1$;

同时,内墙涂料的最大日需求量是 2 吨,即 $x_2 \leqslant 2$;

题目隐含决策变量的非负限制,即 $x_1 \geqslant 0, x_2 \geqslant 0$.

3. 图解法

根据题意,可以建立线性规划模型

$$
\begin{aligned}
\max \quad & z = 5x_1 + 4x_2 \\
\text{s.t.} \quad & 6x_1 + 4x_2 \leqslant 24 \\
& x_1 + 2x_2 \leqslant 6 \\
& -x_1 + x_2 \leqslant 1 \\
& x_2 \leqslant 2 \\
& x_1, x_2 \geqslant 0
\end{aligned}
\tag{7.2.3}
$$

1) 最优解和最优值

如图 7.3 所示,线性规划模型(7.2.3)的可行域包括六边形 $ABCDEF$ 的边界和内部,是一个有界的凸集,点 A、B、C、D、E 和 F 都是由可行域的两条相邻边界相交而得的角点,称为极点(extreme point).

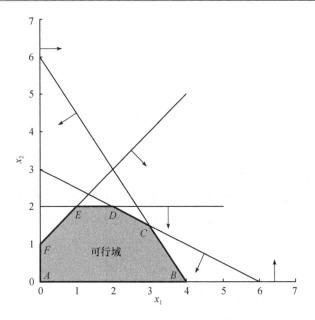

图 7.3　例 7.2.1 的线性规划模型的可行域

如图 7.4 所示,向量 $(5,4)$ 是目标函数 $z=5x_1+4x_2$ 的梯度向量,指向 z 增加得最快的方向,并且垂直于直线族 $z=5x_1+4x_2$ 的任一条直线;最优解在点 $C(3,1.5)$,相应的目标函数最大值为 $z=21$;再进一步增加 z 的值,直线 $z=5x_1+4x_2$ 的任意点都在可行域之外.

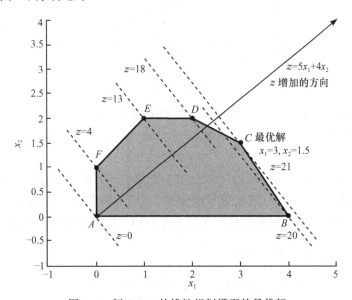

图 7.4　例 7.2.1 的线性规划模型的最优解

2) 价值系数的灵敏度分析

将线性规划模型(7.2.3)的目标函数改写成

$$\max z = c_1 x_1 + c_2 x_2$$

根据问题的实际意义,价值系数 c_1 和 c_2 都是正数. c_1 和 c_2 能够在一定范围内变化而不引起最优解的改变.

如图 7.5 所示, c_1 和 c_2 的变化将改变目标函数直线的斜率,想象目标函数直线以点 C 为轴向顺时针或逆时针方向旋转,只要它位于直线 $6x_1 + 4x_2 = 24$ 和 $x_1 + 2x_2 = 6$ 之间,最优解就保持在点 C(但是最优值会有所改变,例如:当 $c_1 = 5$、$c_2 = 4$ 的时候,最优值 $z = 21$;当 $c_1 = 4$、$c_2 = 5$ 的时候,最优值 $z = 19.5$).

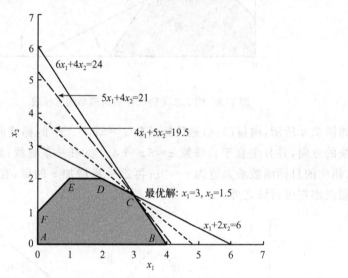

图 7.5   例 7.2.1 的价值系数的灵敏度分析

因为不引起最优解改变的目标函数直线必须位于直线 $6x_1 + 4x_2 = 24$ 和 $x_1 + 2x_2 = 6$ 之间,所以它们的斜率必须满足 $-3/2 \leqslant -c_1/c_2 \leqslant -1/2$,即

$$1/2 \leqslant c_1/c_2 \leqslant 3/2 \tag{7.2.4}$$

如果 $c_1 = 5$ 保持不变,则 $10/3 \leqslant c_2 \leqslant 10$;如果 $c_2 = 4$ 保持不变,则 $2 \leqslant c_1 \leqslant 6$.

注 7.2.5   当(7.2.4)式的等号成立时,目标函数直线与直线 $6x_1 + 4x_2 = 24$ 或 $x_1 + 2x_2 = 6$ 重合,此时最优解有无穷多个,点 $C(3, 1.5)$ 仍是其中之一.

3) 资源限量的灵敏度分析

将线性规划模型(7.2.3)的第一个不等式约束改写成

$$6x_1 + 4x_2 \leqslant b_1$$

只允许 b_1 变化,而模型的其他系数都保持不变. b_1 的变化会引起可行域的变化,从而导致最优解和最优值的变化,但是 b_1 能够在一定范围内变化而不引起影子价格 $\Delta z/\Delta b_1$ 的变化.

如图 7.6 所示,起初,$b_1=24$,最优解为 $x_1=3,x_2=1.5$,最优值为 $z=21$. 如果 b_1 增大,直线 $6x_1+4x_2=b_1$ 就向右平移;如果 b_1 减小,直线 $6x_1+4x_2=b_1$ 就向左平移. 当 $20\leqslant b_1\leqslant 36$ 时,最优解为直线 $6x_1+4x_2=b_1$ 与 $x_1+2x_2=6$ 的交点,并随着 b_1 的变化而沿着直线 $x_1+2x_2=6$ 移动. 所以最优解 (x_1,x_2) 和最优值 z 应该满足方程组

$$\begin{cases} 6x_1+4x_2=b_1 \\ x_1+2x_2=6 \\ 5x_1+4x_2=z \end{cases}$$

容易解得

$$x_1=\frac{1}{4}b_1-3, \quad x_2=-\frac{1}{8}b_1+\frac{9}{2}, \quad z=\frac{3}{4}b_1+3$$

记 b_1 的增量为 Δb_1(即新的 $b_1'=b_1+\Delta b_1$,注意 Δb_1 可正可负),相应的最优值的增量为 Δz(即新的 $z'=z+\Delta z$),则当 $20\leqslant b_1\leqslant 36$ 时,影子价格 $\Delta z/\Delta b_1=3/4$,保持不变.

将线性规划模型(7.2.3)的第二个不等式约束改写成 $x_1+2x_2\leqslant b_2$,只允许 b_2 变化,而模型的其他系数都保持不变. 如图 7.6 所示,类似的讨论可以得出结论:当 $4\leqslant b_2\leqslant 6\frac{2}{3}$ 时,影子价格 $\Delta z/\Delta b_2=1/2$,并保持不变.

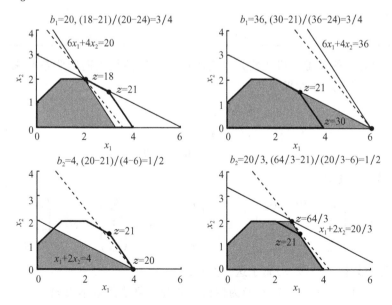

图 7.6 例 7.2.1 的资源限量的灵敏度分析

第三个和第四个不等式约束都是无效约束,影子价格都是 0,请读者求出这两个约束条件的右端常数使影子价格保持不变的变化范围.

注 7.2.6 $b_1 = 20$ 和 $b_1 = 36$ 都是影子价格 $\Delta z/\Delta b_1$ 变化的临界点. 当 $b_1 = 20$ 时,如果 $\Delta b_1 > 0$,则最优解在直线 $x_1 + 2x_2 = 6$ 上,所以 $\Delta z/\Delta b_1 = 3/4$;但如果 $\Delta b_1 < 0$,则最优解在直线 $x_2 = 2$ 上,以至于 $\Delta z/\Delta b_1 = 5/6$. 当 $b_1 = 36$ 时,如果 $\Delta b_1 < 0$,则最优解在直线 $x_1 + 2x_2 = 6$ 上,所以 $\Delta z/\Delta b_1 = 3/4$;但如果 $\Delta b_1 > 0$,则最优解都是点 $(6,0)$,最优值都是 $z = 30$,以至于 $\Delta z/\Delta b_1 = 0$.

4. 单纯形算法

如果线性规划问题存在最优解,则最优解一定能在可行域的极点取得,而可行域的极点的数量是有限的,所以最优解能通过枚举法求得. 例 7.2.1 的线性规划模型用枚举法求最优解的具体过程如表 7.1 所示. 枚举法表明,求解线性规划问题时,包含无穷多个可行解的可行域可以由有希望成为最优解的有限多个极点来代替. 但是枚举法的计算效率太低,不适合求解大规模的线性规划问题.

表 7.1 枚举所有极点求最优解

极 点	决策变量 (x_1, x_2)	目标函数 $z = 5x_1 + 4x_2$ 的值
A	$(0,0)$	0
B	$(4,0)$	20
C	$(3,1.5)$(最优解)	21(最优值)
D	$(2,2)$	18
E	$(1,2)$	13
F	$(0,1)$	4

单纯形算法的关键是将线性方程组的解法和线性规划问题联系起来. 为了简化讨论,下面仅考虑线性规划问题

$$
\begin{aligned}
\max \quad & z = c^{\mathrm{T}} x \\
\text{s. t.} \quad & Ax \leqslant b \\
& x \geqslant 0, b \geqslant 0
\end{aligned}
\tag{7.2.5}
$$

的单纯形算法,其中

$$
A = \begin{pmatrix} a_{11} & \cdots & a_{1n} \\ \vdots & & \vdots \\ a_{m1} & \cdots & a_{mn} \end{pmatrix}, \quad x = \begin{pmatrix} x_1 \\ \vdots \\ x_n \end{pmatrix}, \quad b = \begin{pmatrix} b_1 \\ \vdots \\ b_m \end{pmatrix}, \quad c = \begin{pmatrix} c_1 \\ \vdots \\ c_n \end{pmatrix}
$$

显然,线性规划模型(7.2.3)属于这一类型.

首先以线性规划模型(7.2.3)为例说明单纯形算法的基本思想.

引入松弛变量 x_3, x_4, x_5 和 x_6,将线性规划模型(7.2.3)转化成具有等式约束

和非负约束的线性规划问题

$$\max \quad z = 5x_1 + 4x_2$$

$$\text{s. t.} \quad 6x_1 + 4x_2 + x_3 \qquad\qquad\quad = 24$$

$$x_1 + 2x_2 \qquad + x_4 \qquad\qquad = 6 \qquad\qquad (7.2.6)$$

$$-x_1 + x_2 \qquad\qquad + x_5 \qquad = 1$$

$$x_2 \qquad\qquad\qquad + x_6 = 2$$

$$x_j \geqslant 0, j = 1, 2, \cdots, 6$$

线性规划问题(7.2.6)的等式约束是具有六个变量、四个方程的线性方程组

$$\begin{cases} 6x_1 + 4x_2 + x_3 \qquad\qquad\qquad = 24 \\ x_1 + 2x_2 \qquad + x_4 \qquad\qquad = 6 \\ -x_1 + x_2 \qquad\qquad + x_5 \qquad = 1 \\ x_2 \qquad\qquad\qquad + x_6 = 2 \end{cases} \qquad (7.2.7)$$

方程组(7.2.7)的系数矩阵中含有单位矩阵,x_3, x_4, x_5, x_6 的系数对应于单位矩阵的列向量,所以 x_3, x_4, x_5 和 x_6 为基变量,而 x_1 和 x_2 为非基变量. 令非基变量 $x_1 = x_2 = 0$,则所有基变量等于相应方程的右端常数,这样就得到一组解

$$x_1 = 0, \quad x_2 = 0, \quad x_3 = 24, \quad x_4 = 6, \quad x_5 = 1, \quad x_6 = 2$$

这组解既是线性方程组(7.2.7)的一个基本解,同时又是线性规划问题(7.2.6)的一个可行解,故称为基可行解. 这组基可行解对应于线性规划模型(7.2.3)的极点 $A(0,0)$. 将线性规划问题(7.2.6)的目标函数也改写成方程

$$z - 5x_1 - 4x_2 = 0 \qquad\qquad (7.2.8)$$

将 $x_1 = x_2 = 0$ 代入(7.2.8)式,得出目标函数值 $z = 0$,由于在(7.2.8)式中非基变量 x_1 和 x_2 的系数都是负数,所以 x_1 或 x_2 的值由 0 变成正数都会使得 z 的值增加,所以可以判断出尚未达到最优解.

可以通过适当变换,选择某一个非基变量进入基(这个变量称为进基变量),并选择某一个基变量退出基(这个变量称为离基变量),从而得出另一个基可行解.

因为在(7.2.8)式中 x_1 的系数 -5 比 x_2 的系数 -4 更小,当 x_1 增加 1 个数量单位时 z 的增量比当 x_2 增加 1 个数量单位时 z 的增量更大,所以选择 x_1 进入基.

在选择 x_1 进入基的同时,如果选择 x_3 退出基,则令非基变量 $x_2 = x_3 = 0$,由线性方程组(7.2.7)的第一个方程,得 $x_1 = 24/6 = 4$,这时,$(x_1, x_2) = (4, 0)$ 是线性规划模型(7.2.3)的可行解,即极点 $B(4, 0)$;如果选择 x_4 退出基,则令非基变量 $x_2 = x_4 = 0$,由线性方程组(7.2.7)的第二个方程,得 $x_1 = 6$,但是 $(x_1, x_2) = (6, 0)$ 不是线性规划模型(7.2.3)的可行解;如果选择 x_5 退出基,则令非基变量 $x_2 = x_5 = 0$,由线性方程组(7.2.7)的第三个方程,得 $x_1 = -1$,违反决策变量的非负约

束(注意第三个方程的右端常数为正数,而且进基变量 x_1 的系数为负数,二者共同作用才导致如果选择 x_5 退出基,就会违反决策变量的非负约束);如果选择 x_6 退出基,则令非基变量 $x_2 = x_6 = 0$,导致线性方程组(7.2.7)的第四个方程成为矛盾方程(这显然与第四个方程的进基变量 x_1 的系数等于 0 有关).

选定 x_1 进入基,x_3 退出基,用高斯消去法,将线性方程组(7.2.7)转化成等价的方程组

$$\begin{cases} x_1 + \dfrac{2}{3}x_2 + \dfrac{1}{6}x_3 & = 4 \\[2mm] \dfrac{4}{3}x_2 - \dfrac{1}{6}x_3 + x_4 & = 2 \\[2mm] \dfrac{5}{3}x_2 + \dfrac{1}{6}x_3 \quad\ + x_5 & = 5 \\[2mm] x_2 \qquad\qquad\quad + x_6 & = 2 \end{cases} \tag{7.2.9}$$

使得新的基变量 x_1, x_4, x_5 和 x_6 的系数对应于系数矩阵中包含的单位矩阵的列向量.令非基变量 $x_2 = x_3 = 0$,得出基可行解

$$x_1 = 4, \quad x_2 = 0, \quad x_3 = 0, \quad x_4 = 2, \quad x_5 = 5, \quad x_6 = 2$$

这组基可行解对应于线性规划模型(7.2.3)的极点 $B(4, 0)$.同时,用高斯消去法,也将目标函数方程(7.2.8)转化为等价的方程式

$$z - \frac{2}{3}x_2 + \frac{5}{6}x_3 = 20 \tag{7.2.10}$$

并将 $x_2 = x_3 = 0$ 代入,得出 $z = 20$.

由于(7.2.10)式的非基变量 x_2 的系数仍为负数,所以尚未达到最优解,并且选择 x_2 作为进基变量.在方程组(7.2.9)当中,x_2 的系数全部为正数,每一个方程的右端常数与 x_2 的系数的比值依次为 6,3/2,3 和 2,选择比值最小的第二个方程对应的基变量 x_4 作为离基变量.继续用高斯消去法,将线性方程组(7.2.9)转化成等价的方程组

$$\begin{cases} x_1 \quad\ + \dfrac{1}{4}x_3 - \dfrac{1}{2}x_4 & = 3 \\[2mm] x_2 - \dfrac{1}{8}x_3 + \dfrac{3}{4}x_4 & = \dfrac{3}{2} \\[2mm] \dfrac{3}{8}x_3 - \dfrac{5}{4}x_4 + x_5 & = \dfrac{5}{2} \\[2mm] \dfrac{1}{8}x_3 - \dfrac{3}{4}x_4 \quad\ + x_6 & = \dfrac{1}{2} \end{cases} \tag{7.2.11}$$

使得新的基变量 x_1, x_2, x_5 和 x_6 的系数对应于系数矩阵中包含的单位矩阵的列向

量.令非基变量 $x_3 = x_4 = 0$,得出基可行解

$$x_1 = 3, \quad x_2 = 1.5, \quad x_3 = 0, \quad x_4 = 0, \quad x_5 = 1, \quad x_6 = 0.5$$

这组基可行解对应于线性规划模型(7.2.3)的极点 $C(3, 1.5)$.同时,用高斯消去法,也将目标函数方程式(7.2.10)转化为等价的方程式

$$z + \frac{3}{4}x_3 + \frac{1}{2}x_4 = 21 \tag{7.2.12}$$

并将 $x_3 = x_4 = 0$ 代入,得出 $z = 21$.由于(7.2.12)式中非基变量 x_3 和 x_4 的系数都是非负的,所以已经达到最优解,计算停止.

使用单纯形表,能够使得单纯形算法的整个计算过程既清楚又方便.线性规划问题(7.2.6)可以用如表 7.2 所示的初始单纯形表记录.单纯形表由基变量行和 z 行构成,记录变量系数和右端常数.注意 z 行记录目标函数方程式,决策变量系数的符号与目标函数恰好相反,右端常数恰好是目标函数值.

选定进基变量和离基变量之后,单纯形表中离基变量所在的行称为枢行,进基变量所在的列称为枢列,枢行和枢列的交叉位置上的元素称为枢元素.表 7.2 的枢元素就是离基变量 x_3 所在的行与进基变量 x_1 所在的列交叉位置上的 6.

对单纯形表 7.2 进行以下步骤,实现高斯消去法,并变换成单纯形表 7.3:

第 1 步 将枢行除以枢元素,得出新的基变量 x_1 的行,即

$$新的\ x_1\ 行 = (6, 4, 1, 0, 0, 0, 24) \div 6 = \left(1, \frac{2}{3}, \frac{1}{6}, 0, 0, 0, 4\right)$$

第 2 步 对除枢行以外的每一行分别做如下行变换,用各行的枢列元素的相反数乘以新的 x_1 行,然后加到该行去,得到新的行,即

$$新的\ x_4\ 行 = (1, 2, 0, 1, 0, 0, 6) + \left(1, \frac{2}{3}, \frac{1}{6}, 0, 0, 0, 4\right) \times (-1)$$

$$= \left(0, \frac{4}{3}, -\frac{1}{6}, 1, 0, 0, 2\right)$$

$$新的\ x_5\ 行 = (-1, 1, 0, 0, 1, 0, 1) + \left(1, \frac{2}{3}, \frac{1}{6}, 0, 0, 0, 4\right) \times 1$$

$$= \left(0, \frac{5}{3}, \frac{1}{6}, 0, 1, 0, 5\right)$$

$$新的\ x_6\ 行 = (0, 1, 0, 0, 0, 1, 2) + \left(1, \frac{2}{3}, \frac{1}{6}, 0, 0, 0, 4\right) \times 0 = (0, 1, 0, 0, 0, 1, 2)$$

$$新的\ z\ 行 = (-5, -4, 0, 0, 0, 0, 0) + \left(1, \frac{2}{3}, \frac{1}{6}, 0, 0, 0, 4\right) \times 5$$

$$= \left(0, -\frac{2}{3}, \frac{5}{6}, 0, 0, 0, 20\right)$$

然后,对单纯形表 7.3 进行类似步骤,实现高斯消去法,并变换成单纯形表

7.4,达到最优解,计算终止.

表 7.2　初始单纯形表

基变量	x_1	x_2	x_3	x_4	x_5	x_6	b
x_3	6	4	1	0	0	0	24
x_4	1	2	0	1	0	0	6
x_5	-1	1	0	0	1	0	1
x_6	0	1	0	0	0	1	2
z	-5	-4	0	0	0	0	0

表 7.3　第一步迭代得到的单纯形表

基变量	x_1	x_2	x_3	x_4	x_5	x_6	b
x_1	1	$\frac{2}{3}$	$\frac{1}{6}$	0	0	0	4
x_4	0	$\frac{4}{3}$	$-\frac{1}{6}$	1	0	0	2
x_5	0	$\frac{5}{3}$	$\frac{1}{6}$	0	1	0	5
x_6	0	1	0	0	0	1	2
z	0	$-\frac{2}{3}$	$\frac{5}{6}$	0	0	0	20

表 7.4　第二步迭代得到的最优单纯形表

基变量	x_1	x_2	x_3	x_4	x_5	x_6	b
x_1	1	0	$\frac{1}{4}$	$-\frac{1}{2}$	0	0	3
x_2	0	1	$-\frac{1}{8}$	$\frac{3}{4}$	0	0	$\frac{3}{2}$
x_5	0	0	$\frac{3}{8}$	$-\frac{5}{4}$	1	0	$\frac{5}{2}$
x_6	0	0	$\frac{1}{8}$	$-\frac{3}{4}$	0	1	$\frac{1}{2}$
z	0	0	$\frac{3}{4}$	$\frac{1}{2}$	0	0	21

表 7.5　单纯形表

基变量	x_1	$\cdots$	x_n	x_{n+1}	$\cdots$	x_{n+m}	b
x_{B_1}	$a_{1,1}$	$\cdots$	$a_{1,n}$	$a_{1,n+1}$	$\cdots$	$a_{1,n+m}$	b_1
$\vdots$	$\vdots$		$\vdots$	$\vdots$		$\vdots$	$\vdots$
x_{B_m}	$a_{m,1}$	$\cdots$	$a_{m,n}$	$a_{m,n+1}$	$\cdots$	$a_{m,n+m}$	b_m
z	r_1	$\cdots$	r_n	r_{n+1}	$\cdots$	r_{n+m}	v

一般地,对于线性规划问题(7.2.5),可以按以下的步骤进行单纯形法的计算:

第1步 引入松弛变量 $\tilde{x} = (x_{n+1}, \cdots, x_{n+m})^{\mathrm{T}}$,将线性规划问题(7.2.5)转化成具有等式约束和非负约束的线性规划问题

$$
\begin{aligned}
\max \quad & z = c^{\mathrm{T}}x \\
\text{s. t.} \quad & Ax + I\tilde{x} = b \\
& x, \tilde{x}, b \geqslant 0
\end{aligned}
\tag{7.2.13}
$$

并产生如表7.5所示的单纯形表,然后执行第2步.在初始单纯形表中,有

$$
x_{B_i} = x_{n+i}, \quad i = 1, \cdots, m
$$
$$
a_{i,n+k} = \delta_{ik}, \quad i, k = 1, \cdots, m
$$
$$
r_j = -c_j \ (j = 1, \cdots, n), \quad r_{n+i} = 0 \ (i = 1, \cdots, m), \quad v = 0
$$

第2步 检查最优性条件.如果所有 $r_j \geqslant 0 (j = 1, \cdots, n+m)$,则已经达到最优解,计算终止;否则,根据

$$
\min\{r_t : r_t < 0 \ (t = 1, \cdots, n+m)\}
$$

选择枢列 t(如果有多个可任选其一),确定对应的变量 x_t 为进基变量,然后执行第3步.

第3步 检查可行性条件.如果所有 $a_{i,t} \leqslant 0 (i = 1, \cdots, m)$,则该线性规划问题没有可行解,计算终止;否则,根据

$$
\min\{b_s / a_{s,t} : a_{s,t} > 0 (s = 1, \cdots, m)\}
$$

选择枢行 s(如果有多个可任选其一),确定对应的变量 x_{B_s} 为离基变量,然后执行第4步.

第4步 以 $a_{s,t}$ 为枢元素变换单纯形表,然后返回第2步.变换单纯形表的详细步骤为:

(1) 新的基变量 $x_{B_s} = x_t$,新 x_{B_s} 行 = 旧 x_{B_s} 行 ÷ 枢元素;

(2) 新 x_{B_i} 行 = 旧 x_{B_i} 行 - 新 x_{B_s} 行 × 旧枢列元素 $a_{i,t} (i = 1, \cdots, m$ 但 $i \neq s)$;

(3) 新 z 行 = 旧 z 行 - 新 x_{B_s} 行 × 旧枢列元素 r_t.

根据以上算法可以写成函数 M 文件 mysimplex. m,输入(7.2.5)式的矩阵或向量 A, b, c,返回最优单纯形表.

```
function M=mysimplex(A,b,c)
[m,n]=size(A);c=-c(:).';b=b(:);
M=[[A,eye(m),b];[c,zeros(1,m+1)]];
iter=0;
maxiter=factorial(n+m)/factorial(m)/factorial(n);
while iter<=maxiter   %设立迭代最多次数,防止死循环
```

%检查最优性条件

```
    t=0;a=0;
    for j=1:n+m
        if M(end,j)<a
            a=M(end,j);t=j;
        end
    end
    if t==0
        break    %已达到最优解
    end
```

%检查可行性条件

```
    s=0;b=inf;
    for i=1:m
        if M(i,t)>0
            c=M(i,end)./M(i,t);
            if c>=0 && c<b
                b=c;s=i;
            end
        end
    end
    if s==0
        break    %没有可行解
    end
```

%变换单纯形表

```
    M(s,:)=M(s,:)./M(s,t);
    for i=1:m+1
        if i~=s
            M(i,:)=M(i,:)-M(i,t).* M(s,:);
        end
    end
    iter=iter+1;
end
```

执行以下命令,求解线性规划模型(7.2.3):

A=mysimplex([6,4;1,2;-1,1;0,1],[24,6,1,2],[5,4])

命令窗口显示的计算结果为(数字显示格式设为 rat):

A=

1	0	1/4	-1/2	0	0	3
0	1	-1/8	3/4	0	0	3/2
0	0	3/8	-5/4	1	0	5/2
0	0	1/8	-3/4	0	1	1/2
0	0	3/4	1/2	0	0	21

7.2.4 投资组合优化问题

1. 问题提出

市场上有 n 种资产(如股票、债券……) $S_i(i=1,2,\cdots,n)$ 供投资者选择,某公司有一笔相当大的资金可用作一个时期的投资.公司财务分析人员对这 n 种资产进行了评估,估算出在这一时期内购买 S_i 的平均收益率为 r_i,并预测出购买 S_i 的风险损失率为 q_i.考虑到投资越分散,总的风险越小,公司确定:当用这笔资金购买若干种资产时,总体风险可用所投资的 S_i 中最大的一个风险来度量.购买 S_i 要付交易费,费率为 p_i.另外,假定同期银行存款利率是 $r_0=5\%$,且既无交易费又无风险.

(1) 已知 $n=4$ 时的相关数据(见表 7.6),试给该公司设计一种投资组合方案,即用给定的资金,有选择的购买若干种资产或存银行生息,使净收益尽可能大,而总体风险尽可能小.

(2) 试就一般情况对以上问题进行讨论,并利用以下表 7.7 的数据进行计算.

表 7.6 $n=4$ 时的相关数据

S_i	$r_i/\%$	$q_i/\%$	$p_i/\%$
S_1	28	2.5	1
S_2	21	1.5	2
S_3	23	5.5	4.5
S_4	25	2.6	6.5

表 7.7 另一批资产的相关数据

S_i	$r_i/\%$	$q_i/\%$	$p_i/\%$
S_1	9.6	42	2.1
S_2	18.5	54	3.2
S_3	49.4	60	6.0
S_4	23.9	42	1.5
S_5	8.1	1.2	7.6

续表

S_i	$r_i/\%$	$q_i/\%$	$p_i/\%$
S_6	14	39	3.4
S_7	40.7	68	5.6
S_8	31.2	33.4	3.1
S_9	33.6	53.3	2.7
S_{10}	36.8	40	2.9
S_{11}	11.8	31	5.1
S_{12}	9	5.5	5.7
S_{13}	35	46	2.7
S_{14}	9.4	5.3	4.5
S_{15}	15	23	7.6

注 7.2.7　本问题由 1998 年全国大学生数学建模竞赛 A 题"投资的收益和风险"改编,原题的命题人为浙江大学的陈叔平,请读者检索并阅读参考文献[19].

2. 模型建立

由题意,假设 r_i、q_i 和 p_i 均严格大于 $0(i=1,2,\cdots,n)$.

由题意,记 x_i 为购买资产 S_i 所用的资金占总资金的比例$(i=1,2,\cdots,n)$,x_0 为存银行的资金占总资金的比例,即投资组合 $\boldsymbol{x}=(x_0,x_1,\cdots,x_n)$ 要满足总资金约束:

$$F(\boldsymbol{x}) = \sum_{i=0}^{n} x_i = 1$$

对 $S_i(i=1,2,\cdots,n)$ 投资的净收益率(即净收益与总资金的比值)为

$$(1+r_i)\frac{x_i}{1+p_i} - x_i = \frac{r_i - p_i}{1+p_i}x_i$$

所以投资组合 $\boldsymbol{x}=(x_0,x_1,\cdots,x_n)$ 的总净收益率(即总净收益与总资金的比值)为

$$R(\boldsymbol{x}) = r_0 x_0 + \sum_{i=1}^{n} \frac{r_i - p_i}{1+p_i}x_i$$

对 $S_i(i=1,2,\cdots,n)$ 投资的风险损失率(即风险损失与总资金的比值)为

$$\frac{q_i x_i}{1+p_i}$$

由题意,投资组合 $\boldsymbol{x}=(x_0,x_1,\cdots,x_n)$ 的总体风险损失率(即总体风险损失与总资金的比值)为

$$Q(\boldsymbol{x}) = \max_{1 \leqslant i \leqslant n} \frac{q_i x_i}{1+p_i}$$

题目要求寻找投资组合 $\boldsymbol{x} = (x_0, x_1, \cdots, x_n)$，满足总资金约束，使得总净收益率 $R(\boldsymbol{x})$ 尽可能大，而总体风险损失率 $Q(\boldsymbol{x})$ 尽可能小，这其实是双目标优化问题：

$$\min\left\{ \begin{pmatrix} Q(\boldsymbol{x}) \\ -R(\boldsymbol{x}) \end{pmatrix} \Bigg| F(\boldsymbol{x}) = 1, \boldsymbol{x} \geqslant 0 \right\}$$

上述双目标优化问题有多种方式转化为单目标优化问题，主要有以下三种方式：

模型一（给定风险水平 $a \geqslant 0$，使总净收益率 $R(\boldsymbol{x})$ 达到最大）：

$$\max \quad R(\boldsymbol{x})$$
$$\text{s.t.} \quad Q(\boldsymbol{x}) \leqslant a, F(\boldsymbol{x}) = 1, \boldsymbol{x} \geqslant 0$$

模型二（给定收益水平 $b \geqslant 0$，使总体风险损失率 $Q(\boldsymbol{x})$ 达到最小）：

$$\min \quad Q(\boldsymbol{x})$$
$$\text{s.t.} \quad R(\boldsymbol{x}) \geqslant b, F(\boldsymbol{x}) = 1, \boldsymbol{x} \geqslant 0$$

模型三（给定风险—收益偏好系数 ρ $(0 \leqslant \rho \leqslant 1)$，使总净收益率 $R(\boldsymbol{x})$ 和总体风险损失率 $Q(\boldsymbol{x})$ 的加权组合目标函数达到最大）：

$$\max \quad (1-\rho)R(\boldsymbol{x}) - \rho Q(\boldsymbol{x})$$
$$\text{s.t.} \quad F(\boldsymbol{x}) = 1, \boldsymbol{x} \geqslant 0$$

在以上三个模型中，分别选择 a, b 和 ρ 的不同的值来求解，可揭示投资组合的总净收益率和总体风险之间的相互依存规律，再根据投资者对风险的承受能力，确定投资方案.

3. 模型一的启发式解法

模型一即线性规划模型：

$$\max \quad R(\boldsymbol{x}) = r_0 x_0 + \sum_{i=1}^{n} \frac{r_i - p_i}{1 + p_i} x_i$$
$$\text{s.t.} \quad \frac{q_i x_i}{1 + p_i} \leqslant a, \quad i = 1, 2, \cdots, n \tag{7.2.14}$$
$$\sum_{i=0}^{n} x_i = 1$$
$$x_i \geqslant 0, \quad i = 1, 2, \cdots, n$$

线性规划问题 (7.2.14) 可以用启发式方法求解，并用 MATLAB 计算验证. 启发式方法 (heuristic method) 又叫做试探法或直观推断法.

显然，如果对于某个 $i = 1, 2, \cdots, n$，资产 S_i 的净收益率 $(r_i - p_i)/(1 + p_i) \leqslant r_0$，则投资 S_i 的净收益比不上存银行所生的利息，而且有风险，所以投资者不会选择

购买 S_i，即问题(7.2.14)的最优投资组合必有 $x_i=0$. 因此，可以预先将这样的资产从问题(7.2.14)中剔除.

另外，虽然投资者会更偏好净收益率较大的资产，但是风险水平 a 的约束会使得投资者只好购买一些净收益率较小的资产，挑选的顺序显然与净收益率的大小顺序有关.

从现在起，不妨假设在问题(7.2.14)中，资产 S_i 的净收益率单调递减，并且都大于 r_0，即

$$\frac{r_1-p_1}{1+p_1} \geqslant \frac{r_2-p_2}{1+p_2} \geqslant \cdots \geqslant \frac{r_n-p_n}{1+p_n} > r_0$$

下面分析风险水平 a 对问题(7.2.14)的最优投资组合的影响：

(1) 如果风险水平 $a=0$，则只有当全部资金都存银行生息时，才能使得总体风险损失率等于 0，即最优投资组合是

$$x_0=1, \quad x_1=x_2=\cdots=x_n=0$$

其总净收益率是 $R=r_0$，总体风险损失率是 $Q=0$.

(2) 如果风险水平 a 足够高，资金就可以全部用来购买净收益率最大的 S_1. 事实上，当 $a \geqslant q_1/(1+p_1)$ 时，问题(7.2.14)的最优投资组合都是

$$x_0=0, \quad x_1=1, \quad x_2=x_3=\cdots=x_n=0$$

其总净收益率都是 $R=(r_1-p_1)/(1+p_1)$，总体风险损失率都是 $Q=q_1/(1+p_1)$. 这说明：当风险水平 $a \geqslant q_1/(1+p_1)$ 时，问题(7.2.14)的最优解和最优值是固定不变的. 综合(1)、(2)的分析，只需要考虑 $0 \leqslant a \leqslant q_1/(1+p_1)$ 的情况就足够了.

(3) 当 $0 < a \leqslant q_1/(1+p_1)$ 时，如果先用占总资金的比例为 x_1 的资金购买 S_1，使得购买 S_1 的风险损失率为 $q_1x_1/(1+p_1)=a$，然后剩下的资金可以全部用来购买 S_2，则必须 $x_1+x_2=1$ 且 $q_2x_2/(1+p_2) \leqslant a$，即

$$a\sum_{i=1}^{2}\frac{1+p_i}{q_i} \geqslant \sum_{i=1}^{2}x_i=1$$

所以

$$a \geqslant \left(\sum_{i=1}^{2}\frac{1+p_i}{q_i}\right)^{-1}$$

也就是说：当 $\left(\sum_{i=1}^{2}(1+p_i)/q_i\right)^{-1} \leqslant a < q_1/(1+p_1)$ 时，问题(7.2.14)的最优投资组合是

$$x_0=0, \quad x_1=\frac{1+p_1}{q_1}a, \quad x_2=1-\frac{1+p_1}{q_1}a, \quad x_3=x_4=\cdots=x_n=0$$

其总净收益率为

$$R = \frac{1+p_1}{q_1}\left(\frac{r_1-p_1}{1+p_1} - \frac{r_2-p_2}{1+p_2}\right)a + \frac{r_2-p_2}{1+p_2}$$

总体风险损失率为

$$Q = a$$

总净收益率相对于总体风险损失率的变化率为

$$k = \frac{1+p_1}{q_1}\left(\frac{r_1-p_1}{1+p_1} - \frac{r_2-p_2}{1+p_2}\right)$$

如此类推,并采用以下记号:

$$Q_t = \left(\sum_{i=1}^{t}\frac{1+p_i}{q_i}\right)^{-1}(t=1,2,\cdots,n), \quad Q_{n+1} = 0$$

$$R_t = Q_t\sum_{i=1}^{t}\frac{r_i-p_i}{q_i}\ (t=1,2,\cdots,n), \quad R_{n+1} = r_0$$

$$k_t = \frac{1}{Q_t}\left(R_t - \frac{r_{t+1}-p_{t+1}}{1+p_{t+1}}\right)(t=1,2,\cdots,n-1), \quad k_n = \frac{R_n-r_0}{Q_n}$$

可以得到线性规划问题(7.2.14)的启发式解法:

(1) 对于 $t=1,2,\cdots,n-1$,当 $Q_{t+1}\leqslant a\leqslant Q_t$ 时,问题(7.2.14)的最优投资组合为

$$x_0 = 0, \quad x_i = \frac{1+p_i}{q_i}a\ (\forall i=1,2,\cdots,t), \quad x_{t+1} = 1 - \frac{a}{Q_t}, \text{其余的 } x_i = 0$$

即购买 S_i,使得 $q_ix_i/(1+p_i)=a\ (\forall i=1,2,\cdots,t)$,然后剩下的资金可以全部用来购买 S_{t+1}. 这时,总净收益率为

$$R = k_t a + \frac{r_{t+1}-p_{t+1}}{1+p_{t+1}}$$

总体风险损失率为

$$Q = a$$

总净收益率相对于总体风险损失率的变化率为 k_t.

(2) 当 $Q_{n+1}\leqslant a\leqslant Q_n$ 时,问题(7.2.14)的最优投资组合为

$$x_0 = 1 - \frac{a}{Q_n}, \quad x_i = \frac{1+p_i}{q_i}a \quad (\forall i=1,2,\cdots,n)$$

即购买 S_i,使得 $q_ix_i/(1+p_i)=a\ (\forall i=1,2,\cdots,n)$,然后剩下的资金可以全部存银行生息. 这时,总净收益率为

$$R = k_n a + r_0$$

总体风险损失率为

$$Q = a$$

总净收益率相对于总体风险损失率的变化率为 k_n.

上述启发式解法具有以下性质：

(1) Q_t 和 $R_t (t=1,2,\cdots,n,n+1)$ 都单调递减，$k_t (t=1,2,\cdots,n)$ 单调递增；

(2) 当风险水平 $a=Q_t$ 时，问题 (7.2.14) 的最优投资组合的总净收益率为 $R=R_t$，总体风险损失率为 $Q=Q_t (\forall t=1,2,\cdots,n,n+1)$；

(3) 随着风险水平 a 在区间 $[0,Q_1]$ 内变化，问题 (7.2.14) 的最优投资组合的总净收益率 R 是总体风险损失率 $Q(Q=a)$ 的单调递增、连续、分段线性的函数，而总净收益率 R 相对于总体风险损失率 Q 的变化率为是关于 Q 的单调递减、分段常值的函数，这两个分段函数的断点都是 $Q_t (t=1,2,\cdots,n,n+1)$；

上述启发式解法说明：

(1) 风险水平越低，投资就越分散，但是总净收益率也越小；

(2) 当投资最分散的时候，虽然总净收益率小，总体风险损失率低，但是总净收益率对总体风险损失率的变化率却最大.

因此，在实践中，对于风险承受能力不够强的投资者，可以建议采用当风险水平 $a=Q_n$ 时问题 (7.2.14) 的最优投资组合：

$$x_0 = 0, \quad x_i = \frac{1+p_i}{q_i} Q_n (\forall i = 1,2,\cdots,n), \quad R = R_n, \quad Q = Q_n$$

即选择全部（净收益率都大于 r_0）的资产进行投资，使得投资每种资产的风险损失率相等；对于风险承受能力强的投资者，可以综合其风险承受能力以及 R 对 Q 的变化率提出建议.

4. 由表 7.7 的数据求解模型一

题目提供了两批资产的数据（见表 7.6 和表 7.7），这里叙述由更具有一般性的表 7.7 的数据求解问题 (7.2.14) 的详细过程.

根据以上启发式解法，首先用条件"净收益率大于 r_0"检查表 7.7 的数据，并按照净收益率由大到小顺序重新排列符合条件的资产.

以下是 MATLAB 脚本：

```
data=[9.6,42,2.1;18.5,54,3.2;49.4,60,6.0;23.9,42,1.5;8.1,1.2,7.6;...
      14,39,3.4;40.7,68,5.6;31.2,33.4,3.1;33.6,53.3,2.7;36.8,40,2.9;...
      11.8,31,5.1;9,5.5,5.7;35,46,2.7;9.4,5.3,4.5;15,23,7.6]./100;
r=data(:,1);q=data(:,2);p=data(:,3);r0=.05;
```

```
c=((r-p)./(1+p)).'%净收益率,转置成行仅是为了方便显示
id=find(c>r0)      %要保留的资产的下标
xid=find(c<=r0)    %要剔除的资产的下标
n=length(id)       %要保留的资产的数目
[c1,d1]=sort(c(id),'descend')%要保留的资产的净收益率由大到小排列
id=id(d1)    %要保留的资产按净收益率由大到小排列后的原下标的新顺序
```

命令窗口显示的计算结果为:

```
c=
  Columns 1 through 5
    0.073457    0.14826    0.40943    0.22069    0.0046468
  Columns 6 through 10
    0.10251     0.33239    0.27255    0.30088    0.32945
  Columns 11 through 15
    0.063749    0.03122    0.31451    0.04689    0.068773
id=
    1    2    3    4    6    7    8    9    10    11    13    15
xid=
    5    12    14
n=
    12
c1=
  Columns 1 through 5
    0.40943    0.33239    0.32945    0.31451    0.30088
  Columns 6 through 10
    0.27255    0.22069    0.14826    0.10251    0.073457
  Columns 11 through 12
    0.068773    0.063749
d1=
    3    6    9    11    8    7    4    2    5    1    12    10
id=
    3    7    10    13    9    8    4    2    6    1    15    11
```

计算结果表明 S_5、S_{12} 和 S_{14} 由于净收益率不超过 r_0 而不会被投资者购买,可以从问题(7.2.14)中剔除,剩下的 $n=12$ 种资产按净收益率从大到小排序为:S_3、S_7、S_{10}、S_{13}、S_9、S_8、S_4、S_2、S_6、S_1、S_{15} 和 S_{11}.

注7.2.8 MATLAB 函数 find 的语法格式如下:

ind=find(X)

输入项 X 是数值的或逻辑值的行(列)向量,输出项 ind 是 X 所有非零元素的下标依原次序组成的行(列)向量.

注 7.2.9 MATLAB 函数 sort 的语法格式如下:

(1) [B,ind]=sort(A)

数组的元素按由小到大重新排序,输出项 B 和 ind 的规模都与输入项 A 的规模相同.如果输入项 A 是行向量,则第一输出项 B 是 A 的元素重排所得到的行向量,第二输出项 ind 是 A 的元素的原下标按重排后的新顺序组成的行向量;如果输入项 A 是不止一行的矩阵(包括列向量),则输出项 B 和 ind 的第 i 列是对 A 的第 i 列重排返回的结果.

(2) [B,ind]=sort(A,'descend')

数组的元素按由大到小重新排序.

在执行前面的脚本的基础上,继续执行以下 MATLAB 脚本,可以计算出 Q_t、R_t 和 k_t(计算结果见表 7.8),并绘图表示问题(7.2.14)的最优投资组合的总净收益率 R 关于总体风险损失率 Q 的依赖关系(见图 7.7,其中的点即 (Q_t,R_t)($t=1$,$2,\cdots,13$)).

表 7.8　由表 7.7 的数据得到的 Q_t、R_t 和 k_t 的计算结果

t	1	2	3	4	5	6	7
Q_t	0.56604	0.30124	0.16972	0.12308	0.099487	0.076113	0.064288
R_t	0.40943	0.37339	0.3542	0.3433	0.33516	0.32045	0.30495
k_t	0.13612	0.14588	0.23389	0.34465	0.62936	1.3107	2.4374

t	8	9	10	11	12	13
Q_t	0.057254	0.049708	0.044349	0.036729	0.032662	0
R_t	0.28781	0.26339	0.24291	0.21299	0.19646	0.05
k_t	3.2364	3.8209	3.9265	4.0633	4.4843	/

```
Qt=[];Rt=[];kt=[];
for t=1:n
    v=id(1:t);
    Qt(t)=1./sum((1+p(v))./q(v));
    Rt(t)=sum((r(v)-p(v))./q(v)).*Qt(t);
end
for t=1:n-1
    kt(t)=(Rt(t)-c(id(t+1)))./Qt(t);
end
Qt(n+1)=0,Rt(n+1)=r0,kt(n)=(Rt(n)-r0)./Qt(n)
```

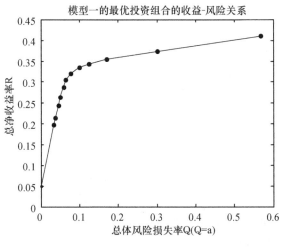

图 7.7

```
plot(Qt,Rt,'k.-')
axis([0,0.6,0,0.45])
xlabel('总体风险损失率 Q(Q=a)')
ylabel('总净收益率 R')
title('模型一的最优投资组合的收益-风险关系')
```

在执行前面的脚本的基础上,继续执行以下 MATLAB 脚本,可以计算出推荐给风险承受力不够强的投资者的投资组合方案,即给定风险水平 $a=Q_n$ 时,问题 (7.2.14)的最优投资组合 x、总净收益率 R 和总体风险损失率 Q,并且用 MATLAB 优化工具箱函数 linprog 计算验证.

```
a=Qt(n)      %在此处可修改风险水平 a
t=0;         %初始化 t,如果 Qt(1)<=a,则 t==0
for m=1:n
    if a<Qt(m)
        t=t+1;    %确定 t,使得 Qt(t+1)<=a<Qt(t)
    else break
    end
end
x=zeros(1,length(r)+1);   %初始化最优投资组合 x
if t==0
    x(id(1))=1, R=Rt(1)
elseif t==n
    v=id(1:n);
```

```
    x(v)=a.*(1+p(v))./q(v);x(length(r)+1)=1-sum(x(v)),R=kt(t).*a+r0
else
    v=id(1:t);u=id(t+1);
    x(v)=a.*(1+p(v))./q(v);x(u)=1-a./Qt(t),R=kt(t).*a+c(u)
end
Q=a
m=length(r);   %以下用 linprog 计算验证
f=[c,r0];A=[diag(q./(1+p)),zeros(m,1)];B=a.*ones(m,1);
Aeq=ones(1,m+1);Beq=1;lb=zeros(m+1,1);
xm=linprog(-f,A,B,Aeq,Beq,lb);
xm=xm',Rm=sum(f.*xm),Qm=max(q'.*xm(1:m)./(1+p'))
```

命令窗口显示的计算结果为：

```
a=
    0.032662

x=
   Columns 1 through 5
    0.079399     0.06242     0.057702     0.078932            0
   Columns 6 through 10
    0.086595     0.050722     0.10082     0.062933     0.084022
   Columns 11 through 15
    0.11073            0     0.072921            0     0.1528
   Columns 16
           0

R=
    0.19646

Q=
    0.032662

Optimization terminated.
xm=
   Columns 1 through 5
    0.079399     0.06242     0.057702     0.078932            0
   Columns 6 through 10
    0.086595     0.050722     0.10082     0.062933     0.084022
   Columns 11 through 15
    0.11073            0     0.072921            0     0.1528
```

```
    Columns 16
              0
Rm=
      0. 19646
Qm=
      0. 032662
```

读者通过修改 a 的值,可以计算风险水平取不同的值的时候问题(7.2.14)的最优投资组合 x、总净收益率 R 和总体风险损失率 Q,并且用 linprog 计算验证.

注 7.2.10(模型一的实验求解法)　可以直接用 linprog 计算模型一在 a 取不同值时的最优投资组合的总净收益率 R 和总体风险损失率 Q,然后画出 R-Q 散点图(见图 7.8),观察收益-风险关系,为投资者提供一个适合其风险承受力的投资组合方案.实验法更节省时间,但是对问题的理解程度就比启发式解法逊色得多.完整的 MATLAB 脚本如下:

```
data=[9. 6,42,2. 1;18. 5,54,3. 2;49. 4,60,6. 0;23. 9,42,1. 5;8. 1,1. 2,7. 6;...
      14,39,3. 4;40. 7,68,5. 6;31. 2,33. 4,3. 1;33. 6,53. 3,2. 7;36. 8,40,2. 9;...
      11. 8,31,5. 1;9,5. 5,5. 7;35,46,2. 7;9. 4,5. 3,4. 5;15,23,7. 6]./100;
r=data(:,1);q=data(:,2);p=data(:,3);r0=.05;
c=(r-p)./(1+p);m=length(r);
f=[c;r0];A=[diag(q./(1+p)),zeros(m,1)];
Aeq=ones(1,m+1);Beq=1;lb=zeros(m+1,1);
a=0:.006:.6;R=[];Q=[];
for k=1:length(a)
    B=a(k).*ones(m,1);xm=linprog(-f,A,B,Aeq,Beq,lb);
    R(k)=sum(f.*xm);Q(k)=max(q.*xm(1:m)./(1+p));
end
plot(Q,R,'k.')
axis([0,0. 6,0,0. 45])
xlabel('总体风险损失率 Q')
ylabel('总净收益率 R')
title('模型一的最优投资组合的收益-风险关系')
a=0. 1;    %在此处可修改风险水平 a
B=a.*ones(m,1);
xm=linprog(-f,A,B,Aeq,Beq,lb);
xm=xm',Rm=sum(f.*xm),Qm=max(q'.*xm(1:m)./(1+p'))
```
命令窗口显示的计算结果为:

xm =

Columns 1 through 5

　　　　0　　　　　　0　　　　0.17667　　　　　0　　　　　　　0

Columns 6 through 10

　　　　0　　　0.15529　　　　　0　　　0.18753　　　0.25725

Columns 11 through 15

　　　　0　　　　　　0　　　0.22326　　　　　0　　　　　　0

Columns 16

　　　　0

Rm =

　　0.33534

Qm =

　　0.1

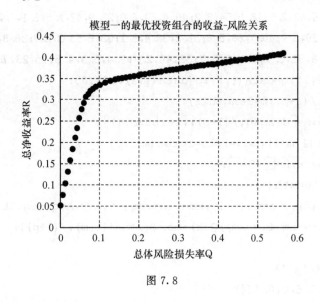

图 7.8

习　题　7

1. 对于不允许缺货的确定性静态库存模型,作灵敏度分析,讨论参数 p_1、p_2 和 r 的微小变化对最优订货策略的影响.

2. 某配件厂为装配线生产若干种部件.每次轮换生产不同的部件时,因更换设备要付生产准备费(与生产数量无关).同一部件的产量大于需求时,因积压资金、占用仓库要付库存费.今已知某一部件的日需求量 100 件,生产准备费 5000 元,库存费每日每件 1 元.如果生产能力远大于需求,并且不允许出现缺货,请制定最优生产计划.

3. 某商场把销售所剩的空纸皮箱压缩并打成包准备回收,每天能产生 5 包,在商场后院存放的费用是每包每天 10 元.另一家公司负责将这些纸包运送到回收站,要收取固定费用 1000 元租装卸车,外加运输费每包 100 元.请制定运送纸包到回收站的最优策略.

4. 某旅馆把毛巾送到外面的清洗店去洗.旅馆每天有 600 条脏毛巾要洗,清洗店定期上门来收取这些脏毛巾,并换成洗好的干净毛巾.清洗店清洗毛巾的标准收费每条 2 元,但是如果旅馆一次给清洗店至少 2500 条毛巾,清洗店清洗毛巾的收费为每条 1.9 元.清洗店每一次取送服务都要收取上门费 250 元.旅馆存放脏毛巾的费用是每天每条 0.1 元.旅店应该如何使用清洗店的取送服务呢?

*5[17]. 对于不允许缺货的确定性静态库存模型,如果货物的单价 p_0 是与订货量 Q 有关的分段价格:

$$p_0 = \begin{cases} p_{01}, & Q \leqslant q \\ p_{02}, & Q > q \end{cases} \quad (p_{01} > p_{02})$$

问如何制定最优订货策略.

6. 继续考虑例 7.2.1,约束条件保持不变,将每吨内、外墙涂料的利润分别修改为 5 千元和 4 千元,请分别用图解法和单纯形法求解.

7. 用 MATLAB 优化工具箱函数 linprog 求解例 7.2.1 的线性规划模型,并计算影子价格.

8. 继续考虑例 7.2.1,请用图解法求出使影子价格保持不变的第三个和第四个约束条件的右端常数的变化范围.

9. 在例 7.2.2 模型一的启发式解法当中,证明:Q_t 和 $R_t (t=1,2,\cdots,n,n+1)$ 都是单调递减的,$k_t (t=1,2,\cdots,n)$ 是单调递增的.

10. 请运用例 7.2.2 模型一的启发式解法,利用第一批资产的数据(见表 7.6),计算线性规划问题(7.2.14),并用 MATLAB 优化工具箱函数 linprog 计算验证.

*11[17]. 怎样利用单纯形算法的最优单纯形表对价值系数和资源限量作灵敏度分析?

*12[19]. 给出例 7.2.2 模型二和模型三的解法,并利用题目的数据进行计算.

部分习题答案或提示

习 题 1

1. （1）$x^2+y^2=1$ 的参数方程为 $x=\cos t,y=\sin t(0\leqslant t\leqslant 2\pi)$，并利用伸缩变换. 只用一个 plot 命令，使得程序简洁. 要使用命令 axis equal.

（2）在 MATLAB 函数 plot 的输入中交换 x 和 y 的次序，就实现反函数，而且图像关于直线 $y=x$ 对称. 根据两点确定一条直线的原理，绘制直线段只需给出两端点的坐标. 要使用命令 axis equal.

（3）实现键盘输入的 MATLAB 函数是 input. 条件"$x=p/q$ 是既约分数"，即正整数 p 和 q 的最大公约数等于 1. 可以通过考察当 $q=2,3$ 和 4 时黎曼函数的图像来寻找规律. 在程序中应设置二重循环语句，第一重（外重）是分母 q 从 2 到由键盘输入的最大值的循环；第二重（内重）是分子 p 从 1 到 $q-1$ 的循环，如果 p 和 q 的最大公约数等于 1，就把 p/q 和 $1/q$ 分别添加入横坐标数组 x 和纵坐标数组 y.

2. 把地球、月球、卫星都看成质点，记 $a=T_1/T_2$，不妨假设卫星绕月飞行的方向与月球绕地飞行的方向都是逆时针方向，则以地球为参照系的卫星运动轨迹的参数方程可以写为

$$\begin{cases} x=R\cos\theta+r\cos a\theta \\ y=R\sin\theta+r\sin a\theta \end{cases}$$

其中 $0\leqslant\theta\leqslant2\pi$. 用 MATLAB 函数 plot 绘制卫星运动轨迹的示意图.

3. 算法如下：

输入　模拟试验的次数 n；

输出　打赌者赢的概率 p.

第 1 步　初始化计数器 k=0；

第 2 步　对 i=1,2,…,n，循环进行第 3~8 步；

第 3 步　产生两个在 1~6 这 6 个整数中机会均等取值的随机数，并把这两个随机数之和赋值给 x；

第 4 步　如果 x 是 3 或 11，那么 k 加 1，进入下一步循环；否则，进行第 5 步；

第 5 步　如果 x 不是 2,7 和 12，那么做第 6~8 步；否则，进入下一步循环；

第 6 步　产生两个在 1~6 这 6 个整数中机会均等取值的随机数，并把这两个随机数之和赋值给 y；

第 7 步　如果 y 不等于 x，也不等于 7，重复第 6 步；

第 8 步　如果 y 等于 7，那么 k 加 1，进入下一步循环；否则，进入下一步循环；

第 9 步　计算概率 p=k./n.

理论计算　玩双骰子游戏，第一次掷出的点数之和为 3 或 11 的概率 $\pi_0=1/9$；当第一次掷出点数之和是 4,5,6,8,9 或 10，继续掷骰子，直到掷出的点数之和是 7 或原来的值为止. 如果

先得到的点数之和是 7,则相应的概率 $\pi_1 = 196/495$,所以打赌者赢的理论概率为 $P = \pi_0 + \pi_1 = 251/495 \approx 0.50707$.

收敛性分析 一次打赌相当于伯努利概型,记为随机变量 X,取值为 0(表示打赌者输)或 1(表示打赌者赢),则 X 的期望为 P,方差为 $P(1-P)$.打赌游戏相互独立地重复试验 n 次,试验结果可记作随机变量序列 $X_1, X_2, \cdots, X_n$,则打赌者赢的频率为平均值 $(X_1 + X_2 + \cdots + X_n)/n$.

中心极限定理 当 $n \to +\infty$ 时,随机变量

$$\frac{X_1 + X_2 + \cdots + X_n - nP}{\sqrt{nP(1-P)}}$$

的分布趋向于标准正态分布.也就是说,当 n 充分大时,随机变量 $(X_1 + X_2 + \cdots + X_n)/n$ 的分布近似于均值为 P,方差为 $P(1-P)/n$ 的正态分布.

用循环语句实现以下计算:考虑试验次数 $n = 100, 400, 1600$ 和 6400 共 4 种情况,在每一种情况下,重复计算 1000 次,得到频率 $(X_1 + X_2 + \cdots + X_n)/n$ 的 1000 个值,用 MATLAB 函数 hist 绘制直方图,并添加标示理论概率 P 的铅直线.直方图(见图 1)说明随机模拟得到的频率收敛于理论概率.

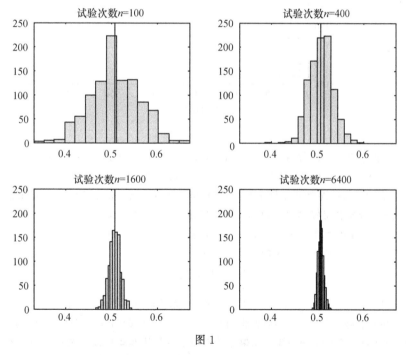

图 1

4. (1)(i)拟合得 $r = 0.021194$,误差平方和等于 17418;(ii)拟合得 $x_0 = 14.994$,$r = 0.014223$,误差平方和等于 2263.9;(iii)拟合得 $t_0 = 1743.6$,$x_0 = 7.7507$,$r = 0.014223$,误差平方和等于 2263.9,但是 MATLAB 给出警告信息,指出存在病态条件,参数未必能拟合得好.综上所述,(ii)是本问题的最佳拟合方案.

(2)对指数增长模型 $x(t) = x_0 e^{r(t-t_0)}$ 两边求对数得

$$\ln x(t) = r(t - t_0) + \ln x_0$$

固定 $t_0 = 1790$，引进变量替换 $Y = \ln x(t)$，$X = t - t_0$，$\beta_1 = r$，$\beta_0 = \ln x_0$，则转化为一次多项式 $Y = \beta_1 X + \beta_0$，然后用 MATLAB 函数 polyfit 拟合 β_0，β_1，进而得到 $x_0 = 6.045$，$r = 0.020219$，误差平方和等于 34892.

（3）指数增长模型线性化拟合的误差平方和比非线性拟合大很多. 用 MATLAB 函数 plot 绘制拟合误差比较图（见图 2）可以发现：非线性拟合的误差比较均匀，线性化拟合的误差却随着人口的增加越来越大. 原因是因为对于 $x(t)$ 数值越大的数据，$Y = \ln x(t)$ 由于求对数带来的损失越大，以至于线性化拟合的误差越大.

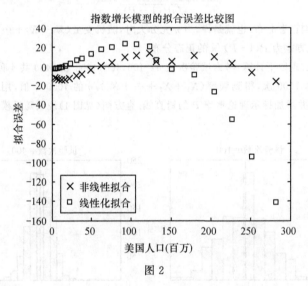

图 2

（4）(i) 拟合得 $r = 0.027353$，$N = 342.44$，误差平方和等于 1224.9；(ii) 拟合得 $x_0 = 7.6981$，$r = 0.021547$，$N = 446.57$，误差平方和等于 457.74；(iii) 拟合得 $t_0 = 1771.3$，$x_0 = 5.1752$，$r = 0.021547$，$N = 446.57$，误差平方和等于 457.74，但是 MATLAB 给出警告信息，指出存在病态条件，参数未必能拟合得好. 综上所述，(ii) 是本问题的最佳拟合方案.

5. （1）拟合得 $\beta_1 = 212.68$，$\beta_2 = 0.064121$，误差平方和等于 1195.4.

（2）对 Michaelis-Menten 模型两边求倒数得

$$\frac{1}{y} = \frac{1}{\beta_1} + \frac{\beta_2}{\beta_1} \frac{1}{x}$$

引进变量替换 $Y = 1/y$，$X = 1/x$，$\alpha_0 = 1/\beta_1$，$\alpha_1 = \beta_2/\beta_1$，则转化为一次多项式 $Y = \alpha_1 X + \alpha_0$，然后用 MATLAB 函数 polyfit 拟合 α_0，α_1，进而得到 $\beta_1 = 195.8$，$\beta_2 = 0.048407$，误差平方和等于 1920.6.

（3）Michaelis-Menten 模型线性化拟合的误差平方和比非线性拟合大 60%. 用 MATLAB 函数 plot 绘制拟合误差比较图（见图 3）可以发现：底物浓度 x 越接近 1，线性化拟合的误差与非线性拟合的误差相差得越来越大. 原因如下：假设 x 和 y 都是正数，因为对于 x 或 y 数值较小的数据，$X = 1/x$ 或 $Y = 1/y$ 取倒数以后变成较大的数，x 或 y 的数值越小，变量替换后增加得越多，而对于 x 或 y 数值接近 1 的数据，$X = 1/x$ 或 $Y = 1/y$ 取倒数以后变化也很小. 因此，x 或 y 数值较小的数据，在线性化拟合起较主要的作用，误差较小；而 x 或 y 数值接近 1 的数据，在线性化拟合起较次要的作用，误差较大.

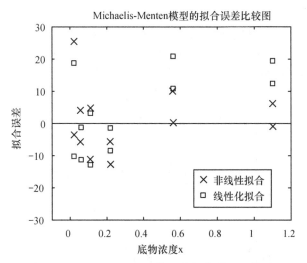

图 3　Michaelis-Menten 模型的拟合误差比较图

6. 按照题意,可以逐个考虑氮、磷、钾的施肥量与产量之间的函数模型.记产量为 y,氮、磷、钾的施肥量分别为 x_N, x_P 和 x_K.用 MATLAB 函数 plot 分别绘制氮、磷、钾的施肥量与产量的散点图,根据散点图选择函数模型,进行数据拟合.随着氮的施肥量的增加,土豆产量先增加后减少,可以用二次多项式模型,拟合结果为 $y = -0.00033953x_N^2 + 0.19715x_N + 14.742$,误差平方和等于 11.332.土豆产量随着磷或钾的施肥量的增加而增加,但增加得先快后慢,可以用有理分式模型,数据拟合的结果分别为 $y = 32.288 + 13.196x_P/(101.18 + x_P)$(误差平方和等于 15.776)和 $y = 18.835 + 28.144x_K/(85.617 + x_K)$(误差平方和等于 34.961).

7. 根据地理常识,某地的白昼时间是以一年为周期而变化的,以日期在一年中的序号为自变量 x,以白昼时间为因变量 y,则根据表 1.17 的数据可知在一年(一个周期)内,随着 x 的增加,y 先增后减,y 大约在 6 月 21 日(夏至)达到最大值,在 12 月 21 日(冬至)达到最小值,在 3 月 21 日(春分)或 9 月 21 日(秋分)达到中间值.选择正弦函数 $y = A\sin(2\pi x/365 + \varphi) + b$ 作为函数模型.根据表 1.17 的数据,推测 A, b 和 φ 的值,作非线性拟合得

$$y = 6.9022\sin\left(\frac{2\pi}{365}x - 1.3712\right) + 12.385$$

预测该地 12 月 21 日的白昼时间为 5.49 小时.

8. (1) 非线性拟合得 $Q = 1.0066K^{0.25804}L^{0.74196}$,误差平方和等于 2669.8.用 MATLAB 函数 plot 绘制拟合效果图.

(2) $Q = cK^a L^{1-a}$,即 $Q/L = c(K/L)^a$.两边取对数,并引入变量替换 $y = \ln(Q/L)$,$x = \ln(K/L)$,$\beta_0 = \ln c$,$\beta_1 = \alpha$,就转化为一次多项式 $y = \beta_1 x + \beta_0$,用 MATLAB 函数 polyfit 拟合 β_0,β_1,进而得到 $Q = 1.0071K^{0.25539}L^{0.74461}$,误差平方和等于 2670.7.

习　题　2

1. "两秒准则"表明前后车距 D 与车速 v 成正比例关系 $D = K_2 v$,其中 $K_2 = 2s$.对于小型汽车,"一车长度准则"与"两秒准则"不一致.由 $d - D = v[k_2 v - (K_2 - k_1)]$ 可以计算得到当 $v <$

$(K_2-k_1)/k_2=54.428$km/h 时有 $d<D$,"两秒准则"足够安全,或者把刹车距离实测数据和"两秒准则"都画在同一幅图中,根据图形指出"两秒准则"足够安全的车速范围.

用最大刹车距离除以车速,得到最大刹车距离所需要的尾随时间,并以尾随时间为依据,提出更安全的准则,如"3 秒准则"、"4 秒准则"或"t 秒准则"(见图 4).

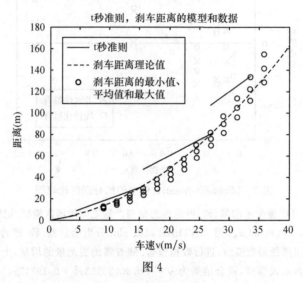

图 4

3. $S(t,c)=\dfrac{\mathrm{d}t}{\mathrm{d}c}\cdot\dfrac{c}{t}=-2,S(Q,c)=\dfrac{\mathrm{d}Q}{\mathrm{d}c}\cdot\dfrac{c}{Q}=-4.$

4. (1) (1)式表明价格先降后升,在实际中有一定道理,而 (2.3.1)式假设价格匀速下降. 两个假设都满足 $p'(0)=-g$,在最佳出售时机附近误差微小.

(2) 在(1)式和(2.3.2)式组成的假设下,多赚的纯利润为

$$Q(t)=(rp(0)-gw(0)-c)t+(hw(0)-gr)t^2+hrt^3$$

代入各个参数的具体数值后,通过微分法,或者用 MATLAB 函数 fminbnd 计算,可以求得生猪出售时机为 $t=13.829$ 天,多赚的纯利润为 $Q=10.798$ 元.

(3) 编程计算 $S(t,h)=\dfrac{\Delta t/t}{\Delta h/h}$ 和 $S(Q,h)=\dfrac{\Delta Q/Q}{\Delta h/h}$,将结果列表.

(4) 模型假设(1)导致的模型解答可以由(2.3.1)式导致的解答加上灵敏度分析所代替,所以实践中采用更为简单的(2.3.1)式作为假设即可.

5. (1) 在(2)式,为了使得 $w'(0)=r$,必须 $aw_0(w_m-w_0)=w_m$. 当 $w_m=270,w_0=90$ 时,$a=1/60$.(2)式是阻滞增长模型,假设生猪体重的增长率是体重的线性递减函数. 于是体重 w 是时间 t 的增函数,体重增加的速率先快后慢,时间充分长后,体重趋于 w_m. 而(2.3.2)式 $w(t)=w_0+rt$ 只假设体重匀速增加. 从长时间来看,新假设比原假设更符合实际. 两个假设都满足 $w'(0)=r$,在最佳出售时机附近误差微小.

(2) 在(2.3.1)式和(2)式组成的假设下,用 MATLAB 函数 fminbnd 计算,可以求得生猪出售时机为 $t=14.434$ 天,多赚的纯利润为 $Q=12.151$ 元.

(3) 编程计算 $S(t,w_m)=\dfrac{\Delta t/t}{\Delta w_m/w_m}$ 和 $S(Q,w_m)=\dfrac{\Delta Q/Q}{\Delta w_m/w_m}$,将结果列表.

(4) 模型假设(2)式导致的模型解答可以由(2.3.2)式导致的解答加上灵敏度分析所代替，所以实践中采用更为简单的(2.3.2)式作为假设即可.

习 题 3

1. 对非齐次差分方程 $x_{k+1}=(1+r)x_k+b$ 作变量替换 $y_k=x_k+b/r$，则 $\{y_k\}$ 为等比数列 $y_k=y_0(1+r)^k$. 通过分类讨论等比数列 $\{y_k\}$ 的长期行为，就可以分类讨论数列 $\{x_k\}$ 的长期行为.

2. (1) 记第 k 年山猫的数量为 x_k，列式得 $x_{k+1}=(1+r)x_k(k=0,1,2,\cdots)$，用循环语句计算，并列表和作图.

(2) 记第 k 年山猫的数量为 x_k，列式得 $x_{k+1}=(1+r)x_k-b(k=0,1,2,\cdots)$，用循环语句计算，并列表和作图. 根据第 1 题的分类讨论结果，解释数值计算结果.

(3) $b\approx 3$.

3. 等额本息还款法的月供额 $b=5063.14$ 元，累计支付利息 311365.37 元. 等额本金还款法的月供额是等差数列，由 6333.33 元至 3350.00 元，逐月递减 16.67 元的，累计支付利息 271500.00 元，少支付 39865.37 元. 编程时，采用 bank 为命令窗口的显示格式.

4. 记第 k 年取出当年的奖学金之后，继续存在银行的捐款账户余额为 x_k 万元，则列式得 $x_{k+1}=(1+r)x_k-b(k=0,1,2,\cdots)$. 根据平衡点的性质给出 x_k 增加、不变与减少的条件，并具体描述 x_k 的变化趋势. 可取 r 和 b 的具体数值，编程计算 x_k 的具体变化过程，并绘图.

5. 记养老金第 k 月末银行账户余额为 x_k 元，则列式得 $x_{k+1}=(1+r)x_k-b(k=0,1,2,\cdots)$. 根据平衡点的性质以及参数的值解释 x_k 的变化趋势. 由 $x_k\le 0$ 可以解得养老金在第 120 个月恰好用完，也可以用条件循环语句按差分方程迭代计算，直到 $x_k\le 0$ 停止. 如果养老金想用到 80 岁，即 $x_{240}=0$，那么 $x_0=170908$ 元.

7. 记已感染者数量为 x_k，列式得 $\Delta x_k=px_k(N-x_k)(k=0,1,2,\cdots)$.

8. 记已知该信息的人数为 x_k，列式得 $\Delta x_k=px_k(N-x_k)(k=0,1,2,\cdots)$.

9. 记鲸鱼的数量为 x_k，列式得 $\Delta x_k=p(x_k-m)(N-x_k)(k=0,1,2,\cdots)$，令 $y_k=x_k-m$，则有 $\Delta y_k=py_k(N-m-y_k)(k=0,1,2,\cdots)$.

10. 假设用前差公式计算的美国人口年增长率 r_k 是美国人口数量 x_k 的二次函数，即

$$r_k=\frac{x_{k+1}-x_k}{10x_k}=a_1x_k^2+a_2x_k+a_3,\quad k=0,1,2,\cdots$$

根据 r_k 和 $x_k(k=1,2,\cdots,21)$ 的实际数据拟合二次多项式得 $a_1=7.0393\times 10^{-7}$，$a_2=-2.703\times 10^{-4}$，$a_3=0.03684$，误差平方和为 0.00019853.

模型假设即一阶非线性差分方程

$$x_{k+1}=x_k+10x_k(a_1x_k^2+a_2x_k+a_3),\quad k=1,2,\cdots$$

用 MATLAB 统计工具箱函数 nlinfit 计算参数 a_1,a_2,a_3 以及初始值 x_1，然后用循环语句迭代计算出人口的模拟值和预测值. 为了能用函数 nlinfit 计算出结果，有必要将模型改写为

$$x_{k+1}=b_1x_k^3+b_2x_k^2+b_3x_k,\quad k=1,2,\cdots$$

其中 $b_1=10a_1$，$b_2=10a_2$，$b_3=10a_3+1$. 由刚才 r_k 和 $x_k(k=1,2,\cdots,21)$ 的二次多项式拟合得到的 a_1,a_2,a_3 的数值结果计算得到 b_1,b_2,b_3 的非线性拟合初始值. 计算结果为 $b_1=5.2615\times$

10^{-6}, $b_2 = -2.0838 \times 10^{-3}$, $b_3 = 1.3239$, 初始值 $x_1 = 4.9976$, 误差平方和等于 203.03, 预测 2010 年美国人口为 327.58(百万), 2020 年美国人口为 395.04(百万). 由计算结果以及模拟效果图和模拟误差图进行模型检验和模型评价.

11. 编程, 用中点公式计算美国人口的年增长率 R_k, 拟合 R_k 关于 x_k 的一次多项式和指数衰减函数, 绘制 R_k 关于 x_k 的散点及拟合图形(见图5).

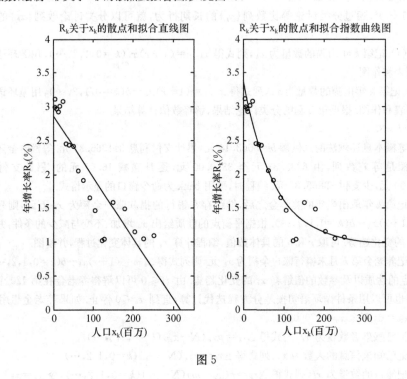

图 5

模型一 假设年增长率 R_k 随着人口数量 x_k 的增加而线性递减, 则列式得

$$x_{k+1} = x_{k-1} + 20rx_k\left(1 - \frac{x_k}{N}\right), \quad k = 2, 3, \cdots$$

用 MATLAB 统计工具箱函数 nlinfit 算得 $r = 0.021562$, $N = 444.7$, 初始值 $x_1 = 7.0346$, $x_2 = 10.2$, 误差平方和等于 463.38, 预测 2010 年美国人口为 297.95(百万), 2020 年美国人口为 318.48(百万). 迭代计算下去, 会发现模型一的解的奇怪行为(见图6). 由计算结果以及模拟效果图和模拟误差图进行模型检验和模型评价.

模型二 假设年增长率 R_k 随着人口数量 x_k 的增加而按指数函数衰减, 则列式得

$$x_{k+1} = x_{k-1} + 20x_k(a_1 e^{-a_2 x_k} + a_3), \quad k = 2, 3, \cdots$$

用 MATLAB 统计工具箱函数 nlinfit 算得 $a_1 = 0.028069$, $a_2 = 0.019379$, $a_3 = 0.011241$, 初始值 $x_1 = 3.4028$, $x_2 = 4.2961$, 误差平方和等于 128, 预测 2010 年美国人口为 316.27(百万), 2020 年美国人口为 353.94(百万). 迭代计算下去, 发现模型二的解是单调增趋于无穷大的. 由计算结果以及模拟效果图和模拟误差图, 进行模型检验和模型评价.

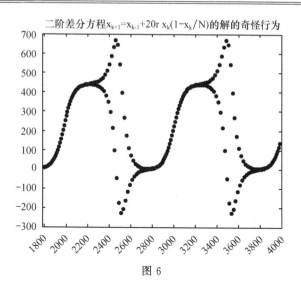

二阶差分方程$x_{k+1}=x_{k-1}+20r\, x_k(1-x_k/N)$的解的奇怪行为

图 6

习　题　4

1. 氨氮排放量的最大可能值为 12691g/s,最小可能值为 6745.5 g/s,中间可能值为 9252.3 g/s.

2. (1) 设三瓶啤酒是在很短时间内喝的,记喝酒时刻为 $t=0$(小时),设 $c(0)=0$,仍用 (4.1.25)式计算血液中酒精含量($k_1=2.0079$ 和 $k_2=0.1855$ 保持不变,$k_3=3D_0/(2V)=155.79$),用 MATLAB 函数 fzero 和 fminbnd 可以计算得到(见图 7)当 $t\in[0.068908,0.38051]\cup(4.1125,11.589]$时,$20\leqslant c(t)<80$,属饮酒驾车;当 $t\in[0.38051,4.1125]$时,$c(t)\geqslant 80$,属醉酒驾车;当$t=1.3069$ 时,血液中酒精含量最高,达到 122.25 毫克/百毫升.

血液中酒精含量的变化过程

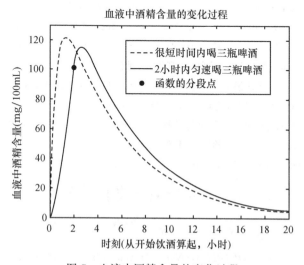

图 7　血液中酒精含量的变化过程

(2) 设三瓶啤酒是在 2 小时内匀速喝的,记喝酒时刻为 $t=0$,设 $c(0)=0$,则吸收室内的酒

精量 $x_1(t)$ 满足分段的初值问题

$$\begin{cases} \dfrac{\mathrm{d}x_1}{\mathrm{d}t} = -k_1 x_1 + \dfrac{3D_0}{4}, & x_1(0) = 0, 0 \leqslant t \leqslant 2 \\[3mm] \dfrac{\mathrm{d}x_1}{\mathrm{d}t} = -k_1 x_1, & x_1(2) = \dfrac{3D_0}{4k_1}(1 - \mathrm{e}^{-2k_1}), t \geqslant 2 \end{cases}$$

解得

$$k_1 x_1(t) = \begin{cases} \dfrac{3}{4}D_0(1 - \mathrm{e}^{-k_1 t}), & 0 \leqslant t \leqslant 2 \\[3mm] \dfrac{3}{4}D_0(\mathrm{e}^{2k_1} - 1)\mathrm{e}^{-k_1 t}, & t \geqslant 2 \end{cases}$$

于是根据 (4.1.23) 式,中心室内的酒精含量 $c_2(t)$ 满足分段的初值问题

$$\begin{cases} \dfrac{\mathrm{d}c_2}{\mathrm{d}t} = -k_2 c_2 + k_3(1 - \mathrm{e}^{-k_1 t}), & c_2(0) = 0, 0 \leqslant t \leqslant 2 \\[3mm] \dfrac{\mathrm{d}c_2}{\mathrm{d}t} = -k_2 c_2 + k_7 \mathrm{e}^{-k_1 t}, & c_2(2) = k_8, t \geqslant 2 \end{cases}$$

解得

$$c_2(t) = \begin{cases} k_4 \mathrm{e}^{-k_1 t} - k_5 \mathrm{e}^{-k_2 t} + k_6, & 0 \leqslant t \leqslant 2 \\[3mm] k_{10} \mathrm{e}^{-k_2 t} - k_9 \mathrm{e}^{-k_1 t}, & t \geqslant 2 \end{cases}$$

其中

$$k_3 = \frac{3D_0}{4V}, \quad k_4 = \frac{k_3}{k_1 - k_2}, \quad k_5 = \frac{k_1 k_4}{k_2}, \quad k_6 = \frac{k_3}{k_2}$$

$$k_7 = k_3(\mathrm{e}^{2k_1} - 1), \quad k_8 = k_4 \mathrm{e}^{-2k_1} - k_5 \mathrm{e}^{-2k_2} + k_6$$

$$k_9 = \frac{k_7}{k_1 - k_2}, \quad k_{10} = k_8 \mathrm{e}^{2k_2} + k_9 \mathrm{e}^{2(k_2 - k_1)}$$

根据表 4.2 的数据拟合得 $k_1 = 2.0079, k_2 = 0.1855$ 和 $D_0/V = 103.86$,所以

$$k_3 = 77.896, \quad k_4 = 42.743, \quad k_5 = 462.66, \quad k_6 = 419.92$$

$$k_7 = 4243.1, \quad k_8 = 101.43, \quad k_9 = 2328.3, \quad k_{10} = 207.82$$

用 MATLAB 函数 fzero 和 fminbnd 可以计算得到(见图 7)当 $t \in [0.62326, 1.6366) \cup (5.1412, 12.62]$ 时,$20 \leqslant c(t) < 80$,属饮酒驾车;当 $t \in [1.6366, 5.1412]$ 时,$c(t) \geqslant 80$,属醉酒驾车;当 $t = 2.6327$ 时,血液中酒精含量最高,达到 115.74 毫克/百毫升.

3. 建立阻滞增长模型,对解函数进行数据拟合,求得 $r = 0.54699, N = 663.02, x_0 = 9.1355$,误差平方和为 194.33. 分析误差、检验和评价模型.

4. (1) 草和鹿第 k 年的数量分别记为 x_k 和 y_k,列式得

$$\begin{cases} x_{k+1} = x_k + r x_k \left(1 - \dfrac{x_k}{N}\right) - \dfrac{a x_k y_k}{N} \\[3mm] y_{k+1} = y_k - d y_k + \dfrac{b x_k y_k}{N} \end{cases}$$

平衡点为 $P_0(0,0), P_1(N,0), P_2(dN/b, rN(b-d)/(ab))$. 用循环语句迭代计算 15 步,画图(见图 8 的菱形、三角形或圆圈),可以观察到 P_2 的渐近稳定性.

(2) 草和鹿在时刻 t 年的数量分别记为 $x = x(t)$ 和 $y = y(t)$,列式得

$$\begin{cases} \dfrac{\mathrm{d}x}{\mathrm{d}t} = rx\left(1 - \dfrac{x}{N}\right) - \dfrac{axy}{N} \\[3mm] \dfrac{\mathrm{d}y}{\mathrm{d}t} = -dy + \dfrac{bxy}{N} \end{cases}$$

临界点也是 $P_0(0,0),P_1(N,0),P_2(dN/b,rN(b-d)/(ab))$.计算数值解并画图(见图 8 的实线及点),也可以观察到 P_2 的渐近稳定性.

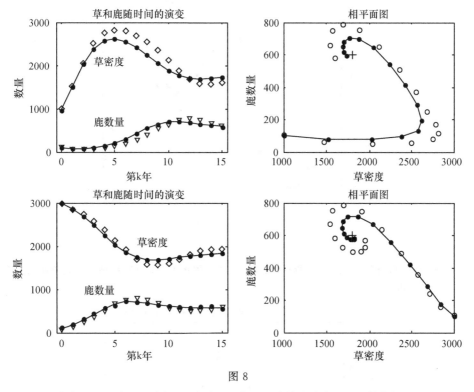

图 8

(3) 差分方程组相当于取步长 $h=1$ 时用欧拉方法计算微分方程组的数值解.

习　题　5

1. 仿照例 5.1.4 计算和绘图,验证边界条件.

2. 截面面积可以由插值结果用 MATLAB 函数 trapz 计算数值积分.分段线性插值算得截面面积 $A=11.344$;三次样条插值(用 MATLAB 样条工具箱函数 csape 的系统默认格式计算)算得截面面积 $A=11.29$;多项式插值严重振荡,不可用.

3. 用 MATLAB 样条工具箱函数 csape 的系统默认格式计算三次样条,插值得到任意车速的刹车距离.

4. 用 MATLAB 函数 trapz 计算数值积分,算得一天有 13425 辆车过桥.

5. 用 MATLAB 样条工具箱函数 csape 计算给定左右端点一阶导数的三次样条,得到位置 x 关于时间 t 的函数,然后求导数得到速度 v 关于时间 t 的函数.

(1) 位置在 243.53m,速度是 24.998m/s.

（2）该车当 $t\in[2,12.147]$ 时超速.

（3）该车在 $t=4.1396$ s 达到最高速度 28.731m/s.

6. 用 MATLAB 样条工具箱函数 csape 的系统默认格式计算三次样条，插值得到任意年份的美国人口.预报 2010 年的美国人口为 319.26 百万.

7. 任意时刻的流量图如图 9 所示，估计一天总共用水 1252.5 吨.

三点法和三次样条插值估计任何时刻的流量

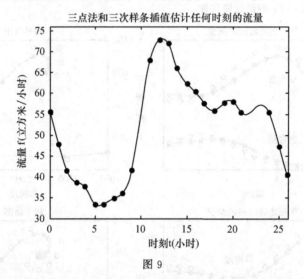

图 9

8. 任意时刻的流量图如图 10 所示，估计一天总共用水 1256.5 吨.应该说明选择拟合多项式的次数的理由.

多项式拟合和三次样条插值估计任何时刻的流量

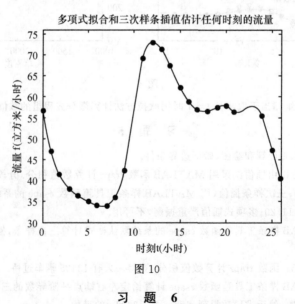

图 10

习　题　6

1. 仿照例 6.1.5.

2. 年龄(岁)和睡眠时间(分钟)分别记为 x 和 y,则 $\hat{y}=646.62-14.042x$,$p=5.7024\times$ 10^{-7},10 岁儿童平均睡眠时间为 506.21 分钟,95%预测区间为$[476.05,536.36]$.

3. 沸点(华氏温度)和大气压强(水银英寸)分别记为 x 和 y,则 $\hat{y}=-81.064+0.52289x$, $p=0$,沸点为 201.5°F 时大气压强的预测值为 24.299,95%预测区间为$[23.787,24.811]$.可以考虑去掉第 12 个数据点之后重新计算.

习　题　7

1. $S(T^*,p_1)=S(Q^*,p_1)=0.5$,$S(T^*,p_2)=S(Q^*,p_2)=-0.5$,$S(T^*,r)=-0.5$, $S(Q^*,r)=0.5$.

2. 用 EOQ 公式计算得最优生产周期 $T^*=10$ 天,每次生产 $Q^*=1000$ 件.

3. 每 6 天运 30 包纸包到回收站.

4. 用列表法或图示法,解得每 5 天使用一次清洗店的取送服务,每天平均费用为 1340 元,达到最小值.

6. 最优解仍在 $C(3,1.5)$ 取得,最优值为 19.5.

7. MATLAB 优化工具箱函数 linprog 计算得到的对偶价格为
lambda.ineqlin=$[0.75;0.5;2.0981e-008;1.0027e-007]$.

8. $4\leqslant b_2\leqslant\dfrac{20}{3}$,$b_3\geqslant-\dfrac{3}{2}$,$b_4\geqslant\dfrac{3}{2}$.

10. Q_t,R_t 和 k_t 的计算结果如表 1 所示,风险-收益关系如图 11 所示.

表 1　例 7.2.2 第一批数据的计算结果

t	1	2	3	4	5
Q_t	0.024752	0.0092251	0.0078493	0.0059396	0
R_t	0.26733	0.21648	0.2106	0.20162	0.05
k_t	3.2745	4.2762	4.6998	25.528	/

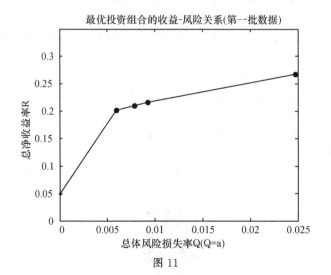

图 11

参 考 文 献

[1] Moler C B. MATLAB 数值计算. 喻文健译. 北京:机械工业出版社,2006.

[2] 姜启源,邢文训,谢金星等. 大学数学实验. 北京:清华大学出版社,2005.

[3] Nocedal J,Wright S J. Numerical Optimization(英文版). 北京:科学出版社,2006.

[4] 中华人民共和国教育部. 全日制义务教育数学课程标准(实验稿). 北京:人民教育出版社,
     2001.

[5] 中华人民共和国教育部. 普通高中数学课程标准(实验). 北京:人民教育出版社,2003.

[6] 姜启源,谢金星,叶俊. 数学建模. 第 3 版. 北京:高等教育出版社,2003.

[7] Giordano F R,Weir M D,Fox W P. 数学建模. 第 3 版. 叶其孝,姜启源译. 北京:机械工业
     出版社,2005.

[8] Meerschaert M M. 数学建模方法与分析. 第 2 版. 刘来福,杨淳,黄海洋译. 北京:机械工业
     出版社,2005.

[9] Bowerman B L,O'Connell R T. Forecasting and Time Series:An Applied Approach(英文
     版). 3rd ed. 北京:机械工业出版社,2003.

[10] 王树禾. 数学模型选讲. 北京:科学出版社,2008.

[11] Edwards C H ,Penney D E. 微分方程及边值问题:计算与建模. 张友,王立冬,袁学刚译.
      北京:清华大学出版社,2007.

[12] Quarteroni A,Sacco R,Saleri F. Numerical Mathematics(英文版). 北京:科学出版社,
      2006.

[13] 韩中庚. 数学建模方法及其应用. 北京:高等教育出版社,2005.

[14] Stone C J. A Course in Probability and Statistics(英文版). 北京:机械工业出版社,2003.

[15] DeGroot M H,Schervish M J. 概率统计. 第 3 版. 叶中行,王蓉华,徐晓岭译. 北京:人民邮
      电出版社,2007.

[16] 《数学手册》编写组. 数学手册. 北京:高等教育出版社,1979.

[17] Taha H A. 运筹学导论:初级篇. 第 8 版. 薛毅,刘德刚,朱建明等译. 北京:人民邮电出版
      社,2008.

[18] Taha H A. 运筹学导论:高级篇. 第 8 版. 薛毅,刘德刚,朱建明等译. 北京:人民邮电出版
      社,2008.

[19] 陈叔平,谭永基. 一类投资组合问题的建模与分析. 数学的实践与认识,1999,29(1):47～
      51.

教学演示文档